사라져 가는 존재들

팀 플래치

사라져 가는 존재들

팀 플래치

글 조나단 베일리, 샘 웰스 | 옮긴이 장정문 | 감수 조홍섭

소우주

이해와 지지, 격려를 아끼지 않은 나의 아내 유유와 아들 제임스에게

이 책의 제목은 『사라져 가는 존재들』이다.

그러나, 그 대상은 과연 누굴까?

소개의 글

팀 플래치

이 프로젝트를 위해 나는 지구상에서 멸종될 위험이 가장 큰 몇몇 종種을 촬영했다. 이 중에는 상징성을 지닌 녀석들도 있지만, 상대적으로 덜 알려진 종도 있다. 전 세계적으로 잘 알려져 있으면서 영화나 책 속에서는 여전히 어린아이의 침대 머리맡에 올려진 봉제 인형으로 등장하는 이 상징적인 동물들이 멸종을 눈앞에 두고 있다는 사실은 매우 놀랍다. 돌이켜 보면 나는 언제나 자연 세계에 대한 경이감을 가지고 있었다. 어린 시절, 나는 산책을 하거나 야외에서 풍경화를 그리며 시간을 보내곤 했다. 내성적이고 사색을 즐기던 소년이었달까. 지금도 생생하게 떠오르는 장면이 하나 있다. 나는 옥수수밭에 앉아 그림을 그리고 있었다. 주변의 모든 것에 완전히 몰입되어 있던 나는, 벌 한 마리가 내 앞을 날아가는 순간 마치 내 손에 있던 연필이 종이를 긁으며 지나가는 것처럼 벌의 에너지가 하늘로 뻗어 나가는 것을 느낄 수 있었다. 자연에 완전히 몰입된 그 느낌은, 내가 사진작가로 일하면서 늘 다시 발견하고 교감하고 싶은 것이다.

자연 세계와 강하게 연결되어 있다고 느끼는 것은 이상하거나 신비스러운 감정이 아니다. 인간은 가이아 가설과 같은 이론을 통해, 놀라울 정도의 항상성(지구상에 생명체가 존재할 수 있게 하고, 생명을 지속시키며 번성할 수 있게 하는 완벽한 균형 상태)을 지닌 지구에 존재하는 믿을 수 없는 복잡성을 설명해 보고자 했다. 물론, 지구가 생명체의 번성에 필요한 환경을 유지하는 방식을 이해하지 못한다면, 우리는 비가역적인 손상을 초래할지도 모르는 임계점이 어디인지 알지 못할 것이다.

이 책을 작업하면서 나는 현대 보전주의자들이 말하는 거대한 가속, 즉 인구 증가와 그에 따른 소비 및 배출량의 지속적이고 기하급수적인 성장, 그리고 그 결과 야기되는 자연 자원과 동물 개체 수의 기하급수적인 감소에 대해 훨씬 더 깊이 생각해 보게 되었다. 『사라져 가는 존재들』에 등장하는 동물들에 관한 여러 이야기는 자연 세계가 어떻게 변화했는지 잘 보여준다. 그리고 이제 나는 데이비드 애튼버러 경이 말한 "자연 세계를 해치는 것은 우리 자신을 해치는 일이다"라는 말의 뜻을 마음속 깊이 이해하게 되었다.

이 책을 만드는 과정을 통해, 생태계의 중요성을 강조해 온 다수의 저명한 환경보전론자들의 조언을 얻게 된 것은 엄청난 특권이었다고 생각한다. 예술가의 입장에서도 보전에 대한 대중적인 커뮤니케이션에 대해 나와 생각이 같은 과학자 조너선 베일리와 이 책을 함께 작업하게 되어 매우 영광스럽다. 또한 세계자연보전연맹 적색 목록(IUCN Red List of Threatened Species) 역시 동식물종이 얼마나 빠르고 광범위하게 치명적으로 감소하고 있는지에 대해 자세하게 설명하고 있다는 점에서 정말 귀중한 자료였다.

프로젝트 기간 내내 나는 세상에서 가장 특별한 동물 중 일부를 직접 보고 사진으로 남길 수 있는 행운을 누렸다. 케냐에서는 지구상에 마지막으로 남은 북부흰코뿔소 수컷을 조용히 바라보았다. 갈라파고스 제도 연안에서는 내 위에서 고요히 원을 그리며 돌고 있는 귀상어 무리를 지켜보았고, 멕시코에서는 마치 금빛 색종이가 흩날리듯 하늘을 가득 채우고 있는 수천 마리의 제왕나비를 보기 위해 시선을 위로 돌렸다.

이번 여정을 통해, 나는 동물들이 빼앗긴 서식지의 의미는 고려하지 않은 채 이들의 미래를 보호한다는 미명하에 이들을 원래 살던 환경에서 빼내어 방주에 태울 수 없다는 사실을 명확히 알게 되었다. 오늘날 공동체를 기반으로 한 보전 활동은 과거 어느 때보다 중요한 역할을 하고 있다. 이것이야말로 전 세계적으로 경제적 불평등이 증가하는 상황에서 사람들이 그들의 자연 유산을 보호하면서 생계를 유지할 수 있는 방법이기 때문이다.

나는 동물의 사진이 인간의 마음과 영혼에 얼마나 강력한 영향을 끼치는지에 관한 연구를 통해서도 새로운 사실을 알게 되었다. 전통적인 야생동물 사진에서는 동물이 자유로운 환경 속에 있는 것으로 보이기 때문에 인간과는 분리된 존재로서의 "이질감"이 강화된다. 그러나 2011년, 칼로프, 자밋-루시아, 그리고 켈리로 구성된 연구팀은 박물관에 전시된 동물의 초상이 지니는 의미에 관한 연구에서 "동물의 형상을 인간의 형상과 연관성을 지니도록 시각적으로 나타내는 것은 연대감을 강화하는 효과가 있다"는 사실을 밝혀냈다.

전 세계에서 가장 존경받는 생물학자 중 한 명인 조지 샬러 박사는 다음과 같이 말한다. "세상에서 가장 탁월한 과학적 성과를 얻더라도 여기에 감정이 실려 있지 않다면 그다지 의미가 없을 겁니다. 보전은 감정에 기반을 두고 있어요. 보전은 마음에서 우러나오는 것이고, 우리는 이 사실을 절대 잊지 말아야 합니다." 나는 이것이 시각적으로 의사소통하는 경우에 더욱 맞는 말이라고 생각한다. 무언가가 행동으로 이어지려면 감동을 느낄 수 있어야 하기 때문이다.

이러한 점을 감안할 때, 이 책은 일종의 실험과도 같다. 나는 각 동물의 특성을 강조하는 초상을 창조하고 이러한 추상적인 면을, 그들이 살아가는 생태계의 물질적인 모습을 보여주는 풍경과 접목함으로써 이질감을 극복하고 동질감을 유발하고자 했다.

오늘날 사람들은 인류세에 관해 이야기한다. 이는 우리가 자연적인 힘의 흐름에 의해 형성된 기존의 세계에서 벗어나 대부분이 인류에 의해 만들어지는 세계로 이동하고 있다는 의미이다. 이것은 탄탄한 과학적 증거에 의해 뒷받침되며 오늘날 여러 학문 분야에서 통용되는 이론이다.

현대인의 마음에 자연 세계가 취약하다는 생각이 자리 잡기 시작한 건 불과 수십 년 전의 일이다. 역사를 통틀어 자연은 헤아릴 수 없을 정도로 광활하고 무한히 풍요로운 자원으로 여겨져 왔다. 그러나 오늘날 이 힘의 구조가 바뀌고 있다. 자연 세계는 우리가 자연에 의존하고 있는 것만큼이나 인간에게 의존하고 있다.

이 책의 제목은 『사라져 가는 존재들』이다. 그러나, 그 대상은 과연 누굴까?

프롤로그

조나단 베일리

이 책은 산호에서 북극곰에 이르기까지, 멸종 위기에 처한 종들을 소개하고 이들이 생존하는 데 필요한 구체적인 환경을 기술하고 있다. 또한, 질병, 외래 도입종, 서식지 소실, 야생동물 불법 거래, 공해, 기후 변화 등 인간에 의해 유발된 여러 요인이 어떻게 조합되어 이들을 멸종 위협에 빠뜨렸는지도 상세히 설명한다. 『사라져 가는 존재들』은 많은 정보를 알려 주기도 하지만 현재 멸종 위기에 놓인 종들의 상황 그 이상을 담고 있는 책이다. 또한, 생물종과 그들의 서식지에 대한 정서적 연대감을 증진하기 위한 사진의 역할을 알아볼 수 있는 독특한 실험이기도 하다.

오늘날 세계 인구의 절반 이상이 도시에 거주하고, 사람들이 야외 혹은 야생에서 보내는 시간은 매우 적다. 우리 주변에는 전 세계 인구보다 많은 수의 모바일 기기가 있으며, 선진국의 어린이들은 하루 중 많은 시간을 화면을 들여다보며 보낸다. 현대 사회는 자연은 물론, 우리의 삶을 유지해 주는 기본적인 리듬에서 멀리 떨어져 있다. 오늘날 별의 위치나 음력 주기, 간조와 만조, 심지어 일출 및 일몰 시간을 아는 사람은 거의 없다. 큰 새나 곤충의 대이동이 언제 일어나는지, 해마다 언제쯤 개구리가 울기 시작하고 울음을 멈추는지를 아는 사람은 더욱 적다. 우리는 지난 수백 년 동안 우리의 조상을 길러내고 우리가 인간으로 진화할 수 있도록 해 준 자연에서 우리 자신을 계속해서 지워가고 있다.

자연과의 단절은 인간 사회가 전 세계의 생물종과 생태계에 전례 없는 영향을 끼치던 시기에 발생했다. 1970년 이래로 지구에 존재하는 척추동물 개체군(포유류, 조류, 파충류, 양서류, 어류)은 50% 이상 감소했고, 현재 전 세계 생물종의 약 20%는 멸종 위기에 처해 있다. 지구 역사상 총 다섯 번의 대멸종 사건이 있었는데, 이 중 마지막 대멸종이 일어난 것은 약 6500만 년 전의 일이다. 오늘날 우리는 여섯 번째 대멸종을 향해 가고 있지만, 이것은 인간이 주도하고 있다는 점에서 이전의 대멸종과는 다르다.

이런 파괴적인 추세를 되돌리려면 인간과 자연 사이의 문화적 관계를 재정립해야 한다. 즉, 우리 자신이 아닌 다른 생명체에 더 큰 가치를 부여해야 한다는 말이다. 이러한 변화는 우리가 다른 종들과 깊이 연결되어 있음을 느끼고, 그들이 우리의 생존뿐만 아니라 정신적, 신체적, 정서적 건강의 유지에도 중요한 역할을 담당하고 있음을 이해할 때 비로소 시작될 것이다.

팀 플래치의 사진은 관객과 깊은 정서적 교감을 형성하는 한편, 종의 본질을 포착하는 특별한 능력을 지니고 있다. 내가 팀의 작품을 처음 접한 것은 런던동물원의 환경보전 프로그램 책임자로 일할 때였다. 그는 몽골에서 프르제발스키말을 촬영하고 있었는데, 친절하게도 자신의 사진 작품을 동물원의 환경보전 프로젝트에 사용하는 것에 동의했다. 야생마의 모습이 담긴 팀의 사진은 그 자체로도 탁월했지만 본능을 자극하기도 했다. 사진 속 말에게는 인간적인 것 혹은 적어도 인간과 연관되는 무언가가 있었다. 팀의 작품은 동물을 과장되게 의인화하지 않는다. 오히려 그의 작품은 인간과 동물이 공유하는 본능이나 감정, 즉 두려움, 흥분, 취약함 혹은 그룹의 일원이 되려 하거나 새끼를 보호하기 위한 절박함 등을 포착함으로써 관계를 형성한다. 또한 팀은 대상의 모양이나 형태에서 우리가 어쩔수 없이 끌리는 아기와 같은 형질을 포착함으로써 사진 속의 대상과 연결한다.

이 책에는 사자, 호랑이, 판다, 코끼리, 코뿔소 등 문화적으로 상징성을 지닌 많은 종이 등장하지만, 알려지지 않은 종도 다수 포함되어 있어 우리의 주의를 끈다. 예를 들어 천산갑에 대해서는 들어본 적이 거의 없을 것이다. 하지만 이들은 지구상에서 가장 많이 불법 거래되는 포유동물로, 지난 10년 동안 100만 마리 이상이 불법으로 거래되었다. 발광 버섯, 지의류, 로드하우대벌레, 갯민숭달팽이 등은 더욱 알려지지 않은 종이다. 그러나 각각의 생명체에는 놀라운 이야기가 숨어 있다.

이 책을 읽다 보면 멸종 위기에 처한 종이나 생태계가 인류에게 제공하는 유익함에 대해서도 알게 된다. 예를 들어 산호초는 어업을 지원하고, 박쥐는 해충 방제를 도우며, 독수리는 동물의 사체를 먹어치워 질병 확산 방지에 기여한다. 또한 팀은 생물종이 직면하고 있는 여러 가지 위협 요인에 대해서도 강조한다. 오늘날 전 세계의 생물종에게 가장 흔한 위협은 서식지 소실과 질 저하이며, 미래에 가장 심각한 위협 요인으로 지목되는 것은 기후 변화이다. 기후 변화는 이미 북극곰, 눈표범, 산호초 등에 심각한 영향을 끼치고 있다. 만약 현재의 추세가 지속된다면 이 책에 등장하는 많은 종은 멸종되고 말 것이다. 심지어 중국의 판다 보전 같은 성공적인 계획조차 기온이 상승하면 판다의 주된 식량원인 대나무가 죽기 때문에 실패로 돌아설 수 있다. 위협 요인은 상호 연관되어 있다. 이는 서식지 소실이나 기후 변화로 인해 스트레스를 받는 종은 질병에도 더욱 취약해진다는 의미이다.

이 책에 등장하는 많은 종에 급속도로 증가하는 또 다른 위협 요인은 야생동물 불법 거래이다. 이것은 쟁기거북과 같이 애완동물로서의 수요가 많은 종뿐만 아니라, 코끼리, 코뿔소, 상어 등 신체 일부를 목적으로 죽임을 당하는 종들에게도 영향을 끼쳤다.

팀은 여러 위협 요인과 도전에 대해 관심을 가지도록 유도하지만 성공적인 보전에 관한 매우 고무적인 이야기도 들려준다. 로드하우대벌레, 파르툴라달팽이, 긴칼뿔오릭스, 프르제발스키말 등은 모두 매우 작은 개체군에서 회복된 종이다. 이들은 우리에게 어떤 종도 결코 포기해서는 안 되며, 보전을 위해 각고의 노력을 기울이면 성공할 수 있다는 교훈을 준다.

만약 팀의 시도가 성공해 우리가 이 책에 있는 생물종들과 정서적으로 연결되어 진정으로 가치를 부여할 수 있다면, 이들은 모두 멸종의 문턱에서 돌아올 수 있다. 단 한 가지 예외는 북부흰코뿔소일 것이다. 이들은 아마도 영원히 사라지겠지만, 너무 늦기 전에 인간과 이 놀라운 생명체들을 연결하는 것이 얼마나 중요한 일인지 일깨워 준 존재이다.

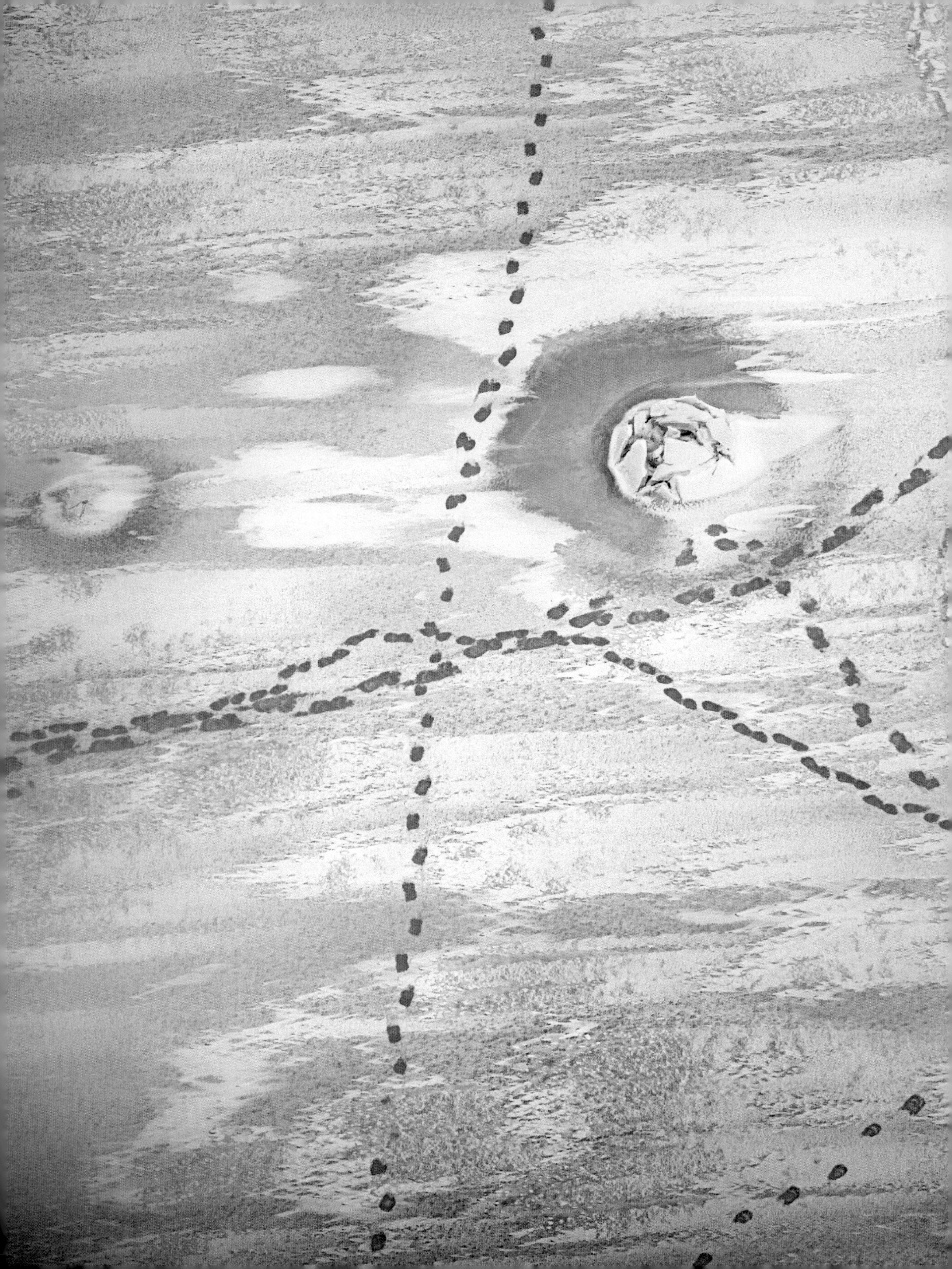

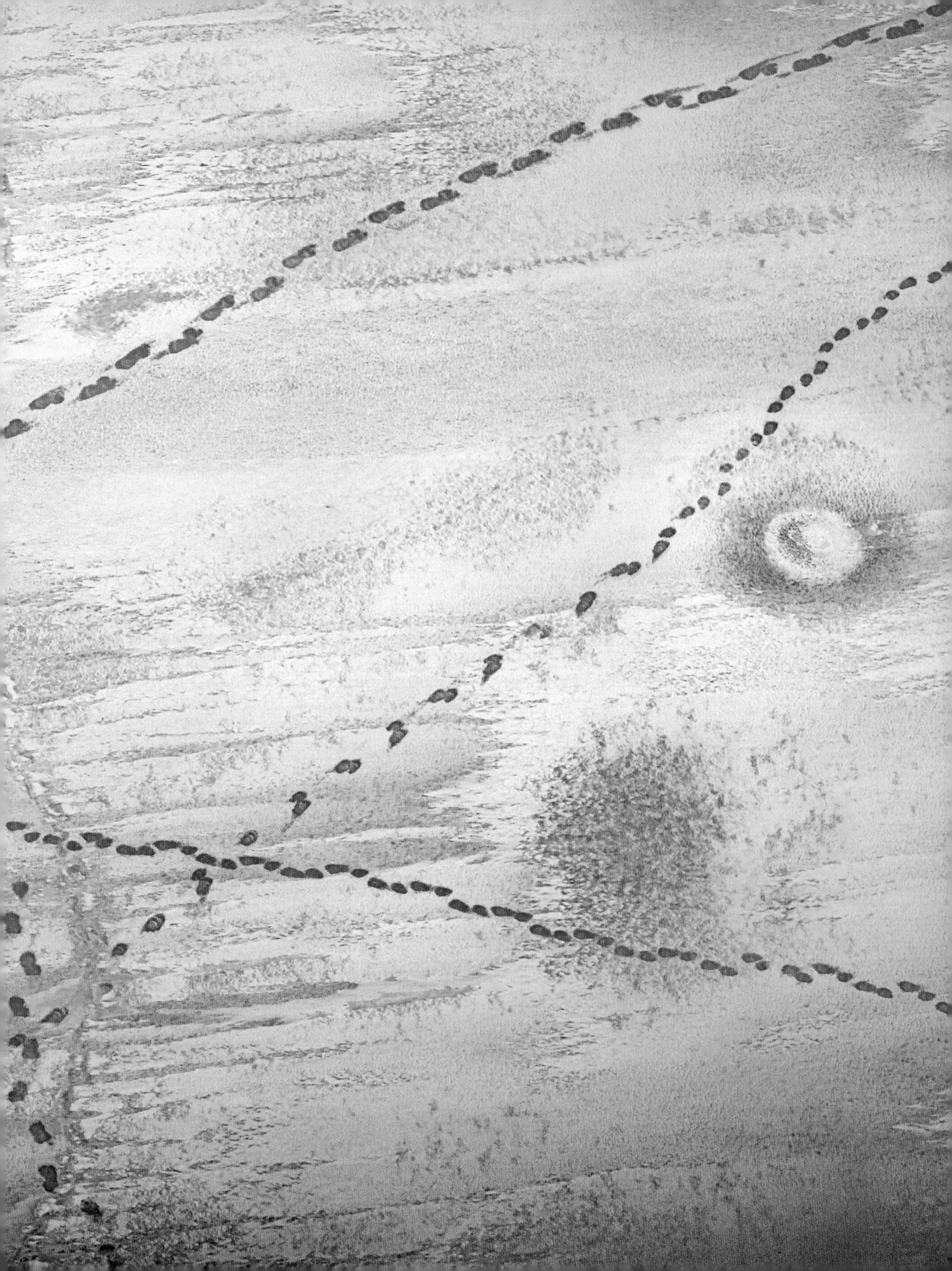

사라지는 얼음

북극곰이 먹이를 사냥하기 위해서는 바다얼음이
있어야 한다. 북극곰은 얼음 위에서 먹이가 나타나기를
조용히 기다리다가 물범이 숨을 쉬기 위해 숨구멍으로
머리를 내미는 순간 위에서 덮치거나, 이들이 얼음 위로
올라와 햇볕을 쬐고 있을 때 몰래 접근해 사냥한다.
하지만 기후가 따뜻해지면서 얼음이 녹아 없어지자
북극곰은 먹이를 구하는 데 어려움을 겪고 있다. 위성
사진을 분석한 결과, 2003년 이후 13번의 겨울 동안
해마다 북극의 바다얼음 면적이 감소하고 있음이
밝혀졌다. 사냥할 수 있는 계절이 점점 짧아지고
겨울철에도 북극의 얼음이 계속해서 유실되면서,
북극곰의 지방층은 7kg가량 감소했다.
현 추세대로라면 2020년이 되기 전에 북극의 여름에는
얼음이 사라질지도 모른다.

얼음은 태양 복사(solar radiation)를 반사하기 때문에
얼음이 사라지면 바닷물이 열을 흡수해 지구 온난화가
가속된다. 2015년, 국제 사회는 지구의 평균 기온 상승
폭을 2°C 미만으로 유지하기 위해 공동으로 노력할 것을
합의하는 파리협정을 채택했다. 협약에 서명한 194개국
모두 이를 비준한다면, 이는 얼음이 녹아 해수면이
상승하는 위험으로부터 북극곰과 인간 모두를 지킬 수
있는 중요한 조치일 것이다.

밀려나는 존재

북극의 얼음이 녹아 없어지자, 사람들은 새로운 도시를 건설하고, 석유와 천연가스를 채굴하며, 군사기지 건설과 관광지역 개발을 목적으로 점점 더 북쪽으로 이동하고 있다. 북극곰은 대부분의 생명체가 견디기 힘든 혹독한 환경에 적응해 살아남았지만 박테리아나 질병에는 취약하다. 그러나 오늘날, 먹이사슬의 최상위 포식자인 북극곰은, 인간의 활동으로 이곳에 유입되어 먹이사슬을 통해 축적된 새로운 독성 물질들 때문에 고통을 받고 있다. 게다가 극지방의 얼음이 줄어들어 이들의 서식 영역이 좁아지면서 북극곰이 인간이 거주하는 지역까지 내몰리게 되자 상호 간에 치명적인 갈등 위험마저 고조되고 있다.

그러나 넓은 의미에서 본다면 사냥은 자연의 균형을 깨뜨리지 않는 정도에 불과하고 밀렵 또한 중앙 러시아 밖에서는 거의 발생하지 않는다. 음식과 의복을 얻기 위해 북극곰을 사냥하는 이누이트 역시 북극곰의 개체 수에 영향을 끼치지 않도록 그들에게 허용된 사냥 할당량을 엄격히 지키고 있다. 북극에 거주하는 400만 명의 사람들 또한 그들 문화에서 역사적 상징성을 지니고 있는 북극곰을 보전하기 위해 정부와 긴밀히 협력한다.

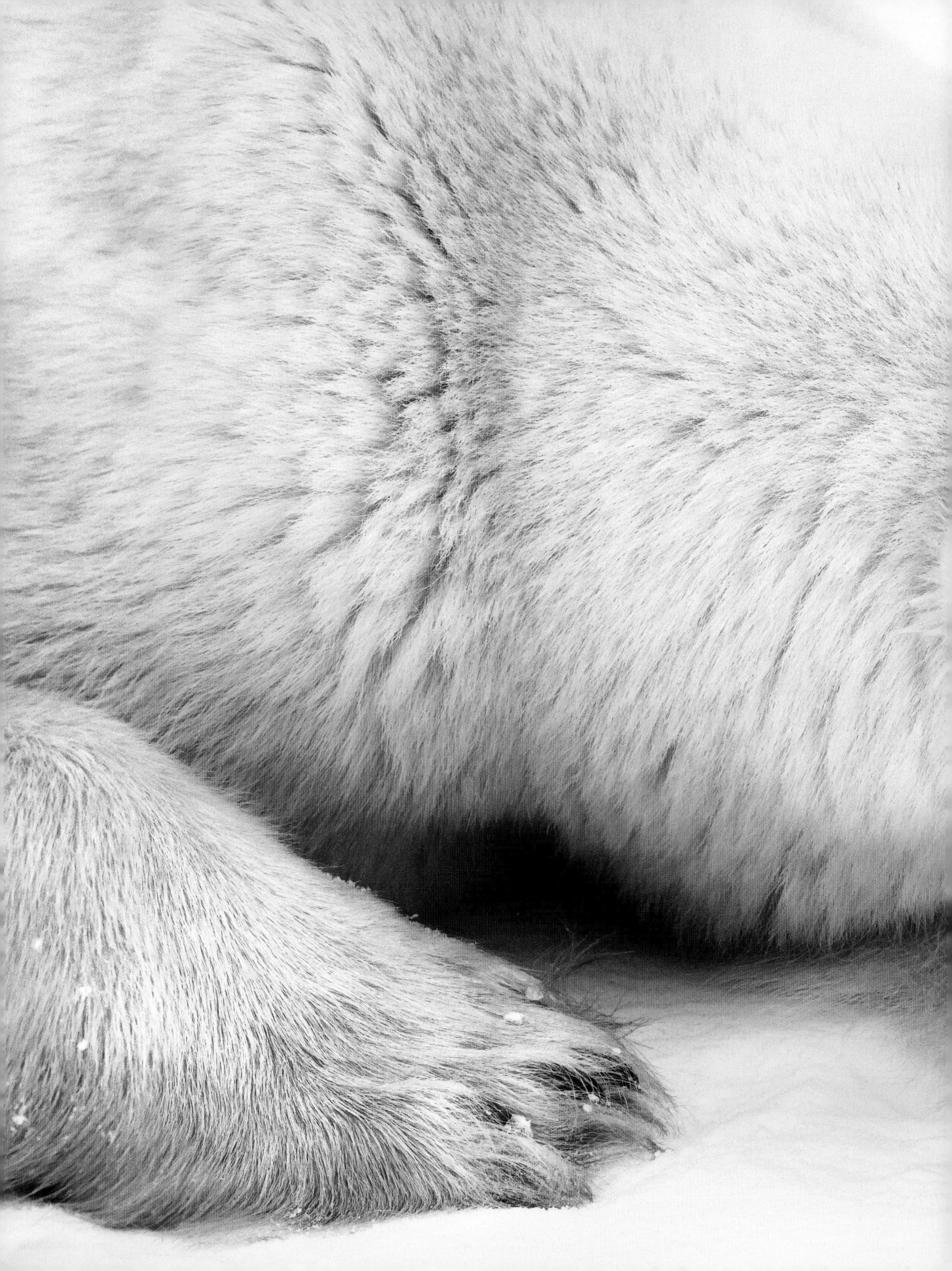

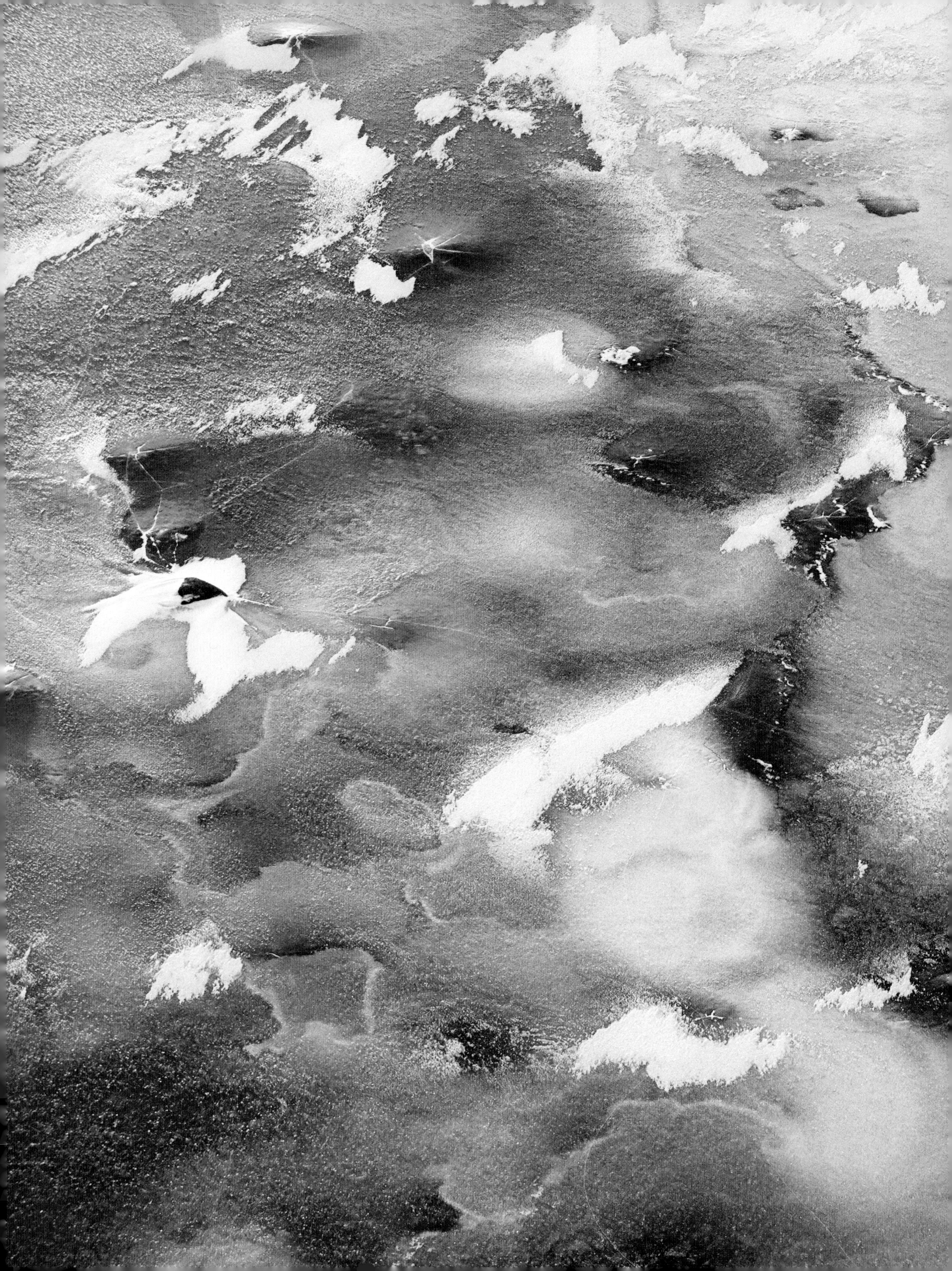

빅 픽처

바다에게 산호초는 생명줄과 같다. 몇몇 열대 국가의 해안선을 따라 뻗어 있는 산호초가 차지하는 면적은 지구 표면의 0.1%에도 못 미치지만, 이곳은 전체 해양생물의 4분의 1이 서식하는 안식처이다. 산호초는 황량한 바다에서 능숙한 솜씨로 영양분을 섭취한다. 또한, 놀라울 정도로 다채로운 산호초 생태계는 다양한 방식으로 인류의 삶을 지원한다. 산호에는 관절염, 천식, 각종 암 치료 등에 광범위하게 이용되는 생물학적 물질들이 포함되어 있는데, 그 외에 아직 발견되지 않은 또 다른 의학적 성분도 있을 것으로 여겨진다. 산호초는 풍부한 어장을 형성하고, 폭풍우와 홍수로부터 지역사회를 보호하며, 관광 수입을 제공한다. 또한 산호초 자체가 지닌 아름다움으로도 널리 알려져 있다. 산호는 세계 경제에서 420조 원에 해당하는 가치를 지니고 있지만 우리는 산호초를 죽게 내버려 두고 있다. 산호초의 4분의 1 정도가 채굴, 폭파 낚시(폭발물을 터뜨려 산호초 등에 모인 물고기 떼를 손쉽게 잡는 불법 어업 - 옮긴이), 오염, 침전, 남획, 해수면 상승, 해양 산성화 등으로 이미 사라졌고, 현재 남아있는 산호초도 3분의 2가량은 심각한 위협에 놓여있다.

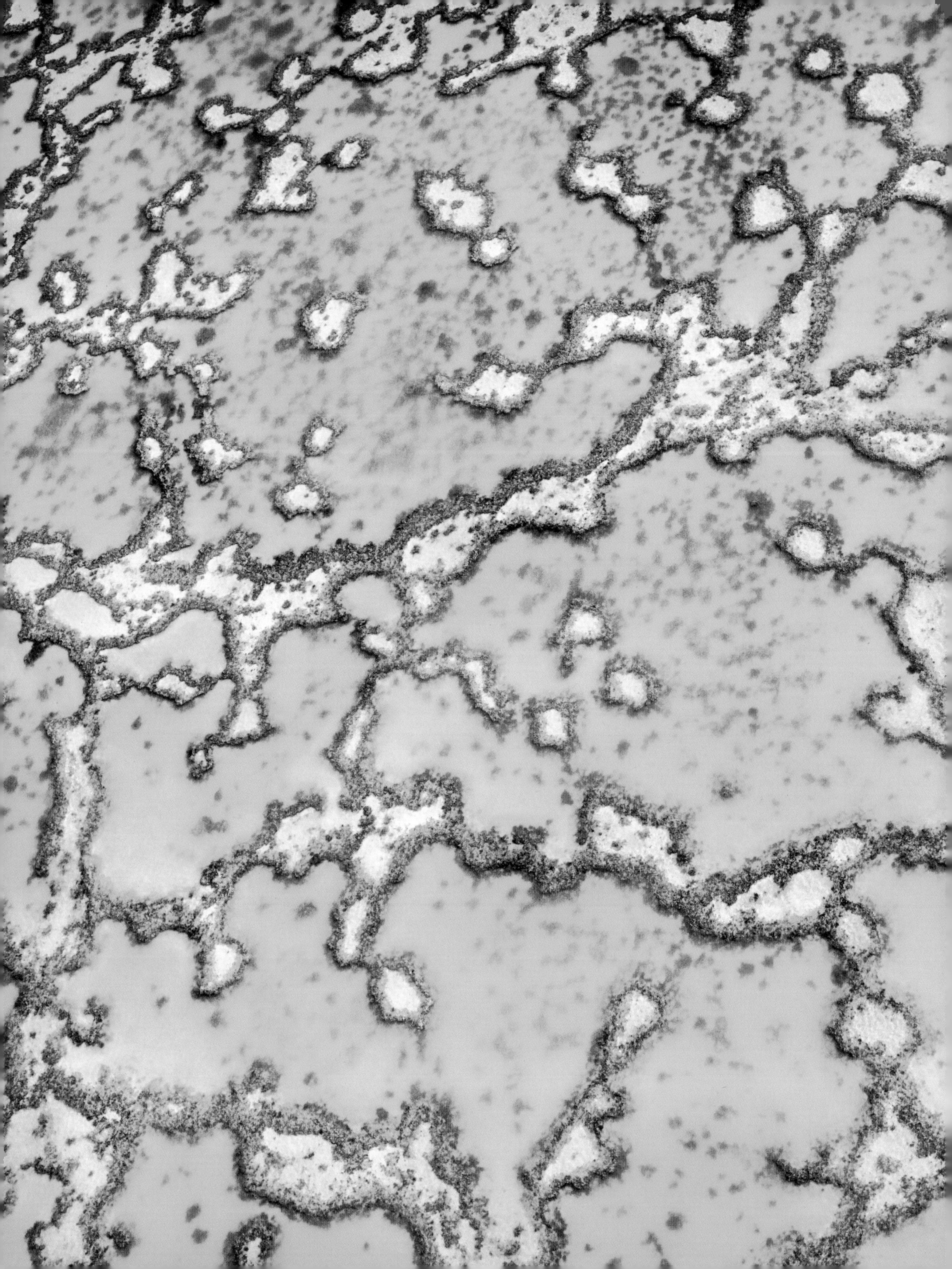

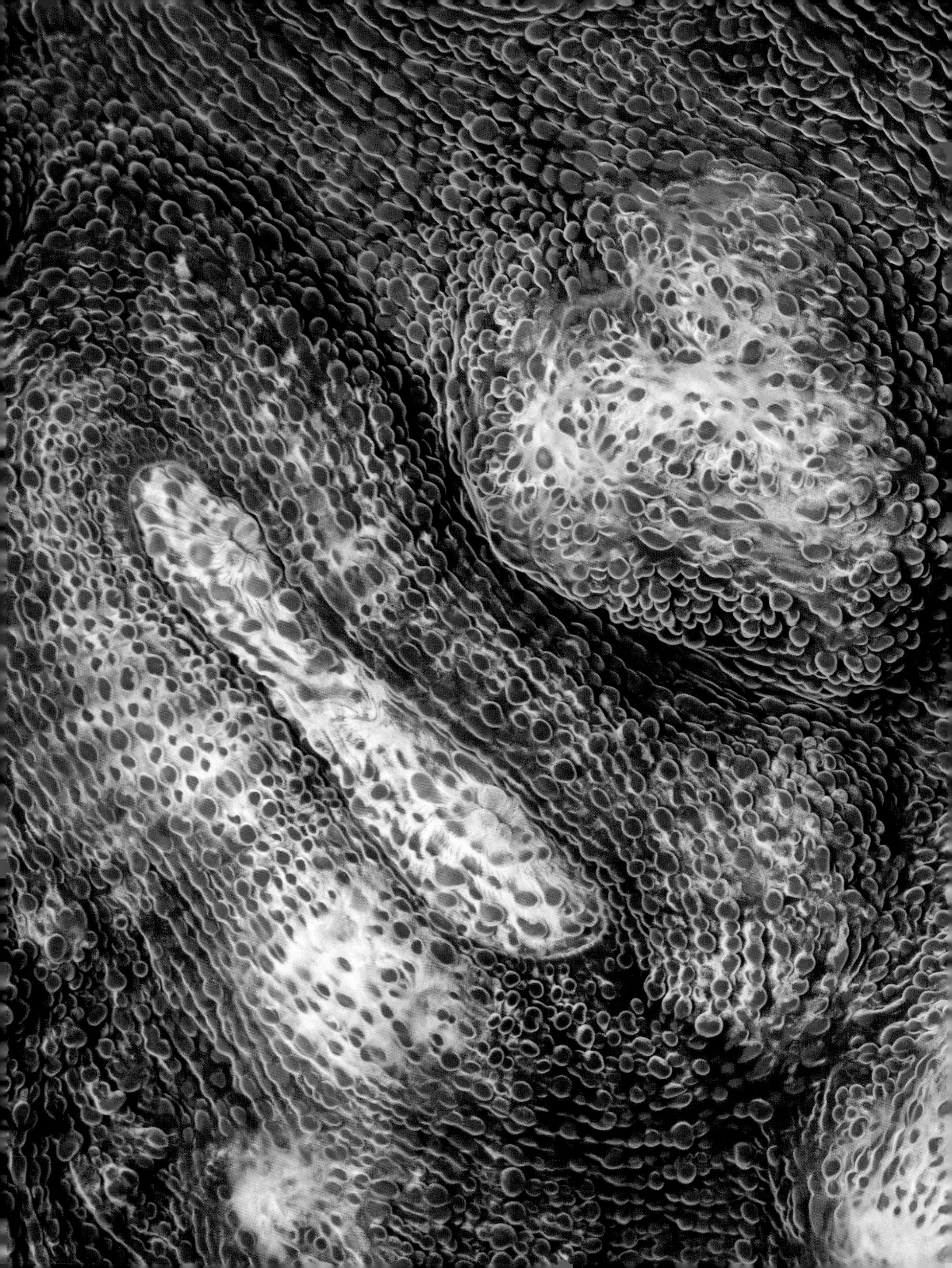

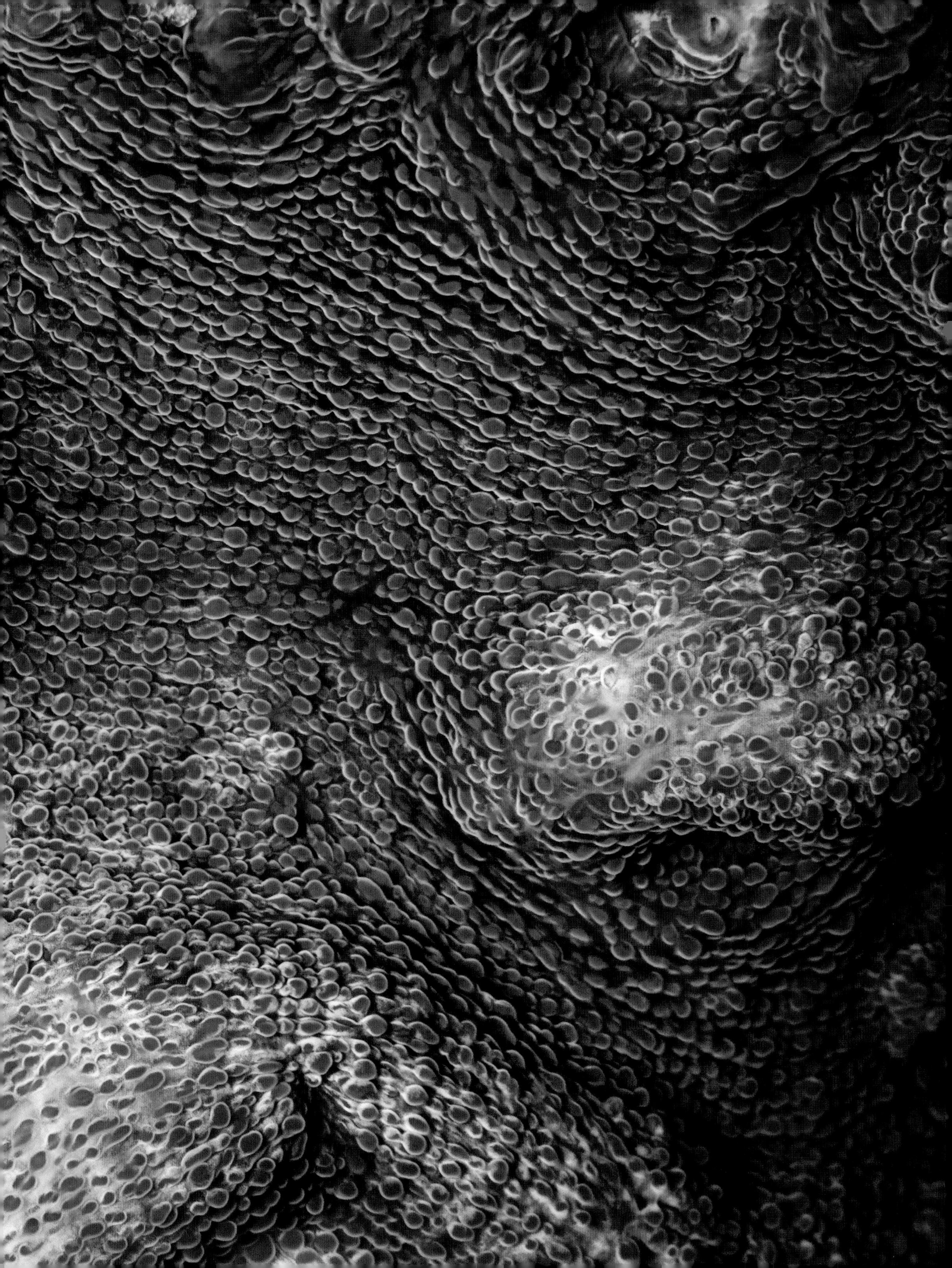

섬세한 균형

산호의 구조를 보면, 광합성을 할 수 있는 단세포 생물인 와편모조류가 많은 부분을 차지하고 있음을 알 수 있다. 와편모조류는 산호에게 당과 아미노산을 공급하고 그 댓가로 안전한 서식 장소를 제공받는다. 그러나 바닷물의 온도가 올라가면 와편모조류가 산호에서 떨어져 나가고 그 결과 산호가 탈색되어 하얗게 변하는 "백화 현상"이 발생한다. 주된 먹이 공급원인 조류가 빠져나가 탈색된 산호는 병에 걸리기 쉽고 생존도 힘들어진다. 2016년 한 해 동안에만 그레이트 배리어 리프의 산호 90%가 백화 현상으로 피해를 입었고, 20%는 폐사했다.

역사를 통틀어 지구에는 다섯 번의 대멸종 사건이 있었다. 멸종이 있을 때마다 파괴된 산호초가 회복되는 데 수백만 년이 걸렸고, 지질학적 연표에는 "산호초 공백기"가 표시되었다. 선사시대에 발생한 대멸종(마지막인 다섯 번째에 공룡이 멸종했다)의 주요 원인으로 해수면 상승과 해양 산성도 변화, 수온 변화 등을 들 수 있는데, 오늘날 이 모든 현상이 다시 나타나고 있다. 여섯 번째 대멸종을 피하기 위해서는 "바다의 열대우림"을 지켜야 한다.

역경 속으로의 탄생

노란눈청개구리 알 한 개의 지름은 약 3mm이다. 알 속의 배아는 처음에는 눈이 없지만, 시간이 지나면 올챙이처럼 까만 눈이 생긴다. 이들은 임신율이 일정한 반면 온도에 따라 부화 시기가 달라지는데, 기후 변화로 인해 개구리의 부화 시기가 들쑥날쑥해지면서 개구리알을 먹는 포식자들이 혼란에 빠져 먹이 사슬 전체가 영향을 받고 있다.

기후 변화는 '항아리곰팡이'라 알려진 치명적인 곰팡이균의 확산을 가속하기도 한다. 저지대의 숲은 점점 따뜻해지지만, 습기가 위로 올라가면서 산 위쪽에는 두꺼운 구름이 만들어지고 개구리의 서식지는 현저히 서늘해진다. 개구리는 외부 온도에 영향을 받는 변온동물이기 때문에 기온이 변화하면 면역 체계가 약해지면서 곰팡이균이 체내로 침입해 번성한다. '항아리곰팡이병'은 전 세계의 양서류에 심각한 영향을 끼쳤을 뿐만 아니라, 역사상 가장 많은 수의 척추동물 종을 감염시키고 멸종시킨 질병으로 기록되었다. 오늘날 양서류 종의 3분의 1은 멸종 위기에 처해 있고, 약 120종은 이미 멸종되었다.

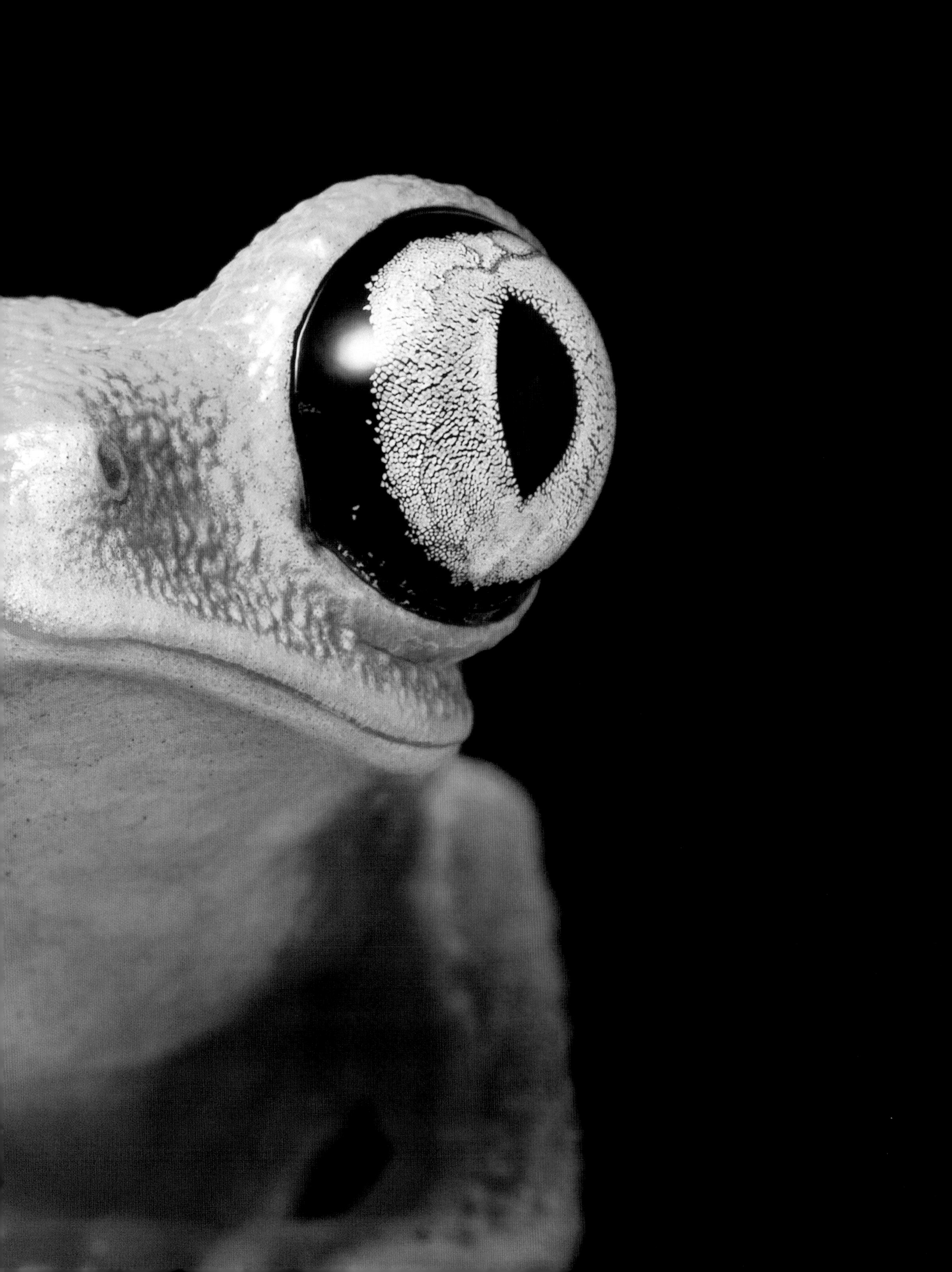

최초의 척추동물

양서류는 지구에 등장한 최초의 척추동물이지만, 그들보다 훨씬 어린 종인 인간의 손에 가장 먼저 사라진 척추동물이 될지도 모른다. 양서류는 지구상에 처음 출현한 이후, 3억 7000만 년 동안 7000여 종으로 분화될 만큼 놀라운 환경 적응 능력을 보여주었다. 예를 들어 강과 폭포 주변의 소음이 많은 환경에 사는 할리퀸두꺼비는 시끄러운 물소리 때문에 서로의 소리가 들리지 않을 때면 앞발을 흔들며 시각적으로 의사소통하는 방법을 터득했다. 이들은 이성을 유혹하고 포식자의 접근을 막기 위해 독특하고 화려한 색깔과 무늬를 지니게 되었지만, 인간으로부터 자신을 방어하는 데에는 실패했다. 할리퀸두꺼비 역시 역사상 가장 치명적인 질병의 하나인 항아리곰팡이병으로 인해 심각한 위협을 받고 있다. 그러나 서식지의 삼림이 파괴되는 것은 항아리곰팡이병보다 네 배나 더 위험하다.

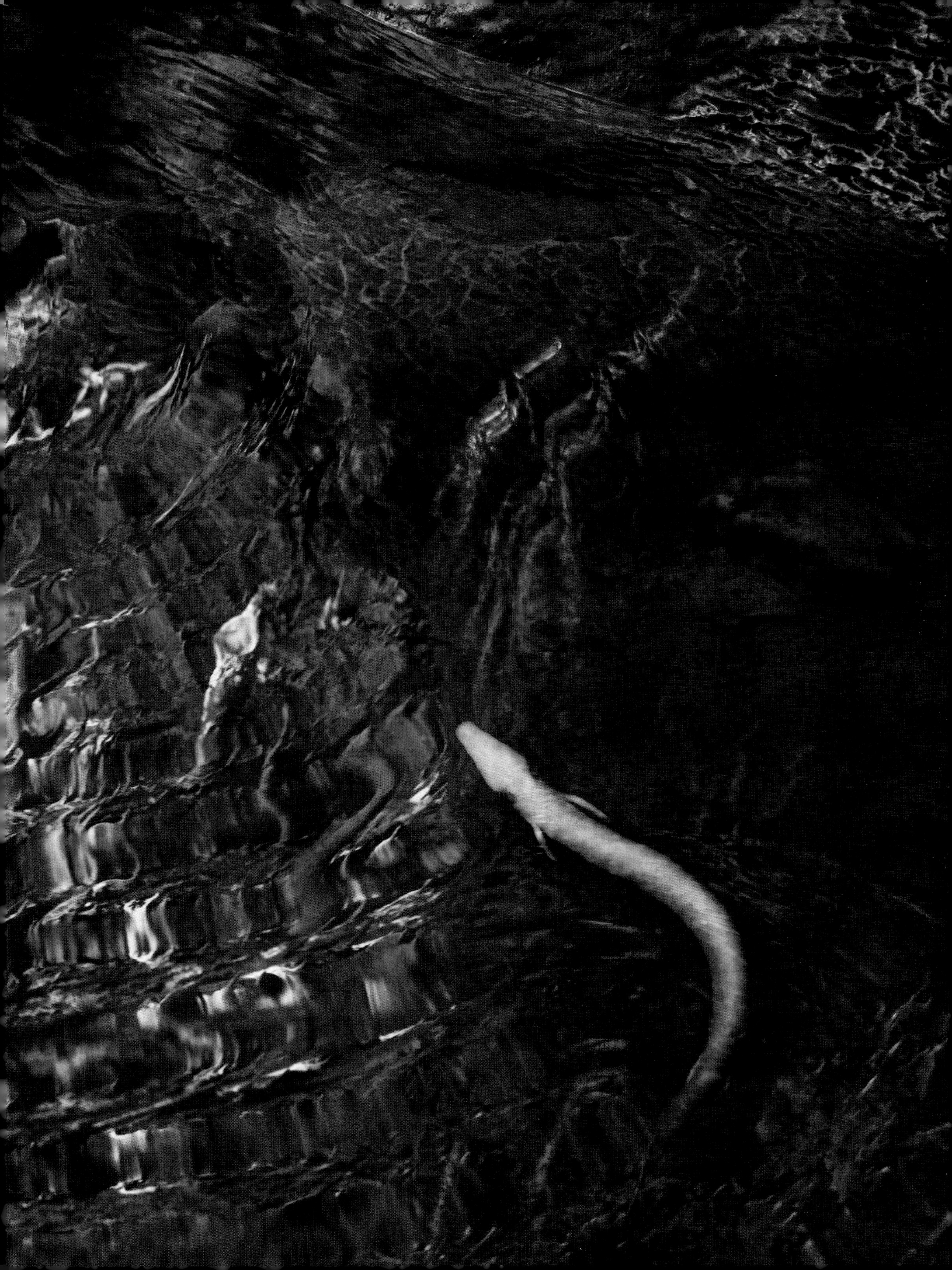

동굴영원

동굴영원은 지금으로부터 6600만 년 전, 지구 생명체 대부분의 멸종을 가져온 운석 충돌에서도 살아남은 녀석이다. 이들은 약 8000만 년 전 현재의 동유럽 지역에 위치한 캄캄한 동굴 안에 출현했는데, 햇빛이 전혀 스며들지 않는 이곳은 지구에서 일어난 다섯 번째 대멸종 사건에도 거의 영향을 받지 않았다. 동굴영원은 눈이 퇴화해 짝짓기 상대에게조차 서로의 모습이 보이지 않기 때문에 사촌지간인 열대 지방의 양서류처럼 화려한 무늬가 발달하지 않았고 색소도 없다. 이들은 시력을 잃은 대신 후각과 청각이 극도로 발달했으며, 전기 자극을 느낄 수 있어서 지구 자기장도 감지하는 것으로 알려져 있다. 동굴영원은 최대 100년까지 살 수 있는데, 먹이를 먹지 않고도 10년 정도 생존이 가능하다. 하지만 생존을 위해서는 깨끗한 물이 반드시 필요하다. 서식지(지하동굴) 위에 있는 숲이 정화조 역할을 하고 있지만, 숲이 농지로 전환되면서 오염물질이 지하로 스며들고 있다. 동굴영원은 이들이 살아온 길고 긴 역사 가운데 처음으로 위기에 빠졌다.

영원한 아이

아즈텍인들이 생각하기에, 액솔로틀(또는 멕시코도롱뇽)은
고대 아즈텍 신화에 등장하는 솔로틀(석양을 따라 죽은
영혼을 지하세계로 인도하는 신)이 현현한 모습이었다.
따라서 이들은 액솔로틀 고기를 신성시했고, 그들의
땅인 멕시코 중앙 고원 지역을 흐르던 거대한 운하와
호수에서 액솔로틀을 잡았다. 그러나 오늘날 이곳의 수중
생태계는 조각나 일부만 남아있을 뿐 아니라, 그마저도
멕시코시티에서 배출되는 비료와 살충제, 배설물,
쓰레기로 오염되고 있다.

액솔로틀은 유럽에 있는 사촌지간인 동굴영원과
마찬가지로 유형성숙(幼形成熟)을 하는데, 이는
액솔로틀이 성적 성숙기에 도달한 후에도 유생의 모습
그대로 아가미와 꼬리지느러미를 지닌다는 의미이다.
액솔로틀은 유생에서 성체로 자라도 겉모습이 변하지
않지만 신체 부위는 재생이 가능해 사지와 뼈, 신체 기관
등이 손상되거나 절단되면 다시 자란다. 또한 이들은
포유동물에 비해 암에 대한 저항력이 1000배 이상
강하다. 만약 인간이 액솔로틀의 면역 세포에 대해 이해할
수 있을 때까지 이들이 현대의 수많은 위협 요인을 견디고
살아남는다면, 우리는 다양한 의료 분야에서 엄청난
발전을 이룰 수 있을 것이다.

느린 진전

전 세계에서 가장 희귀한 거북인 쟁기거북은 생후 15년이 지나야 번식기에 도달한다. 따라서 산불이나 벌목, 혹은 사육 중인 거북을 훔쳐가는 행위는 이들을 순식간에 멸종으로 몰아넣는 참담한 결과를 초래할 수 있다. 1984년, 멸종된 것으로 알려졌던 쟁기거북이 마다가스카르의 북서쪽에서 다시 발견된 이후 듀렐야생동물보호단체는 신속하게 이 종의 포획 사육 프로그램에 착수했다. 1998년에는 쟁기거북의 유일한 서식지가 국립공원으로 지정되었고(이는 단일 종의 보호를 위한 최초의 사례다), 이 단체는 100마리의 쟁기거북을 야생으로 돌려보내는 데 성공했다.

희귀동물인 쟁기거북이 다시 발견되자, 이들은 거북 자체 혹은 장식용 등껍질을 취급하는 불법 거래상들에게 가장 인기 있는 동물이 되었다. 쟁기거북 보전과 관련된 모든 성과는 국가 간 불법 거래에 대한 지속적인 투쟁의 결과로 얻어진 산물이다. 사육센터의 관리인들은 현재 수백 마리에 불과한 이곳의 쟁기거북을 지키기 위해 최선을 다하고 있지만, 최근 밀렵이 심해지면서 이들을 야생으로 돌려보내기 위한 시도는 모두 유보되었다.

가슴 아픈 사랑

황금빛을 띤 쟁기거북의 반구형 등껍질은 보기에도 멋있지만 매우 희소하기 때문에 암시장에서 엄청난 가치를 지닌다. 무장한 경비원들이 쟁기거북 사육센터를 지키고 있지만 이를 훔치려는 시도가 지속되면서, 결국 환경보전론자들이 거북의 등껍질을 일부러 훼손하는 상황에 이르렀다. 거북의 등껍질에 글씨를 새기는 행위는 거북에게 고통을 주지 않으면서 암시장에서의 가치를 떨어뜨리고 연구자들에게는 개체를 쉽게 식별할 수 있게 해 준다. 등에 새긴 표식을 보는 것이 불편할 수도 있겠으나, 이는 같은 세상을 공유하는 두 종인 인간과 쟁기거북 사이에 건강하고 진전된 관계가 형성되었음을 드러내는 방식이기도 하다. 때로는 보전을 위해서 격리가 아닌 창조적인 개입이 필요하다.

도움을 청하는 외침

마다가스카르섬의 동쪽에 살고 있는
흑백목도리여우원숭이는 전 세계에서 가장 큰 목소리를
가진 영장류 중 하나다. 그러나 이들은 큰 목소리로
인해 위치가 쉽게 드러나기 때문에 원숭이 고기를 노린
밀렵꾼들에게 쉽게 발각된다. 현재 마다가스카르에
남아있는 숲의 면적은 과거의 10%에 불과하다.
하지만 이만큼이라도 유지될 수 있는 것은 심각한 멸종
위기에 처해 있는 흑백목도리여우원숭이의 공이 크다.
이는 이 원숭이들이 꿀을 먹는 과정에서 꽃의 수분을
돕기 때문인데, 달리 말하면 이들은 세상에서 가장
큰 꽃가루 매개자인 셈이다. 대부분의 영장류와 달리
흑백목도리여우원숭이는 몸집이 큰 새끼를 출산한다.
따라서 이들은 포획된 상태에서도 생존율이 높아 개체
수가 쉽게 늘어나지만, 유전자 풀이 좁기 때문에 야생
재도입에는 복잡한 문제가 수반된다. 이들이 열대우림의
숲지붕에서 외부의 방해 없이 평화롭게 살아갈 수 있도록
내버려 두는 것이 이 종을 보전할 수 있는 길이다.

소리 없는 몰락

2007~2017년 사이, 불법으로 거래된 천산갑이 100만 마리가 넘는 것으로 추산되면서 이들은 공식적으로 전 세계에서 가장 많이 불법 거래된 포유동물이 되었다.
천산갑은 수줍음이 많고, 이빨이 없으며, 대부분 야행성이다. 또한 케라틴으로 만들어진 비늘이 갑옷처럼 몸을 감싸고 있으며, 두려움을 느끼면 몸을 공처럼 둥글게 만다. 천산갑은 이러한 방어 능력 덕분에 포식 동물로부터 스스로를 보호할 수 있지만, 인간에게는 이 방법이 통하지 않는다. 인간은 그저 이들을 집어 들고 가져가기만 하면 되기 때문이다.
공룡 시대에 존재했던 다른 포유동물에서 분화된 천산갑은 "비늘을 지닌 유일한 포유류"라는 독특한 진화적 특성을 지니고 있다. 현재 아프리카와 아시아에 각각 4종씩 총 8종이 존재하는데, 모두 취약종에서 절멸종으로 분류되며 이 중 2종은 위급종에 속한다.
천산갑은 사람들의 눈을 피해 톤 단위로 거래되지만, 오늘날 이들에 관한 이야기는 거의 알려져 있지 않다.

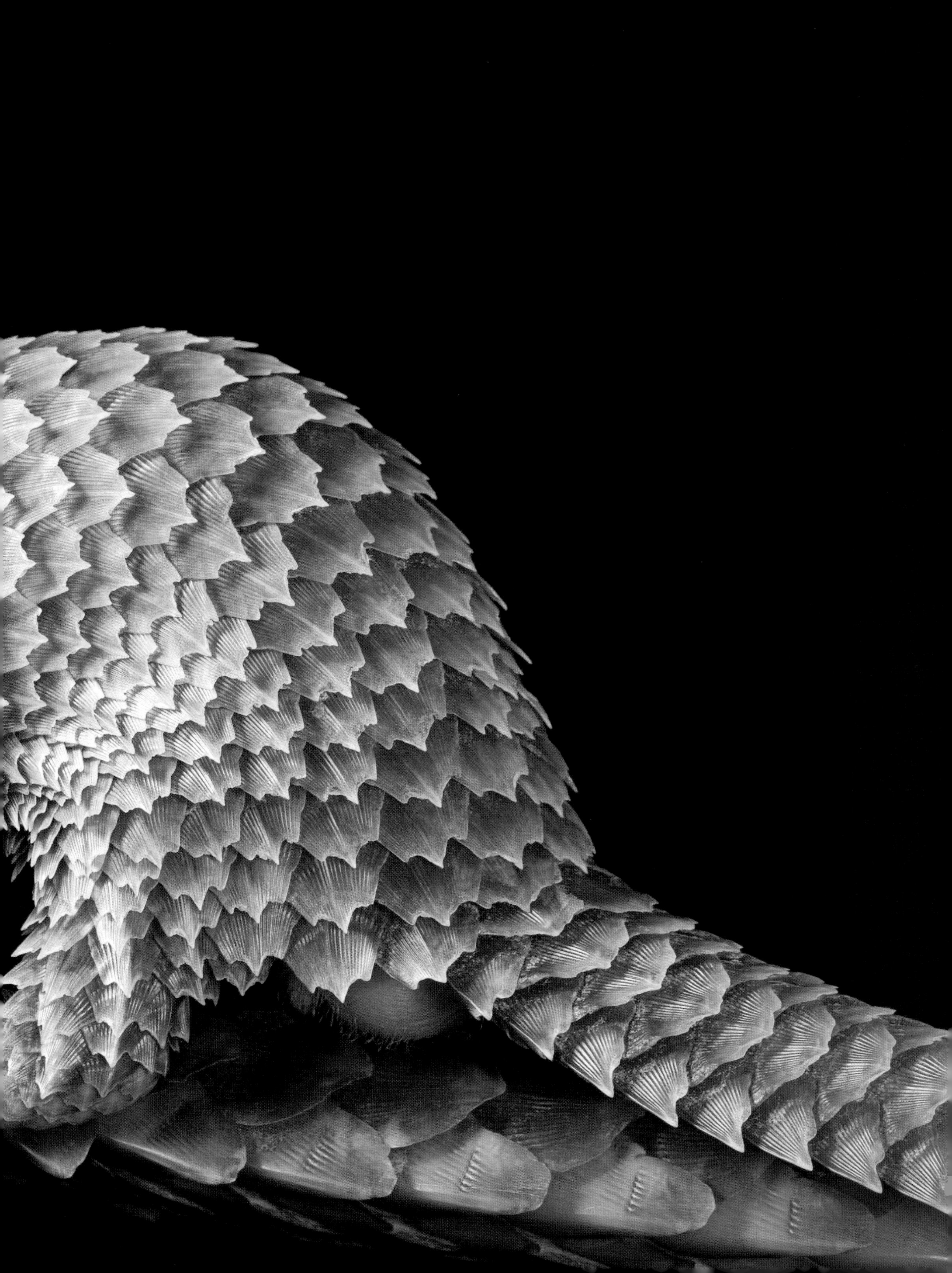

파괴되는 서식지

전통적으로 아프리카에서 천산갑을 사냥하는 이유는 식용 고기를 얻기 위해서이다. 반면 아시아에서는 주로 비늘을 얻기 위해 천산갑이 거래되는데, 이곳에서는 천산갑의 비늘을 벗겨내 건조한 후 가루로 만들어 (효능이 입증되지 않은) 민간요법 약제로 이용한다. 동아시아의 많은 지역에서 천산갑 고기가 부의 상징으로 인식되면서, 현지 종들은 눈 깜짝할 사이에 멸종 위기에 놓이고 말았다.

최근 몇 년 사이 중국 기업들은 아프리카에 최신식 도로와 철도를 건설했다. 그러나 이러한 기반 시설이 천산갑의 서식지를 관통해 조성되면서 아시아의 불법 거래상들은 더 많은 천산갑을 사냥하기 위해 아프리카의 외진 곳까지 손길을 뻗쳤고, 이로 인해 현지에서 천산갑 가격이 치솟았으며, 천산갑 개체 수는 곤두박질쳤다. 천산갑 한 마리는 매일 약 20만 마리의 곤충을 잡아먹는다. 이들이 없어지면 농장과 숲 역시 피해를 입게 될 것이다.

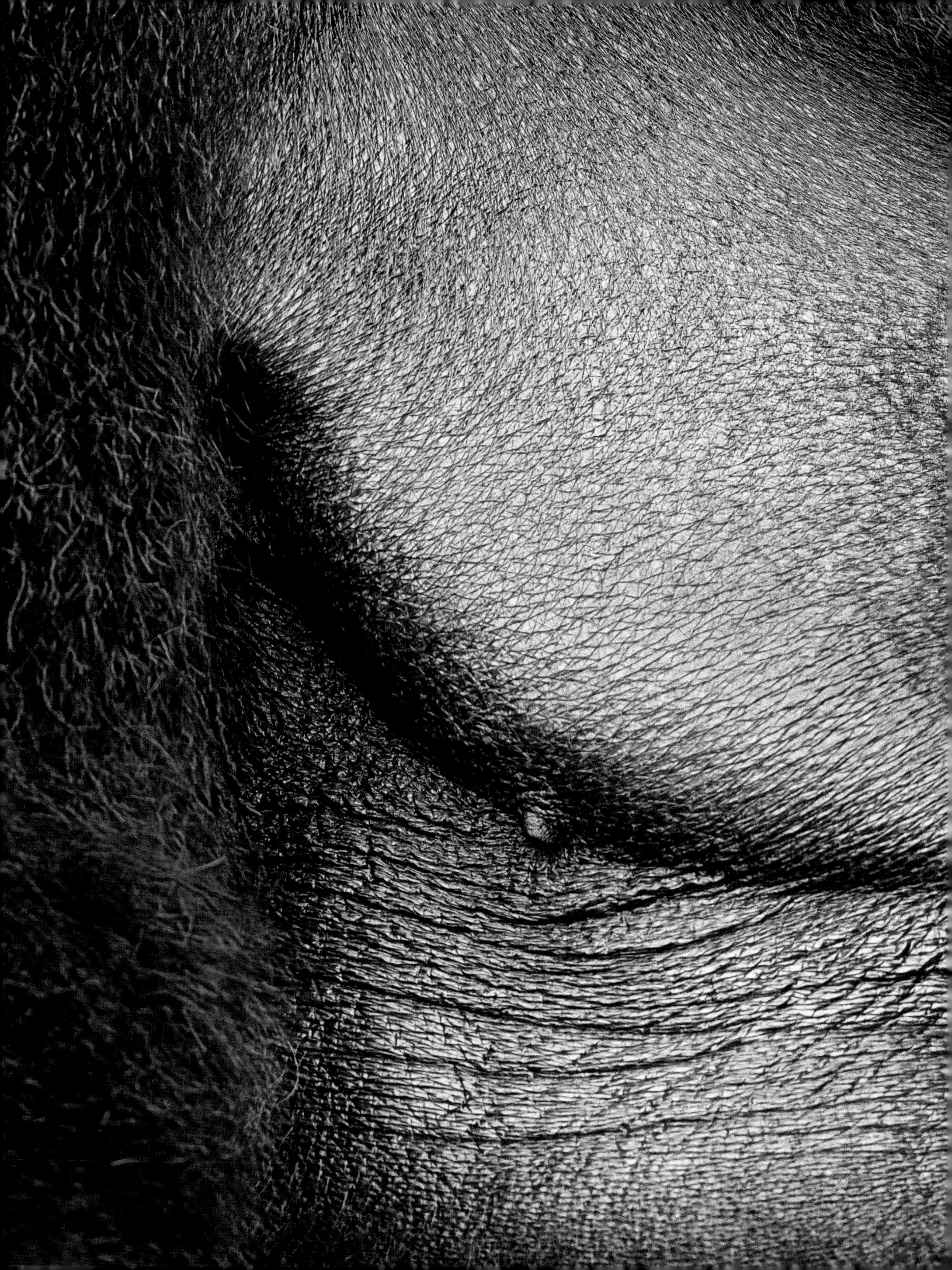

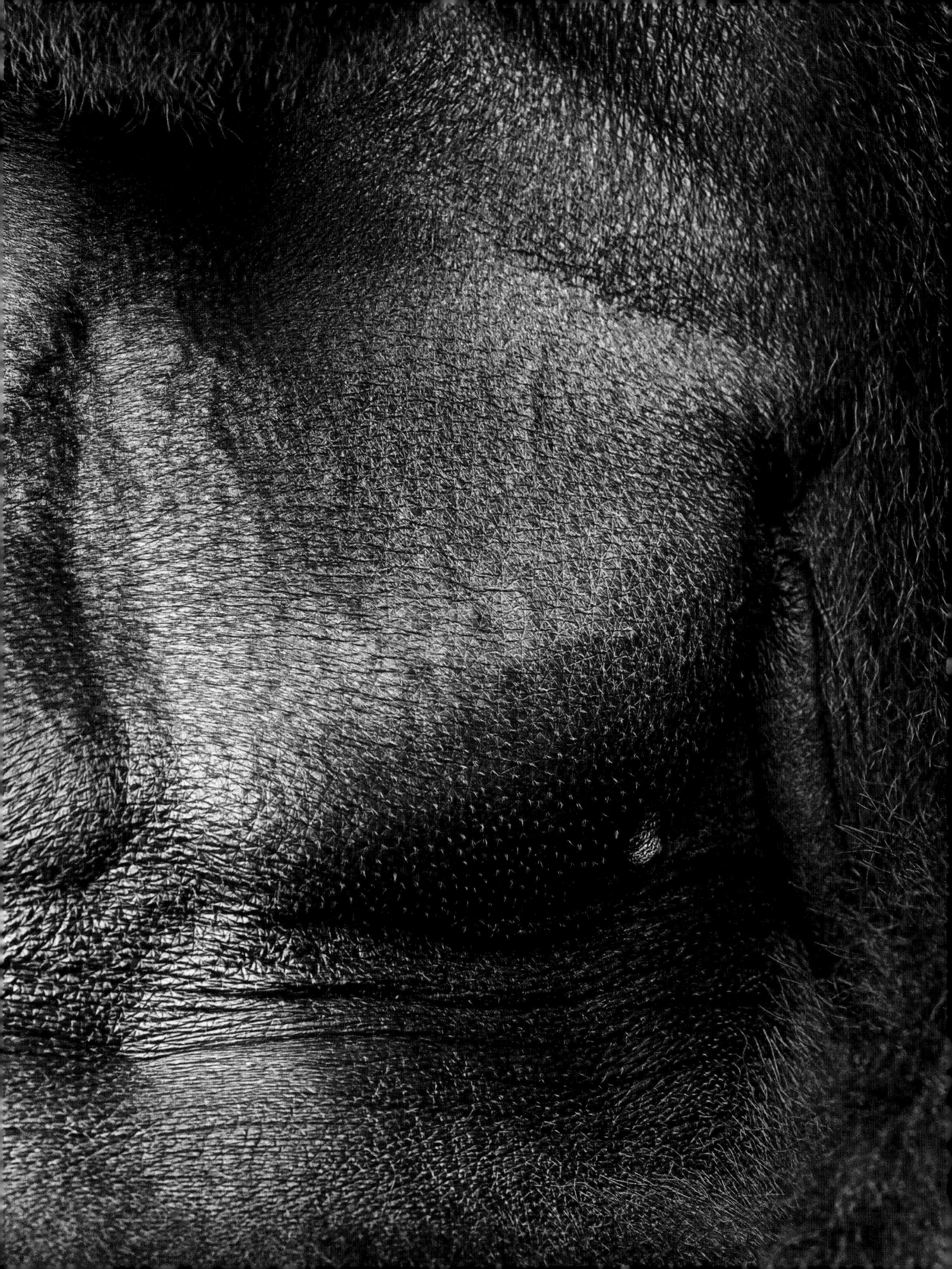

사랑이 담긴 노력

'잘라'는 아스피날재단에서 운영하는 영국의 한 보호구역에서 길러진 서부로랜드고릴라다. 잘라는 새끼 시절이던 1980년대에 가봉에서 구출되었는데, 당시 그는 밀렵꾼들이 가족 전부를 살해하는 것을 목격한 상태였다. 구조 센터에서 보살핌을 받으면서 어린 시절의 끔찍했던 트라우마는 서서히 극복되었고, 30년 후 잘라는 새로운 가족과 함께 가봉의 숲으로 되돌아갔다(p.86,91 참고). 이후 잘라는 야생에서 건강을 회복해 왼쪽 눈 위에 있던 혹이 작아지고 과체중도 조절되었으며, 현재 노년기에 접어들었음에도 여전히 활력을 유지하고 있다.

고릴라를 구조하고 야생으로 재도입하는 것은 비용이 많이 드는 일이다. 일부 환경보전론자들은 이러한 방식을 비판하며, 심각한 멸종 위기에 처한 야생 고릴라 보호에 기금을 활용하는 것이 더 효율적이라고 주장하기도 한다. 그러나 재도입을 위한 부지를 확보하는 것은 관리의 손길이 미치지 않는 정글 한가운데에 합법적인 고릴라 보호구역을 마련하는 것과 같은 효과가 있다. 또한 위험에 처한 상대를 돕는 행위야 말로 인간이 지닌 가장 고귀한 본성이라는 사실을 생각할 때, 가족을 잃고 굶주림으로 고통받는 새끼를 구하는 것은 인간으로서 마땅히 해야 할 일이기도 하다.

화려한 색

맨드릴의 집단만큼 큰 무리 속에서 살아가려면 특별한 무언가가 있어야 한다. 맨드릴은 인간을 제외한 영장류 중 가장 큰 사회적 집단을 이루어 살아가는데, 한때 가봉의 숲에는 1300마리로 구성된 맨드릴 집단이 있었다는 기록이 있다. 매력적인 얼굴과 눈을 지닌 맨드릴은 포유류 중에서 가장 화려한 색을 지니도록 진화했으며, 강렬한 색채에 의해 사회적, 성적 지위가 결정된다. 그러나 안타깝게도 이들에 대한 관심은 외모에 그치지 않는다. 서아프리카에서는 맨드릴 고기가 별미로 여겨지고 있고, 국제 무역량이 증가하면서 맨드릴 고기의 교역량도 증가해 매주 수 톤의 맨드릴 고기가 서유럽으로 밀반출되고 있다. 이들은 거대한 무리를 지어 살기 때문에 한 번의 사냥만으로도 여러 마리가 희생될 수 있다. 벌목과 농경으로 서식지가 감소한 오늘날, 이 화려한 동물에 대한 강력한 보호 조치가 절실하다.

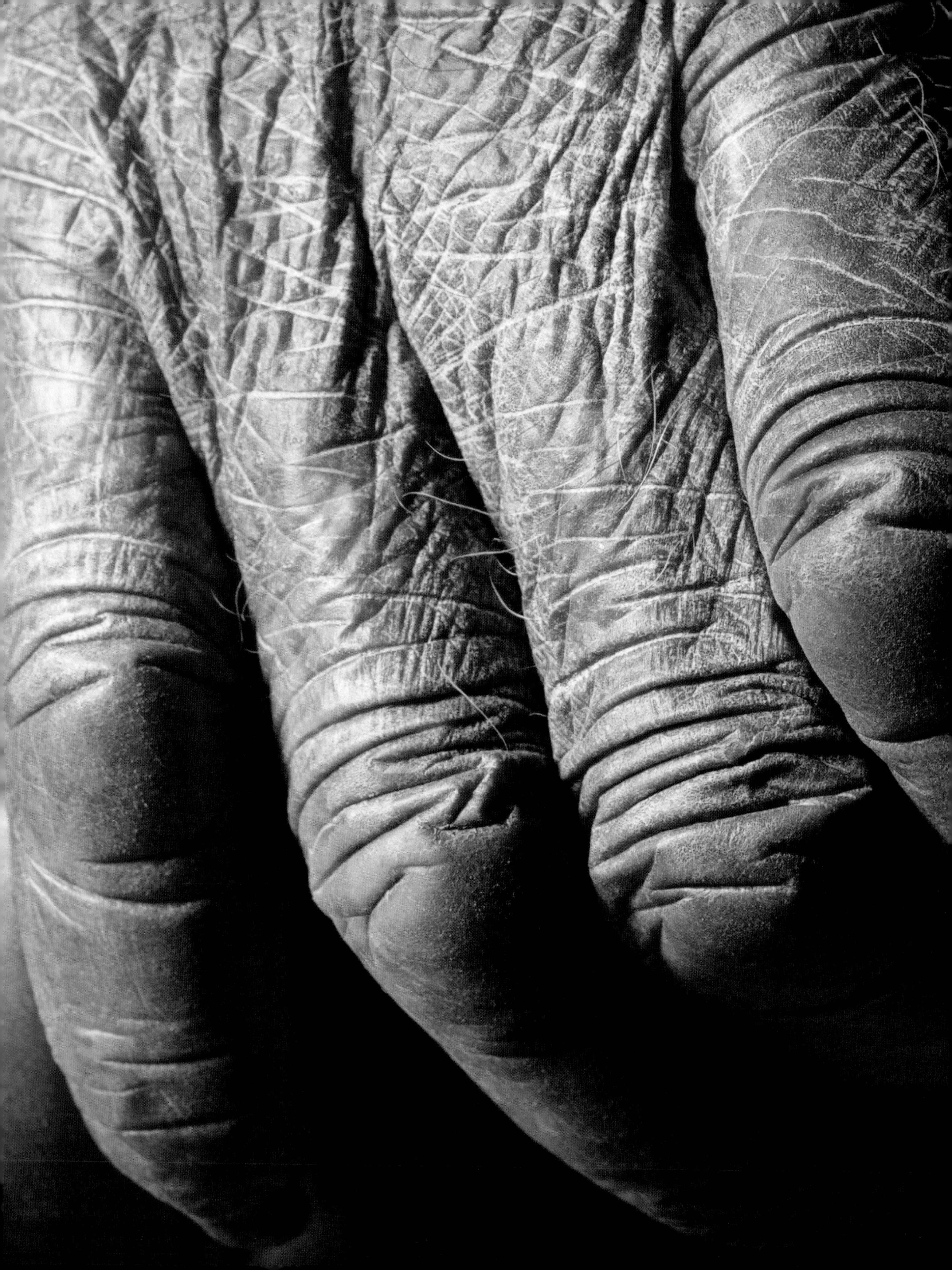

더없이 인간적인

남아메리카 대륙의 아마존 열대우림에 비하면
중앙아프리카 서부의 삼림 파괴는 비교적 천천히
진행되었다. 이 지역의 침팬지 서식지는 비교적 온전하게
남아있는 편이지만, 이들의 개체 수는 지난 세기 동안
75%가량 감소했다. 이는 현지인들이 침팬지 고기를
먹거나 해외로 밀반출하기 위해 침팬지를 대규모로
사냥하고, 인간의 기반 시설이 침팬지의 영역을 관통해
개발되고 있기 때문이다. 농업, 벌목, 원유 추출, 광물 채굴,
도로 건설 등으로 숲이 파괴되면서 긴밀한 유대 속에서
살아가는 침팬지 사회는 점점 조각나고 있다.

전통적인 아프리카 문화에서, 침팬지는 보통 신뢰할
수 없는 동물로 표현된다. 인간과 비슷하다는 이유로
사악하고 불온한 존재로 여겨지는 것이다. 이러한
유사성은 인간에게 흥미의 대상이지만 침팬지에게는
위협이 될 수 있다. 침팬지 역시 탄저병, 에볼라, 호흡기
질환 등에 취약하다. 인간이 이들의 서식지 안으로 깊이
들어갈수록 위협은 더욱 심해질 것이다.

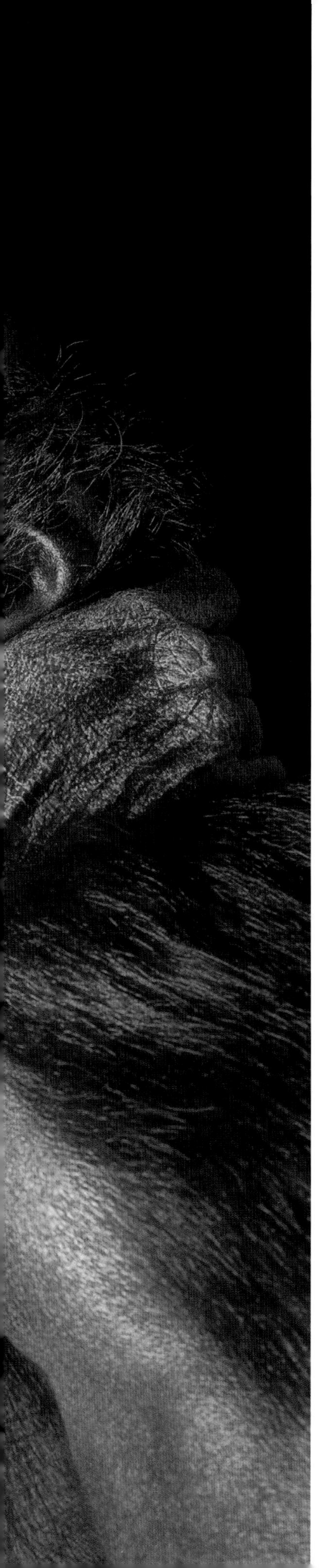

전쟁과 평화

보노보가 서식하는 유일한 나라는 콩고민주공화국이다. 하지만 이들은 콩고 내전의 여파로 큰 고통을 겪고 있다. 전쟁으로 인해 보노보를 보호하기 위한 국제적인 노력이 지연되었을 뿐 아니라, 총기가 유입되면서 밀렵마저 증가했기 때문이다. 보노보는 수줍음이 많고 외부인에 적대적인 모습을 보이지만 무리 내에서는 매우 평화적이다. 이들은 강한 성적 상호작용을 기반으로 모계 중심 사회를 이루어 살아가는데, 끊임없는 스킨십과 애정표현을 통해 서로 간의 갈등을 해소하고 강한 사회적 유대감을 형성한다.

오늘날 보노보의 개체 수가 가장 많이 남아있는 곳은 보노보 살생을 금기시하는 외딴 지역의 원주민 공동체다. 그러나 전쟁이 일어나면서 이 지역 역시 밀렵꾼에 노출되고 말았다. 정글 깊은 곳에 살고 있는 보노보가 인간을 피할 수 있는 날은 그리 오래 남지 않은 것 같다. 팜유 생산을 위한 대규모 벌목과 불법 화전 농업으로 동남아시아의 열대우림이 파괴되고 나자 중앙아프리카 지역이 새로운 팜유 재배지로 떠오르고 있는데, 보노보 서식지의 99.2%가 바로 이 지역이기 때문이다.

금단의 열매

인도네시아의 술라웨시섬. 열대우림의 숲지붕에서 검정짧은꼬리원숭이가 먹이를 찾아 움직일 때면 나무에서 떨어지는 곤충을 잡아먹으려는 새들이 그 뒤를 따르곤 한다. 야생의 원숭이들은 그들이 좋아하는 과일을 먹으면서 씨앗을 흩뿌려 나무에 도움을 준다. 검정짧은꼬리원숭이는 과거 자신들의 거주 지역이었던 농가 근처를 어슬렁거리며 농작물을 먹다가 농부에게 죽임을 당하기도 하고, 결혼식과 같은 특별한 날에 원숭이 고기를 별미로 대접하려는 인간에 의해 사냥되기도 한다. 세계 각지의 사육센터에서는 심각한 멸종 위기에 처한 이 종의 개체 수를 늘리기 위해 이들을 포획하여 사육하고 있지만, 자연으로 재도입하는 것은 가장 마지막 단계에 해당한다. 술라웨시에서 가장 위협에 처해 있는 검정짧은꼬리원숭이를 보호하기 위해서는 이들의 서식지가 안전하게 지켜져야 하고, 현지인들에게 이 종의 중요성과 취약한 현실에 대한 인식을 심어주어야 한다.

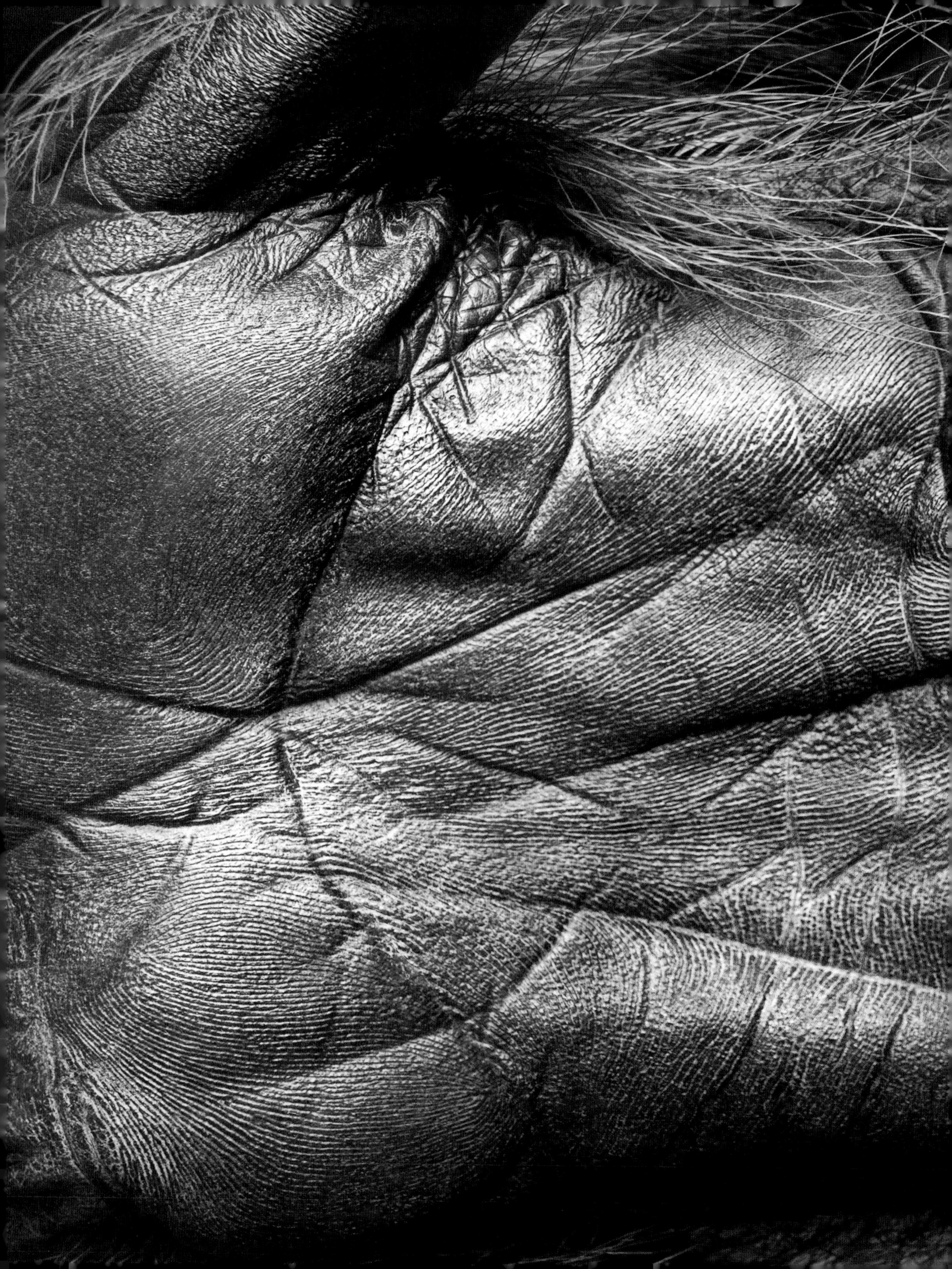

살 곳이 사라지다

보르네오 문화권에는 오랑우탄의 눈을 똑바로 쳐다보면 불운이 닥친다는 속설이 있다. 이는 살인, 유혹, 속임수 등이 나오는 이 지역의 옛이야기에서 오랑우탄이 악한 존재로 등장하기 때문이다. 오늘날 전 세계적으로 오랑우탄은 자연의 순수한 존재이자 착취의 대상으로 인식되고 있지만, 이들의 몰락은 믿기 어려울 정도로 충격적이다. 지난 세기 동안 인도네시아의 인구는 2500%가량 증가한 반면, 팽창주의가 확산되면서 오랑우탄은 그들의 서식지에서 대부분 쫓겨나고 말았다. 팜유 재배로 숲이 파괴되었고, 포획된 오랑우탄은 애완동물로 세계 각지에 팔리고 있다. 또한 대규모 화전 농법으로 서식지 소실이 심화된 상태에서 1997년에는 큰 산불이 발생해 전 세계 오랑우탄의 3분의 1이 희생되었다. 오랑우탄은 보르네오의 씨앗 확산자 중 가장 몸집이 큰 유인원이다. 이들의 생존은 정글의 생존과 맞물려 있지만, 오늘날 오랑우탄은 심각한 멸종위기에 처해 있다.

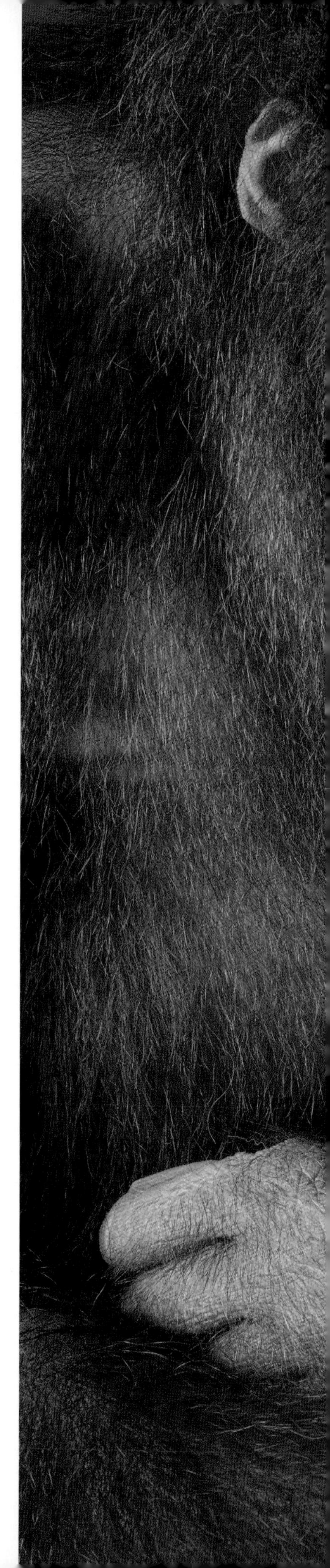

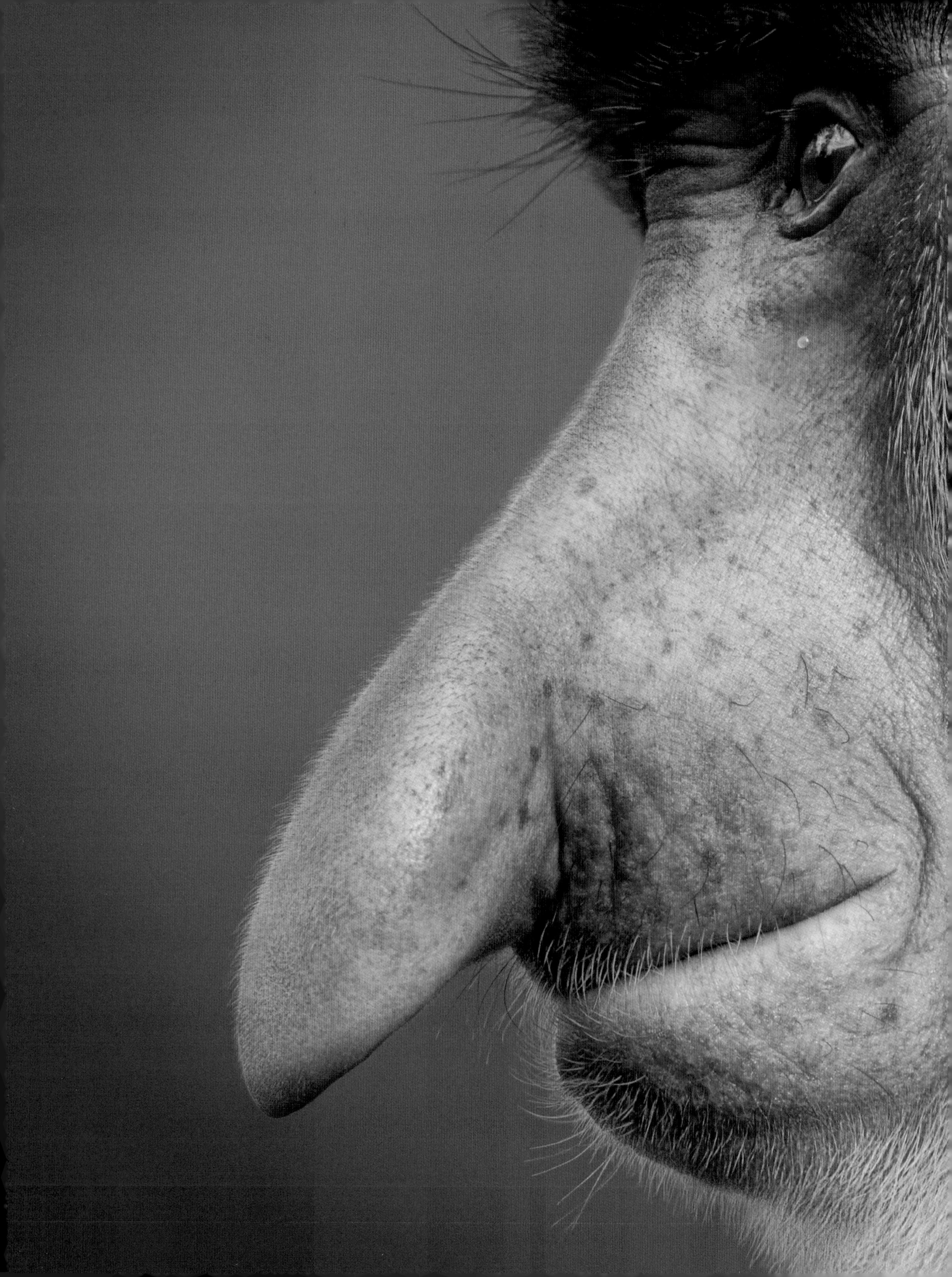

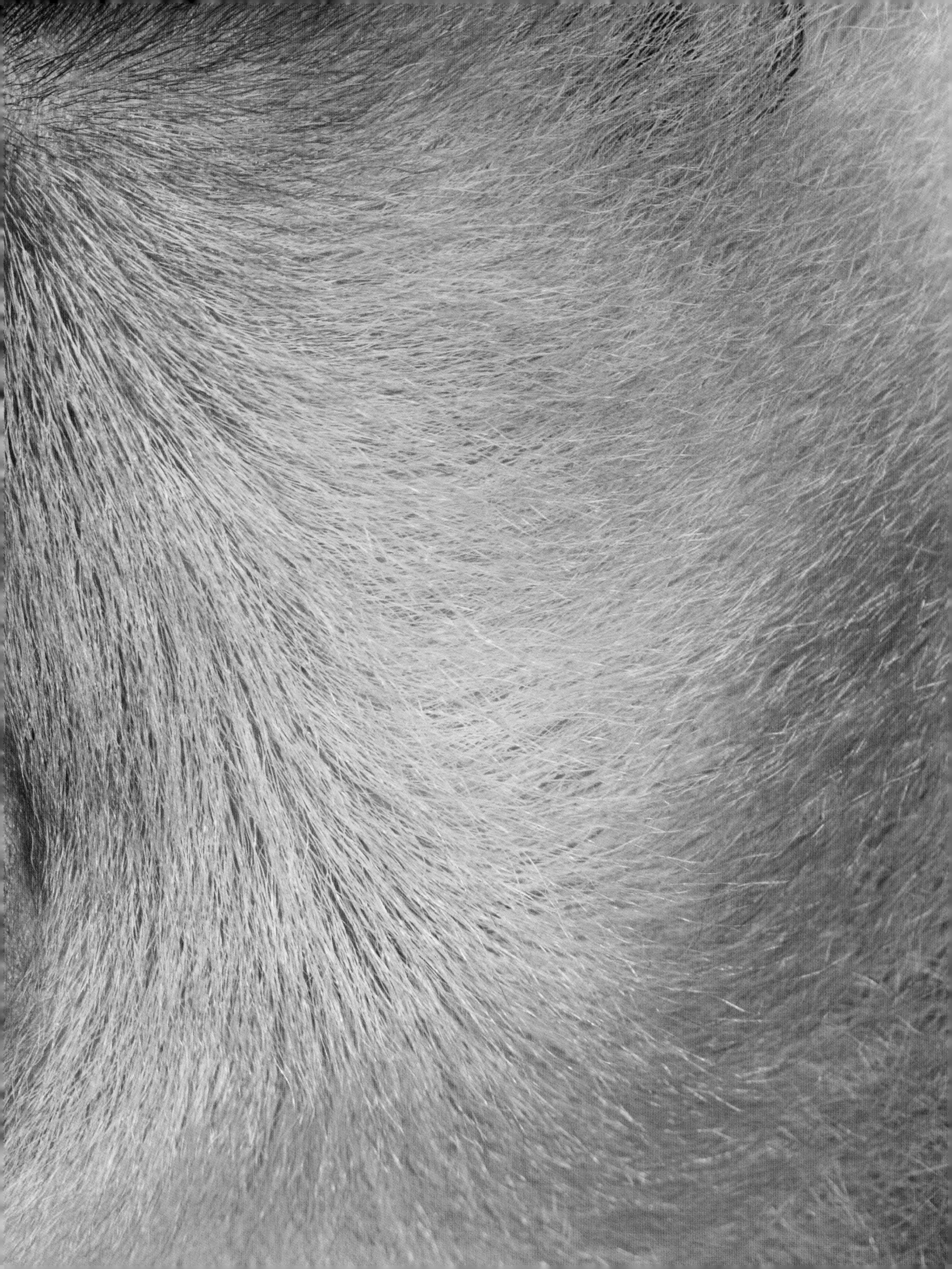

전쟁터

지의류가 자라는 속도는 1년에 1mm가 채 안 되는데, 이는 지질구조판의 움직임보다 약 50배나 느린 속도다. 일부 지의류는 너무 오래전부터 존재해서 그 나이를 가늠할 수도 없지만 예수가 태어나기 이전 시대부터 있었던 것만은 확실하다. 지의류는 벽, 나무 둥치, 포장된 도로, 묘비석 등 어디서든 쉽게 볼 수 있어서 우리는 이들이 실제로 살아있는 생물이라는 사실을 잊기 쉽다. 하지만 이들 역시 지구에 있는 위대한 생명의 유산이다. 지의류는 오염에 극도로 민감해서 공기, 토양, 물이 깨끗한 장소에서만 자라기 때문에 19세기 이래로 많은 과학자들은 환경 상태를 파악하기 위해 지의류를 척도로 이용했다. 지의류는 풍요로운 보르네오 열대우림의 모든 지표면을 덮고 있다. 하지만 마을과 농장, 채석장 등 인간 사회의 인프라가 확장되고 독극물과 살충제가 정글 속으로 스며들고 있어, 이들은 소리 없이 사라질 것으로 보인다.

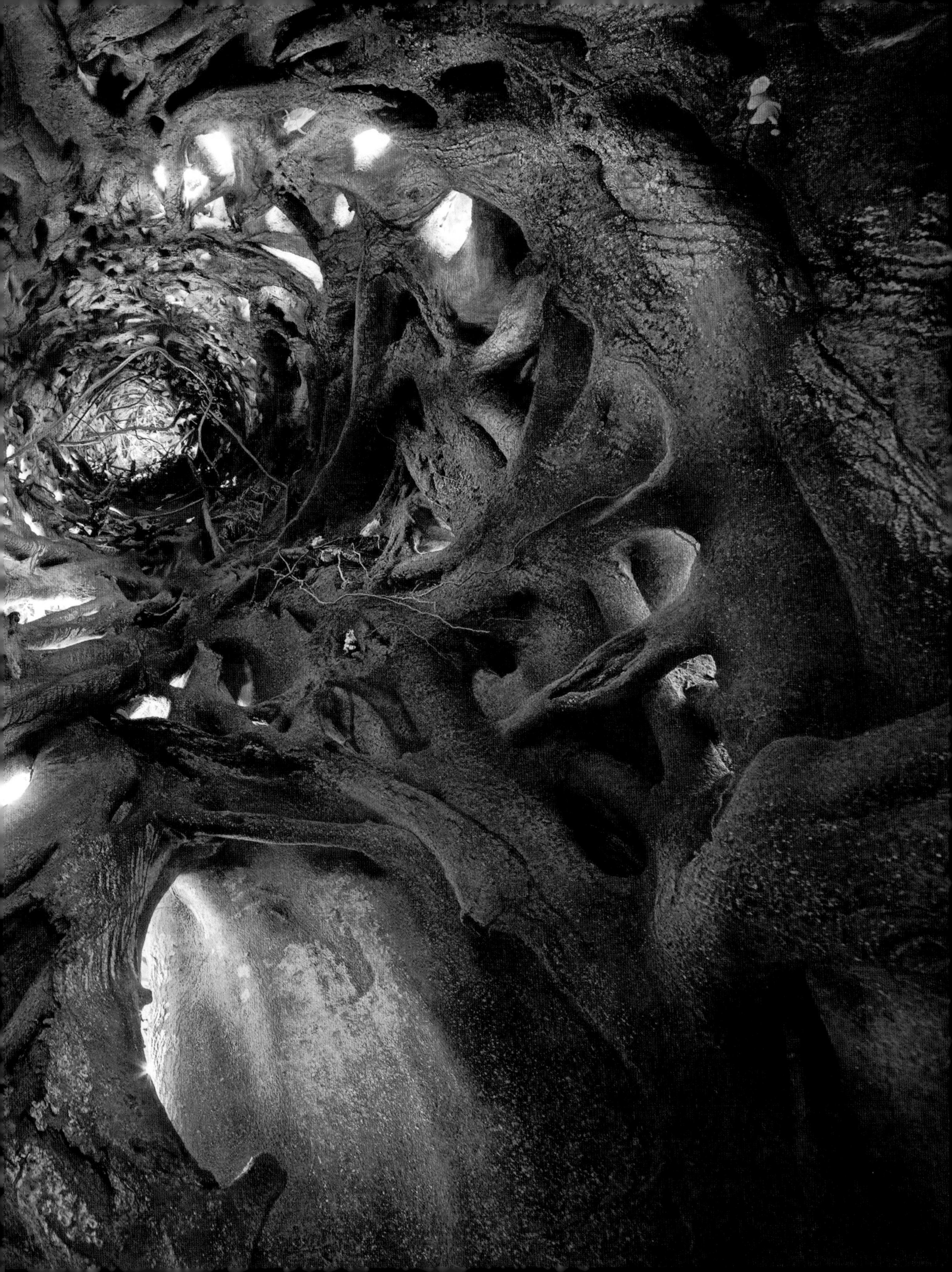

야간 근무

우리가 잠을 자는 동안 전 세계의 박쥐들은 중요한 일을 한다. 박쥐는 해충을 잡아먹기 때문에 농업에서 매우 중요하며, 박쥐를 통해 바나나, 망고, 코코아를 포함해 500종이 넘는 식물의 수분이 이루어진다. 사실 농작물을 건강하게 유지하는 데에 박쥐의 역할은 꿀벌만큼이나 중요하다. 이들은 먼 곳까지 이동하기 때문에 넓은 지역에 걸쳐 식물의 다양화를 가능하게 하기 때문이다. 멕시코꼬리박쥐는 계절에 따라 장소를 바꿔가며 생활하며 각 서식지는 1600km 이상 떨어져 있다. 이들은 최대 160km/h의 속도로 빠르게 날 수 있고, 전 세계에서 가장 큰 군집(최대 2000만 마리)을 이루는 동물에 속하며, 북아메리카 대륙에서 개체 수가 가장 많은 포유동물이다. 최근 수십 년 동안 박쥐괴질이라 알려진 흰곰팡이 전염병이 북아메리카 대륙을 휩쓸면서 수천만 마리의 박쥐들이 희생되었다. 만약 박쥐괴질이 계속해서 확산된다면 멕시코꼬리박쥐도 감염되어 남아메리카 대륙까지 전염병을 퍼뜨릴 것이며, 전 세계로 퍼질 수도 있을 것이다.

콘크리트로 덮인 정글

얼룩무늬타마린은 영장류 중 가장 작은 서식지, 즉 아마존 열대우림의 북동쪽에 있는 매우 좁은 지역에서 진화해 왔다. 이들은 원래 먹이와 초목이 풍부한 아마존강 유역에 살고 있었으나, 17세기 후반 이곳에 인간이 정착하기 시작하면서 이 지역은 브라질 아마조나스주의 수도이자 200만 명 이상이 거주하는 항구도시(마나우스)로 성장했다. 오늘날 얼룩무늬타마린은 보호구역 내에서만 발견되지만, 이들이 서식하는 영역의 상당 부분이 도로로 포장되었고 침입종인 붉은손타마린과의 경쟁에서도 밀리면서 먹이와 서식지 대부분을 빼앗겨 버렸다. 다른 원숭이 종들과 달리, 이들은 도시 생활에 적응하지 못했다. 따라서 이들은 조각나 고립된 숲 사이에 있는 도시를 통과하다가 개에게 공격당하거나, 전선에 감전되고, 자동차에 치여 죽곤 한다. 경제적 번영을 등에 업은 마나우스가 계속해서 성장함에 따라 가장 흥미로운 영장류의 멸종 가능성 역시 점차 현실화되고 있다.

밝혀진 미스터리

검은들창코원숭이는 1890년대에 과학자들에 의해 발견되었으나, 이후에는 행방이 묘연했기 때문에 1962년 다시 목격되기 전까지는 멸종된 것으로 여겨졌다. 이들은 지구상에서 가장 발견하기 힘든 영장류 중 하나로, 계절에 따라 이동하는 반(半)유목 생활을 하며, 중국 남서부 헝두안산맥의 울창한 대나무숲에 사는 원숭이들 중 가장 고지대에서 생활한다. 사촌지간인 황금들창코원숭이와 마찬가지로 영하 40도에서도 견딜 수 있다. 현지인들은 검은들창코원숭이의 강한 생명력과 원기를 숭배해 이들을 인간의 조상으로 여기며 "지혜로운 산 사람"이라고 부른다. 중국 정부가 긴 세월에 걸쳐 형성된 이 숲을 보호하는 데 좀 더 힘을 쏟는다면 이들의 상황은 지금보다 훨씬 나아지겠지만 높은 근친 교배율은 여전히 심각한 위협 요인이다. 현재 남아있는 개체군은 규모가 매우 작고 고립되어 있기 때문에 다음 세기에도 살아남을 수 있는 유전적 다양성을 가지고 있을지 의문이다.

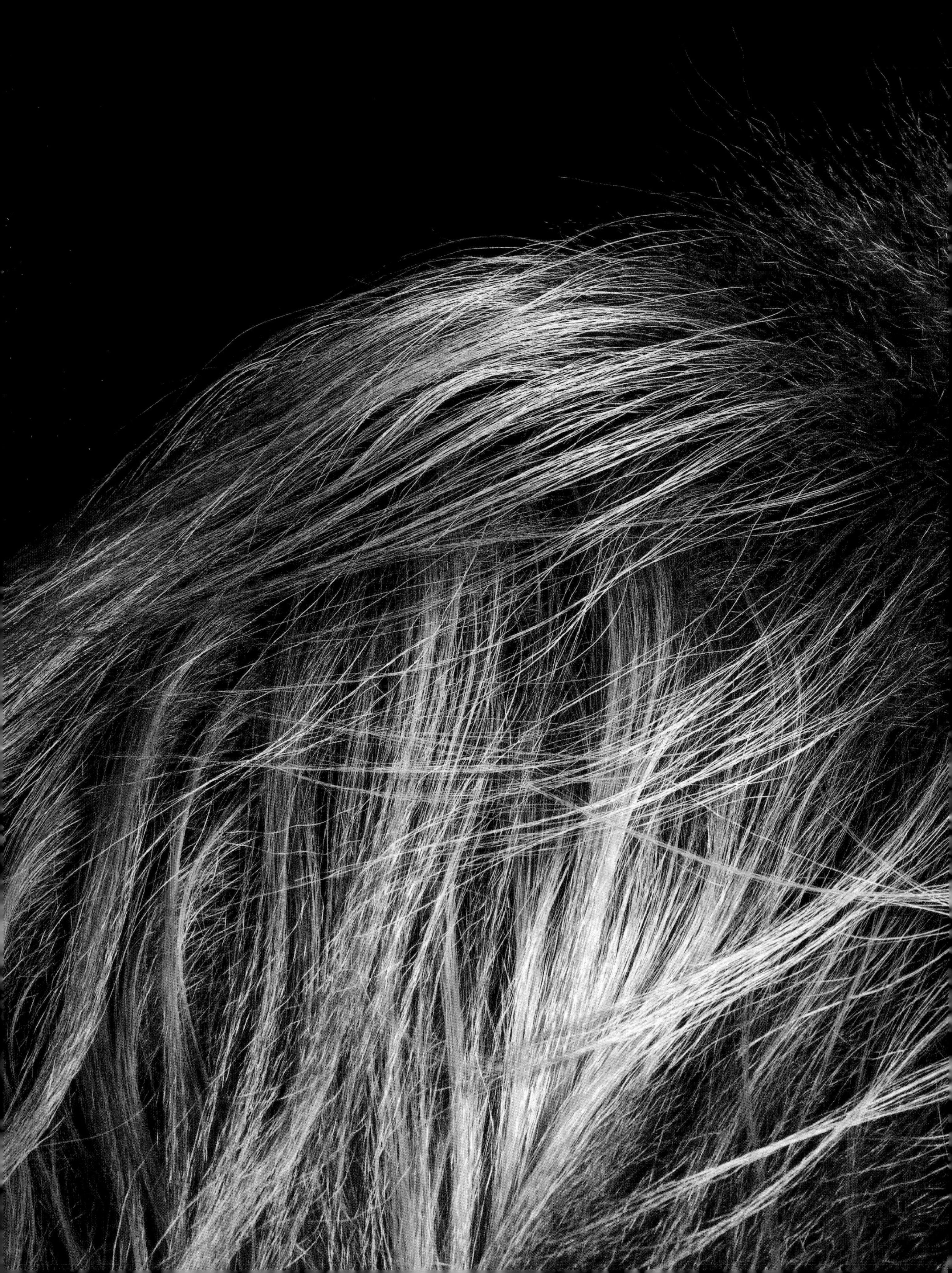

황금빛 털

중국 내륙의 산악지대에 사는 황금들창코원숭이는 인간이 아닌 영장류 중 가장 혹독한 추위를 견딜 수 있다. 납작하고 털이 없는 황금들창코원숭이의 얼굴은 추위에 매우 취약하지만, 이들의 몸에는 불꽃처럼 강렬한 색깔의 긴 털이 망토처럼 둘려 있어 살을 에는 듯한 바람을 차단할 수 있다. 인간은 황금들창코원숭이의 멋진 털을 노리고 오랫동안 이들을 사냥해 왔으나, 1990년대 초반 이래로 중국 정부의 보호 조치가 강화되면서 밀렵이 감소했다. 그러나 목재를 얻고 숲을 농경지로 전환하기 위해 나무를 베어 없애는 바람에 이들의 수는 계속해서 줄어들고 있다. 또한 중국의 경제 성장으로 관광객이 밀려들면서 이들은 관광객들에게 시달리거나 구경거리로 내몰리고 말았다. 오늘날 야생에 남아있는 황금들창코원숭이 무리는 약 150개에 불과하다.

변화를 시도해야 할 때

레서판다는 네팔, 인도, 부탄, 미얀마 및 중국의 고지대에 살고 있는 작은 동물이다. 레서판다의 멋진 털가죽은 장식용으로 널리 거래되고 있고, 한때 이들의 서식지였던 외딴 지역마저 농경지로 개간되면서 숲이 파괴되어 오늘날 이들은 멸종 위기에 처하고 말았다. 레서판다는 소셜미디어를 통해 공유되는 사진들 덕분에 세계적으로 명성이 높아졌다. 그러나 이는 국가 간 애완동물용 거래로 인한 긴장을 고조시키기만 한 것 같다.

인간은 생존을 위해 동물을 잡아먹고, 동물의 털로 몸을 따뜻하게 하며, 동물을 길들여 일을 시키거나 우정을 나누는 등 다양한 방식으로 동물에게 의존하며 진화해 왔다. 하지만 오늘날의 인간은 동물에 비해 그 수가 너무 많고 강해진 반면, 레서판다를 포함한 많은 종들은 더 이상 지속이 불가능할 정도로 감소하고 있다. 안정적인 생태계를 유지하려면 자연 세계와 평화롭고 상호 존중하며 절제하는 새로운 관계를 모색해야 한다.

노력의 성과

1980년대, 중국 정부에서는 멸종 위기에 놓인 대왕판다를 구하기 위해 역사상 가장 큰 규모이자 가장 많은 비용이 들어간 판다 보호 캠페인을 출범시켰다. 이는 판다 밀렵을 금지하고, 보호구역을 지정하며, 판다가 처한 위기상황을 국제적으로 널리 알리는 내용이었다. 그 결과 야생 대왕판다의 개체 수가 증가하면서 2016년에는 판다의 멸종 위기 등급이 위기종에서 취약종으로 하향 조정되었다. 많은 환경보전단체들은 이 소식에 환호하며 위기등급 조정을 그간의 노력 및 중국 정부의 정책에 대한 성공으로 여기며 박수를 보냈으나, 한편에서는 위기 등급 격하에 오해의 소지가 있음을 염려하며 자금 지원 및 관련 연구가 줄어들까 봐 우려한다. 사실 대왕판다의 미래는 여전히 위태롭다. 이는 야생에 살고 있는 대왕판다의 개체 수가 2000마리에 불과한 데다가, 그마저도 몇몇 고립된 개체군으로 나뉘어 흩어져 있기 때문이다. 게다가 이들의 먹이인 대나무는 기온에 매우 민감한데, 중국의 대나무 숲은 기후 변화의 영향으로 광범위하고 심각하게 훼손될 운명에 처해 있다.

대혼란

대왕판다는 영화 속 주인공이 되었고, 커다란 인형으로도 만들어졌으며, 생태 관광에 대한 인기도 불러일으켰다. 중국의 국보이자 국제적으로도 상징성을 띠고 있는 야생동물인 대왕판다는 중국뿐만 아니라 전 세계에서 사랑을 받고 있다. 그러나 판다를 보호하기 위해 해마다 천문학적인 비용이 드는 것과는 대조적으로, 비교적 "카리스마"가 덜한 수천 종의 동식물은 소리 없이 멸종의 길로 들어서고 있다. 전 세계적으로 생물학적 다양성에 대한 위협이 증가함에 따라 많은 사람들은 제한된 자원을 좀 더 효율적으로 사용해야 한다고 이야기한다. 또한 일각에서는 대왕판다는 초식동물이기 때문에 이들이 멸종된다 해도 먹이 사슬에 미치는 영향은 미미할 것이라고 주장하기도 한다. 그러나 판다와 이들의 서식지에 대한 보호 활동은 다양한 생명체가 살고 있는 1만 4000km^{2}의 숲을 보존하는 결과를 낳았다. 대왕판다에 대한 국제적인 관심이 검은들창코원숭이와 황금들창코원숭이, 레서판다, 그리고 중국 내륙 지방에 살고 있는 많은 멸종 위기 종들을 보호하는 데 도움이 된 셈이다. 인간의 마음을 자연으로 향하도록 하는 동물이라면 모두 보호할 가치가 있을 것이다.

지구의 얼굴

기독교 신학에서 인간은 "지구의 관리자", 즉 지구를 수호하고 통치하는 존재로 규정된다. 그러나 많은 문화권에서는 지구의 모든 특징이 서로 의존하고 균형을 이루면서 하나의 완전체를 형성하는 것으로 인식된다. 현대 생물학에서 평형과 공생의 철학은 1979년 제임스 러브록의 가이아 이론을 통해 등장했다. 가이아 이론이란, 지구 생명체가 무기 환경과의 상호작용을 통해 스스로의 힘으로 지구를 건강하고 절제된 세계로 복원할 수 있다는 이론이다. 40억 년 전, 지구의 유해한 황무지에 최초로 등장한 생명체는 광합성 세균이었다. 이들은 점진적으로 좀 더 복잡한 생명체가 살아갈 수 있도록 충분한 양의 산소를 방출했다. 오늘날 숲은 숨을 쉬며 기후를 조절하고 동물은 배설을 통해 식물을 퍼뜨리지만, 이러한 평형은 지구 역사상 최초로 하나의 종에 의해 무너지고 있다. 인간은 숲에 쓰레기를 버리고 바다를 플라스틱으로 채우며 대기에 독성 물질을 퍼뜨리고 있어, 많은 과학자들이 새로운 지질시대가 시작되었다고 주장할 만큼 세상에 심각한 변화를 일으키고 있다. 인간이 진화하고 자손을 퍼뜨리며 살아온 이 땅의 안정을 깨뜨리는 것은 우리 스스로를 파멸로 이끄는 일이다. 그러나 우리는 우리가 가고 있는 이 길의 방향을 바꿈으로써 인류의 자연적 운명을 따르고, 새로운 지질시대인 인류세 안에 지구를 통합할 수 있는 능력을 가지고 있다.

생체발광

깃털처럼 보이는 민들레 포자가 아래로 떨어지는 것과는
반대로, 발광버섯은 자신의 포자를 다른 곳에 퍼뜨려줄
수 있는 곤충을 유인하기 위해 위로 올라가며 빛을 낸다.
비록 인류는 자연 세계와 구분되어 살고 있지만 우리의
집단의식은 생체 발광이 가진 영적인 힘을 여전히
신뢰한다. 이는 영화 〈마이 리틀 자이언트〉에서 꿈이 빛이
떠다니는 형태로 표현되고, 〈아바타〉나 〈라이프 오브
파이〉에서 별과 반딧불이가 각각 길을 안내하거나 평온을
가져오는 역할로 설정된 것만 보아도 알 수 있다. 사실
자신의 자리를 지키고 있는 밤하늘의 별처럼, 반딧불이
역시 자신이 태어난 바로 그 숲에서 자신의 자리를 지키며
성장하고 번식하고 죽음을 맞이한다.

발광버섯은 2008년에서야 그 존재가 알려졌다. 여러
측면에서, 생물의 생체발광 현상은 자연의 거대한 신비
중 하나다. 하지만 인간은 반딧불이의 희미한 불빛에서
모스부호처럼 작동하며 깜박거리는 언어적 패턴이
있음을 발견했고, 이를 해독하기 시작했다. 반딧불이가
빛을 깜박거리는 리듬은 놀라울 정도로 정확할 뿐 아니라
매우 민감하기 때문에 사소한 빛 공해에도 교란되어
사냥이나 짝짓기에 방해를 받는다. 그러나 인간이 이들의
서식지인 숲을 파괴하고 도로를 포장하면서 반딧불이의
개체 수는 감소하고 있다.

자연의 가치

자연 세계를 보존하는 것이 인간 사회의 산업 발전과 상충하는 것으로 여겨지기도 하지만, 이 둘은 서로에게 점점 더 의존하고 있다. 인간의 번영은 생태계의 안정에 달려 있고, 자연 세계 역시 인간의 의도적인 지원을 필요로 하기 때문이다.

과일이나 채소, 사료용 작물의 수분(受粉)을 돕는 여러 벌 종의 개체 수가 감소하고 있다. 야생화 자생지는 계속해서 파괴되고 있고, 농작물에 뿌리는 살충제 때문에 벌이 독성 물질에 중독되기도 한다. 지구 온난화로 날씨가 따뜻해지자, 개화 시기가 달라진 꽃들은 벌의 먹이를 충분히 생산하지 못하고 식물의 수분을 도와줄 곤충마저 감소하는 등 많은 생명체가 이에 적응하지 못하고 있다.

벌이 가진 고유한 기능을 대체하기란 아마도 불가능할 것이다. 벌의 수분이 지구 경제에 미치는 효과는 약 350조 원에 달하지만, 이들을 보존하기 위한 연구에 쓰이는 기금의 액수는 너무도 미미하다. 벌을 보호하기 위해서는 화학비료 위주의 농업을 지양하고 벌의 자연 서식지를 보호하며, 꽃의 다양성을 확대해야 한다. 이는 도덕적인 의무일 뿐 아니라, 경제적인 측면에서도 반드시 해야 하는 일이다.

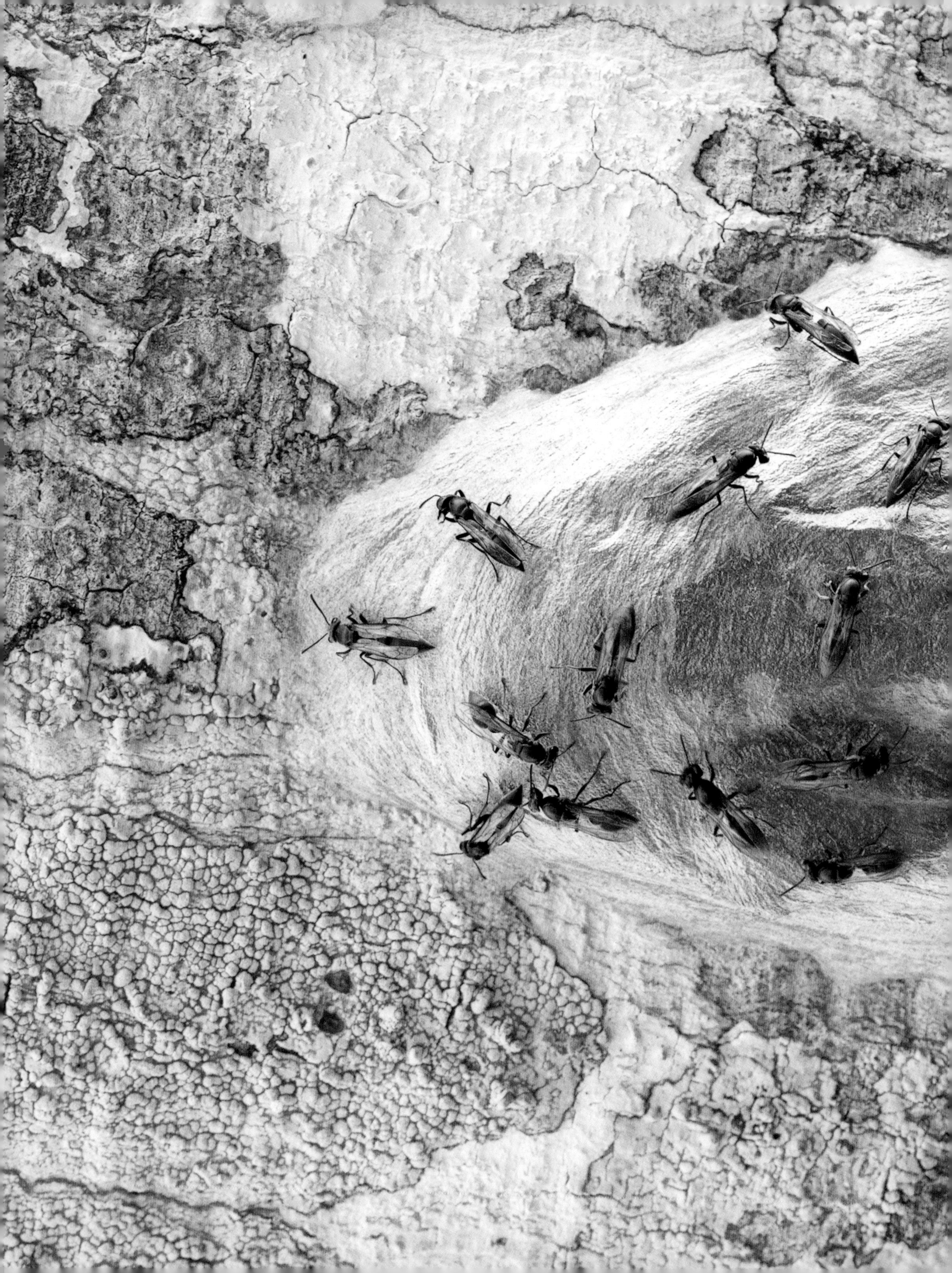

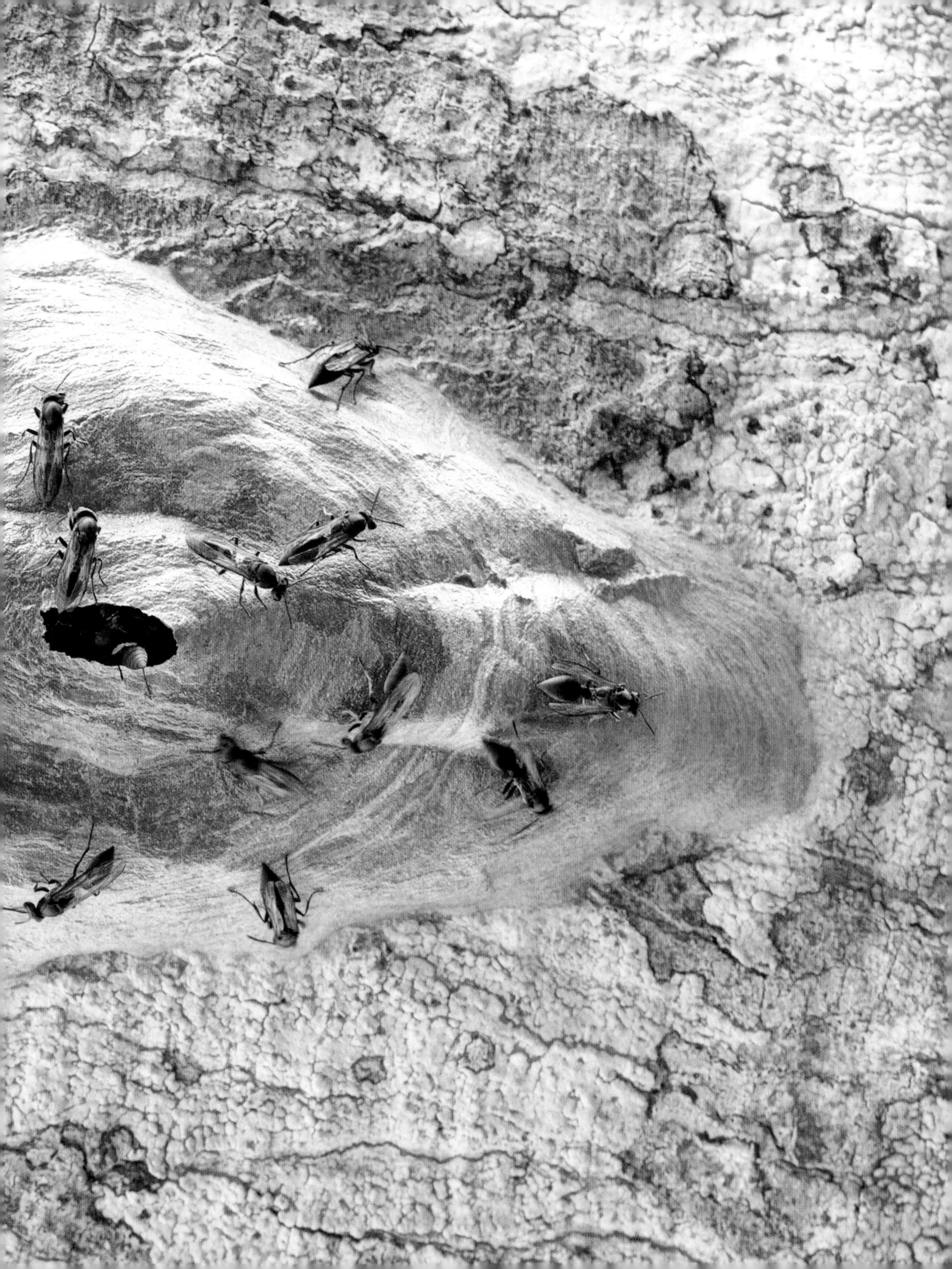

거대한 무리 속의 세대교체

해마다 겨울이 되면, 몸무게가 1g도 안 되는 작은 나비 수억 마리가 수천 km에 달하는 여행을 떠난다. 캐나다 및 미국의 북부지방에서 멕시코와 캘리포니아를 향해 날아가는 제왕나비 무리가 오렌지색과 흰색, 검은색으로 전나무숲을 덮는 이 광경은 자연 세계에서 볼 수 있는 최고의 장관 중 하나이다. 제왕나비는 연속된 3세대의 수명이 매우 짧다. 따라서 이들은 월동지에서 겨울을 보낸 후 봄이 되어 다시 북쪽으로 돌아가는 동안 2~3세대에 걸쳐 번식을 해 개체군의 수를 늘린다. 그러므로 다음 해 겨울, 같은 길을 따라 남쪽으로 이주하는 무리는 전년도의 개체에서 3대를 건너뛴 고손자들이다.

제왕나비의 애벌레는 잠재적 포식자를 중독시킬 수 있는 독성 식물(박주가리)의 유즙을 먹고 자라는데, 넓은 지역에 뿌려지는 엄청난 양의 제초제 때문에 이들의 중요한 먹이 공급원이 매년 줄어들고 있다. 한편, 기후 변화로 인해 개화 시기에 변화가 생기자, 먹이를 충분히 섭취하지 못한 상태에서 겨울을 대비한 장대한 비행을 견뎌야 하는 경우도 발생한다. 거대한 규모로 위풍당당하게 날아가는 제왕나비 무리는, 변화하는 환경과 불확실한 미래를 마주하고 있는 연약한 개체들로 이루어져 있다.

미궁 속으로

자메이카의 저지대에만 사는 것으로 알려진 슬론제비나방은 길이가 7.5cm에 불과하지만 매우 화려한 색을 지니고 있다. 제왕나비와 마찬가지로, 이들은 화려한 색을 통해 포식자에게 자신들은 독성 식물을 먹고 사니 잡아먹으면 유독물질에 중독될 것이라 경고한다. 이들은 주행성이며, 지구에서 가장 아름다운 곤충의 하나로 명성을 얻었지만 오늘날 살아있는 슬론제비나방을 본 사람은 아무도 없다. 슬론제비나방은 1895년경 멸종해 오늘날에는 유리 케이스 안에서만 존재한다. 이들이 멸종에 이르게 된 정확한 원인은 아직 밝혀지지 않았다. 식민 시대를 거치며 자메이카 숲의 많은 부분이 농경지로 개간되었지만 19세기 말 무렵에도 이들이 서식할 만한 숲은 상당 부분 남아있었다. 어쩌면 유충의 주된 먹이 중 하나가 망가지면서 그해에 독자 생존이 가능할 만큼의 개체 수가 유지되지 못했을 수도 있다. 오늘날까지 보존되어 있는 슬론제비나방의 표본은 자연 세계, 특히 소홀히 취급된 곤충들의 취약성과 예측 불가능성을 나타낸다.

멸종된 줄 알았는데

1918년, 글래스고에서 출발한 화물선이 호주 로드하우섬의 북쪽 해안에 좌초되었다. 배 안에 있던 곰쥐들이 해변으로 몰려들어 농작물을 먹고, 토착 식물을 파괴하고, 이곳의 고유종인 로드하우대벌레를 닥치는 대로 잡아먹으며 섬 일대에 큰 혼란을 가져왔다. 1920년경, 로드하우대벌레는 결국 멸종된 것으로 여겨졌다. 그러나 2001년, 과학자들은 태평양 쪽으로 19km 떨어져 있는 작은 바위섬에서 살아있는 로드하우대벌레 24마리를 발견했다. 세계에서 가장 희귀한 곤충이라 불리는 이들은 현재 멜버른, 브리스톨, 토론토 및 샌디에이고의 동물원에서 매우 성공적으로 사육되고 있다. 사육되는 대벌레의 개체 수가 충분히 많아지고 로드하우섬에 있는 쥐들이 모두 퇴치된다면, 이들은 거의 100년 만에 고향으로 돌아갈 수 있을 것이다.

마지막 비둘기

19세기가 시작될 무렵에는 북아메리카 대륙의 반 정도가 숲으로 덮여 있었고 이곳에 사는 새의 40%를 차지하는 것은 여행비둘기(나그네비둘기)였다. 각각의 무리는 수십억 마리로 이루어져 있었는데 이는 당시 전 세계의 인구보다 훨씬 많은 수로, 이들이 무리를 지어 날아갈 때면 여러 날 동안 하늘이 검게 뒤덮였다. 초기 유럽 정착민들의 경우 총구를 위로 향하고 한 발만 쏘더라도 수십 마리를 사냥할 수 있을 정도였다.

1850년대에 들어서면서 몇몇 자연주의자들은 여행비둘기가 이런 무제한적인 사냥을 견딜 수 없을 것이라고 경고했지만, 정치가와 일반 대중에게 자연이 가진 강력한 힘이 사라질 수 있다는 생각은 황당하게 여겨질 뿐이었다. 둥지 아래에 그물을 설치하거나 불을 지르는 등 사냥 방법은 점점 대범해졌다. 사람들은 목재로 쓰거나 새로운 도시를 건설하기 위해 나무를 잘라냈고, 수십 년 동안 매일 34km^2의 숲이 농경지 개간을 이유로 사라졌다. 결국 19세기가 끝날 즈음 여행비둘기는 야생에서 모두 사라졌고 1914년 9월 1일, 마지막 비둘기가 신시내티동물원에서 숨졌다.

무덤을 파는 녀석들

아메리카송장벌레는 사체 청소부다. 송장벌레 부부는 얼룩다람쥐나 작은 새의 사체를 발견하면 땅속에 구멍을 파고 사체를 묻는다. 이들은 사체를 안전하게 확보하고 난 뒤에 짝짓기를 하고 알을 낳는데, 곤충에서는 보기 드물게 부부가 함께 새끼를 기른다. 송장벌레는 새끼가 부화한 후 땅속의 사체를 먹을 수 있게 도와줌으로써, 죽은 동물이 부패해 병원균을 퍼뜨리는 대신 흙으로 돌아가 생태계에서 순환되게 한다.

20세기 초반, 송장벌레의 주요 먹이 중 하나인 여행비둘기가 멸종되었다. 이후 미국의 삼림지대 및 육지에 서식하는 종 대부분이 지속적으로 줄어들었고, 아메리카송장벌레 역시 위급종으로 분류되었다. 전 세계 생태계가 유지되도록 도와주는 딱정벌레종은 알려진 것만 약 40만 종에 달하는데, 이는 알려진 모든 동물종의 4분의 1에 해당한다. 많은 사람들이 인식하지 못하고 있지만, 만약 이들이 없다면 생태계는 붕괴하고 말 것이다.

잘못된 이해

군대앵무는 남아메리카의 열대우림에서 목소리가 가장 큰 편에 속한다. 하지만 이들은 선천적으로 서로의 소리를 알아듣는 것이 아니라 부모나 동료로부터 후천적으로 배워서 소리를 내는데, 바로 이것이 각각의 무리를 구별할 수 있는 지역별 방언이 생겨난 이유이다. 야생 군대앵무는 일생동안 일부일처제를 유지하며, 애완동물로 기르는 경우에도 남다른 충성심을 보여준다. 이들은 겉모습이 화려하고 인간과 교감을 나눌 수 있어서 애완동물 시장에서 인기가 높지만 이 중 상당수는 사육하여 번식시킨 것이 아니라 야생에서 잡아서 판매한 것이다.

당신이 건넨 인사말에 화답하는 앵무를 보며 교감을 느끼는 것은 앵무가 당신을 그들 무리의 일원으로 생각하고 있음을 뜻하기 때문에 잘못된 것이 아니다. 하지만 이들은 인간의 말을 흉내 낼 수 있을 뿐 이해하지는 못한다. 만약 앵무가 말을 할 수 있다면 아마도 이들은 자기들을 원래 살던 나무에 그대로 놓아 달라고, 그리고 그 나무를 베지 말고 그대로 남겨 달라고 우리를 설득할지도 모른다.

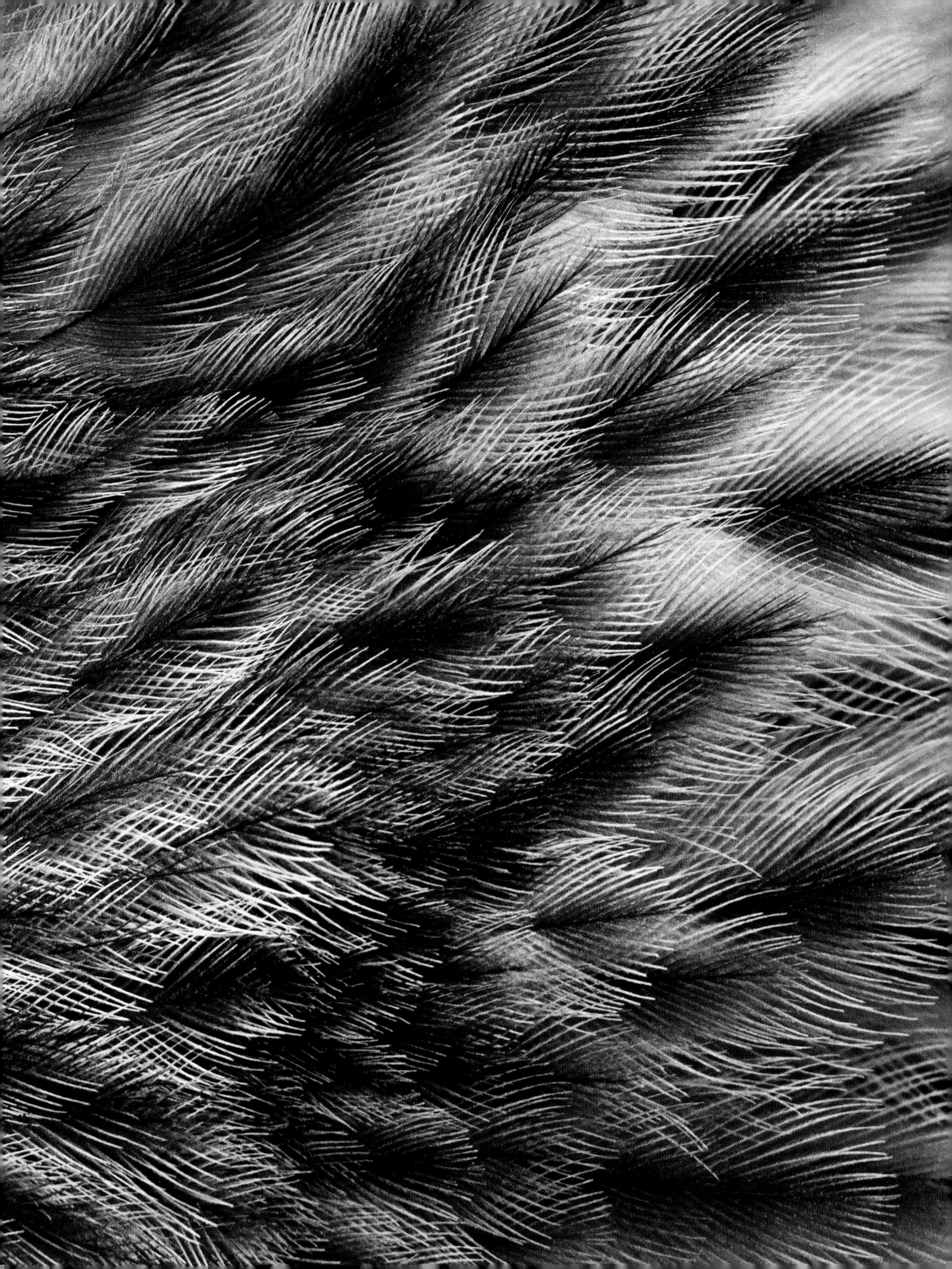

조감도

사우스필리핀뿔매가 독립된 종으로 분류된 것은 최근의 일이다. 이들은 이전까지 필리핀뿔매의 아종으로 분류되어 있었지만 최근 유전적 분석을 거쳐 이들만의 독특한 형질이 규명되었다. 사우스필리핀뿔매는 다리에도 깃털이 있고, 깃털로 된 관모에 검은 줄무늬가 있으며, 가슴에는 독특한 가로 무늬가 있다. 지난 3세대를 거치는 동안 개체 수의 절반 이상이 감소하고 대대로 살아왔던 서식지의 최대 90%가 소실된 결과 이들은 즉시 위기종으로 등재되었다. 이 종에게 닥친 위험을 정확히 이해하고 도울 방법을 찾기 위해서는 신속히 연구를 확대해야 한다. 갑작스럽게 종의 재분류가 이루어진 것만 보더라도 오늘날 야생에 1000마리도 남지 않은 이 맹금류에 대해 인간이 알고 있는 것이 얼마나 적은지 알 수 있다.

아찔한 높이

위풍당당한 모습의 필리핀수리는 세상에서 가장 큰 맹금류다. 이들은 짧지만 강한 날개를 이용해 빠르고 정확하게 숲지붕 사이의 좁은 공간을 빠져나가며 뱀이나 도마뱀, 원숭이, 사향고양이, 다람쥐, 새 등을 사냥한다. 필리핀수리는 영역 내 최상위 포식자로, 숲의 가장 높은 곳에 살며, 가장 높은 나무 위에 여러 세대 동안 살아갈 둥지를 만든다.

그러나 최상위 포식자인 필리핀수리는 농장이나 채석장에서 방류되는 독성 물질에 특히 취약한데, 이는 먹이 사슬의 위쪽으로 올라갈수록 독성 물질이 누적되기 때문이다. 이들은 삼림 벌채에도 매우 민감하다. 새끼를 기르는 독수리 한 쌍이 살아남기 위해서는 100km² 정도의 숲이 필요한 데다가 대부분의 둥지가 보호구역 밖에 만들어져 있기 때문이다. 필리핀수리는 일부일처제를 유지하며 2년에 한 마리씩 새끼를 낳는다. 따라서 이들의 개체 수 감소를 반등시키기란 쉽지 않은 일이다. 현재 야생에는 1000마리도 안 되는 필리핀수리가 살고 있는데, 그마저도 숲의 상태가 악화되면서 흩어지고 있다. 아마도 이들은 전 세계에서 가장 심각한 멸종위기에 처한 수리일 것이다.

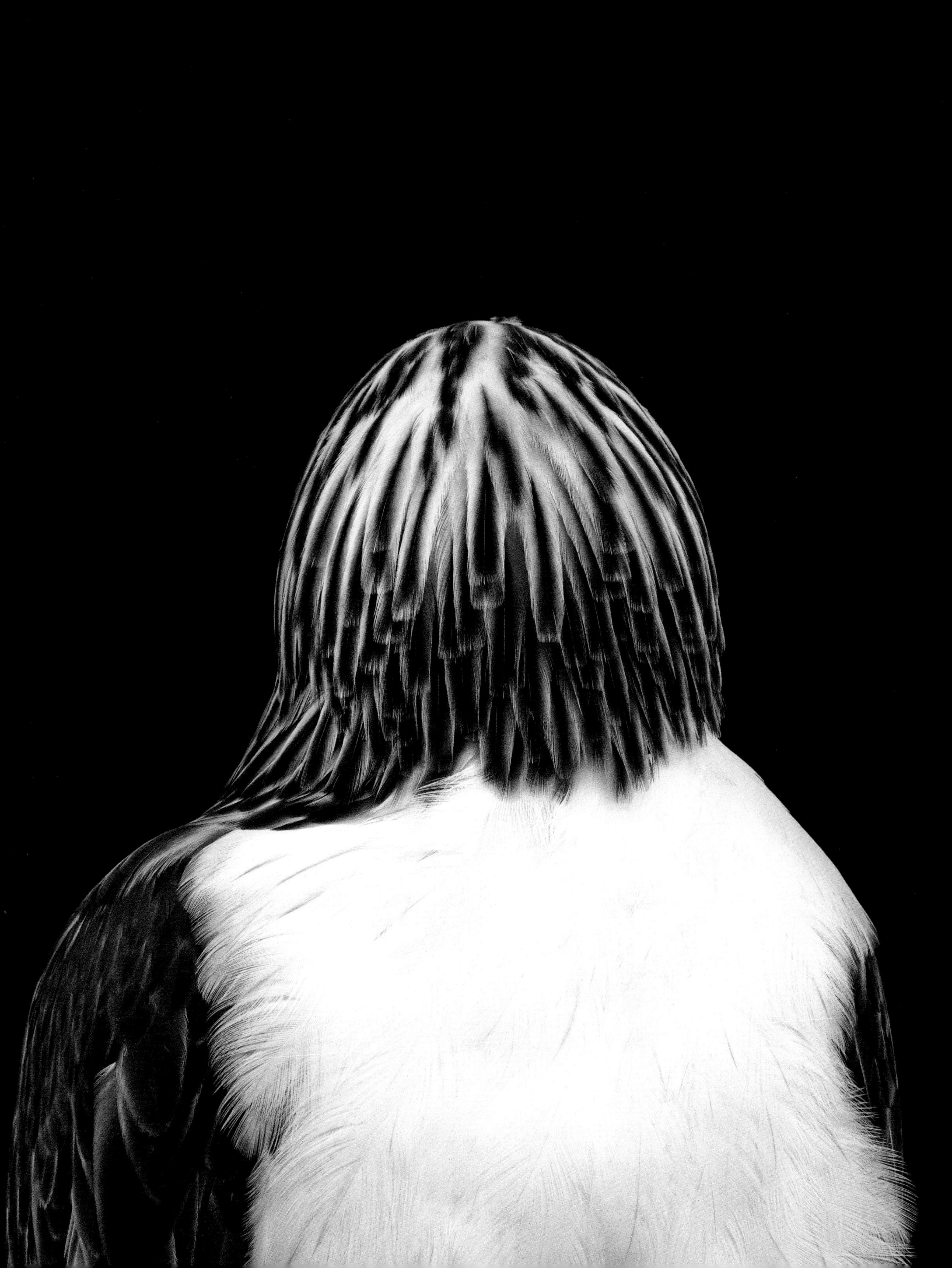

국가의 자랑거리

필리핀수리의 멸종을 막기 위해서는 지역 및 국가적 차원에서의 협업이 필요하다. 1995년, 이 새는 필리핀의 국조로 지정되었지만 사람들은 계속해서 수리를 사냥했다. 오늘날 민다나오섬에서는 약 350명의 토착민이 현지 비정부기구에 소속되어 밀렵 방지와 삼림 재건을 위해 힘쓰고 있다. 수리의 서식지와 마찬가지로, 토착민의 오랜 삶의 터전 역시 외부인에 의해 파괴되고 있기 때문에 사람들은 자신의 미래가 수리의 운명과 연결되어 있다고 여긴다. 이러한 생각은 특히 생태 관광을 통해 마을에 수입이 발생하면서 비롯되었다. 2016년, 필리핀 정부는 환경에 피해가 갈 것을 우려해 필리핀에 있는 대규모 금속 광산 중 절반의 운영을 중단했다. 만약 숲이 다시 살아난다면 필리핀수리는 물론이고 다른 동물들도 다시 회복될지 모른다.

다른 관점

아프리카 동부의 늪지에서 물고기를 잡아먹으며 살아가는 슈빌(넓적부리황새)은 소리를 거의 내지 않으며 단독 생활을 좋아한다. 현지인과의 갈등이 발생하면서 슈빌 사냥 및 밀렵이 급증했으나, 이들을 멸종에 취약하게 만든 가장 큰 원인은 서식지 감소다. 일반적으로 습지는 국립공원에서조차 불모지로 여겨진다. 따라서 사람들은 습지에 배수시설을 설치해 목초지로 전환하거나 심지어 폐기물 처리 장소로 이용하기도 한다. 하지만 이는 많은 생물종을 멸종 위기에 빠뜨리고 궁극적으로는 수원(水源)에 의지해 살아가는 인간을 위협하는 행위다.

염소는 습지대에서도 살 수 있기 때문에 환경 보존을 위해 소 대신 염소를 기르는 현지 농민이 증가하고 있다. 또한 이들은 꿀벌 양봉과 과일 재배를 늘려 자연환경을 강화하는 동시에 수입을 창출하고 있는데, 이는 더 많은 경제적 기회를 제공해 준다. 이러한 실천을 통해 자연과 농지는 서로에게 도움을 주면서 함께 번성할 수 있을 것이다.

손길이 닿지 않는 곳

북부바위뛰기펭귄은 독특한 헤어스타일 때문에 전 세계적으로 잘 알려져 있다. 하지만 이들은 남극권 바로 위에 위치한, 대서양과 인도양의 외딴 섬에서만 서식하기 때문에 과학자들은 잘 알려지지 않은 이들의 생태를 파악하기 위해 지속적으로 자료를 수집하고 있다. 1980년 이래 북부바위뛰기펭귄의 개체 수는 50% 이상 감소했다. 인간은 펭귄의 먹이가 되는 물고기종을 남획했고, 아남극권에 서식하는 물개의 개체 수가 증가하면서 펭귄과 물개가 같은 먹잇감을 놓고 경쟁하고 있다. 한편, 섬에 정박한 화물선에서 유입된 쥐들이 펭귄의 둥지를 빼앗는 일도 발생하고 있다.

2011년 3월, 대부분의 북부바위뛰기펭귄이 살고 있는 트리스탄다쿠냐 제도 인근에서 화물선 올리비아호가 좌초되는 사고가 발생했다. 이로 인해 730톤가량의 원유가 유출되어 약 2만 마리의 펭귄이 기름으로 뒤덮이고 말았다. 펭귄의 수가 회복되는 동안 인간이 식용 목적으로 펭귄 알을 채집하는 것은 전면 금지되었지만, 점점 더 많은 배가 이 지역을 통과하면서 기름 유출 사고와 그로 인한 해양 오염은 심각한 위협이 되고 있다.

국보

동북아시아에 서식하는 두루미는 우아한 구애 춤으로
유명하다. 이들은 아치 모양으로 목을 구부린 채 공중으로
뛰어올랐다가 날개를 퍼덕이며 땅으로 착지하고,
발끝으로 파트너의 주위를 돈다. 두루미는 아름다운 깃털
때문에 밀렵꾼의 표적이 되었고, 1920년대에 이르자
일본 홋카이도섬에 남아있는 개체 수가 약 30마리에
불과할 정도로 그 수가 감소했다. 이에 현지 농민들이
두루미를 구하기 위해 나섰는데, 이 전통이 계속 이어져
지금도 매일 아침 두루미에게 먹이를 준다. 개체 수
병목현상을 겪으면서 멸종 위기에 놓인 두루미는 유전적
다양성을 거의 잃었고, 질병 발생에도 취약해졌다. 한편,
이들의 서식지인 습지가 없어지고 다른 용도로 변환되는
것은 전 세계 두루미 서식지에 공통적인 위협 요인이다.
두루미의 수는 대륙에서도 감소하고 있다. 지난 30년
동안 중국 내 서식지의 92%가 사라졌고, 남아있는
지역마저 마을, 농가, 유독성 석유 생산지 등에 둘러싸여
있다. 아마도 이들이 생존하기에 가장 좋은 곳은 두루미가
길조로 인식되는 일본일 것이다.

역설

2015년 5월, 인도네시아 수라바야 항구에서 애완동물로 판매되기 위해 페트병에 담긴 채 밀반출될 뻔한 24마리의 유황앵무가 세관에 의해 발견되었다. 이 새들은 다행히 야생으로 되돌아갔지만, 이것은 매우 드문 성공 사례이다. 유황앵무는 법에 의해 보호를 받는다. 그러나 앵무새 한 마리의 거래 가격이 인도네시아 근로자 평균 연봉의 절반에 근접하기 때문에 해마다 야생에서는 수천 마리의 앵무가 잡히고 있다. 오늘날 이들은 심각한 멸종 위기에 처해 있으며 그 수는 계속해서 줄어들고 있다. 앵무의 수가 이렇게까지 줄어드는 가장 큰 이유는 이 멋진 새들에 대한 인간의 관심이 증가하면서 애완동물 산업이 번성하고 있기 때문이다. 인간이 앵무새를 좋아하고 앵무새 역시 인간에게 특별한 애정을 가질 수도 있지만, 우리는 이들을 살아있는 장식품이 아니라 살아있는 존재 그 자체로 인식해야 한다.

자연의 청소부

이집트독수리의 얼굴이 독특한 노란색을 띠는 것은 이들이 동물의 배설물에서 카로티노이드 색소를 섭취하기 때문이다. 이집트독수리는 배설물과 동물의 사체를 먹기 때문에, 유럽 남서부에서 인도에 이르기까지 폐기물 관리를 위해 반드시 필요하다. 독수리의 소화 기관은 위험한 병원균은 파괴할 수 있지만 독극물은 처리하지 못하는데, 오늘날 약물 중독으로 죽은 가축이나 납 총알이 박힌 야생동물의 사체를 먹게 된 결과 이들의 개체 수는 30년 전보다도 적어졌다. 독수리의 수가 줄어들자 개나 쥐 같은 다른 사체 청소 동물들이 그 자리를 대체하고 있지만, 이들은 병원균을 제거하는 것이 아니라 오히려 이를 옮겨 병을 퍼뜨린다. 질병 예방과 관련한 독수리의 역할을 대신하기 위해 미국 정부는 해마다 수백억 달러를 쏟아붓는다. 고대 이집트에서 독수리가 숭배되었듯이, 현대 사회에서도 이들의 위상을 높이는 것이 필요하다.

장례 의식

전 세계 대부분의 지역에서, 큰 동물이 죽으면 하늘을
빙빙 도는 독수리 무리에 의해 금방 표시가 난다. 이들은
서로에게 새로운 사체를 발견했음을 알리고 수백 마리의
동료들을 불러모은 후 만찬을 즐기기 위해 하강한다.
대중문화에서 독수리는 죽음을 상징하지만, 사실 이들은
삶의 위대한 상징이다. 독수리는 무수히 많은 공동체와
생태계에서 질병이 확산되는 것을 억제할 뿐만 아니라,
산림 관리자에게 밀렵꾼이 사냥하는 장소를 알려줌으로써
멸종 위기에 있는 포유동물을 보호하는 역할도 한다.
안타깝게도 밀렵꾼들은 청산가리를 이용해 독수리에게
보복한다. 죽은 코끼리 위에 청산가리를 뿌려 놓으면
코끼리 한 마리가 수백 마리의 성체 독수리를 죽일 수 있다.
오늘날 전 세계의 독수리 종 중 거의 절반이 심각한 멸종
위기에 놓여있다.

안전한 귀갓길

동남아시아, 인도, 그리고 아프리카 사하라 사막 이남에 서식하는 코끼리들은, 지구상에서 인구가 가장 빠르게 증가하고 인구밀도가 가장 높으며 가장 가난한 사람들과 거주지를 공유한다. 코끼리는 음식과 물, 그리고 짝을 찾기 위해 엄청나게 먼 거리를 여행하지만, 인간이 이 지역을 개발하면서 고대로부터 이어져 온 코끼리의 이동 경로가 조각나고 있다. 코끼리가 새로 만들어진 도로로 들어서면 예상치 못하게 인간과 마주치며 당황하게 되는데, 이는 코끼리나 인간 중 어느 한 쪽이 죽을 수도 있는 큰 충돌로 이어진다. 또한 농장 안으로 들어갈 경우 작물을 짓밟기 때문에 농부가 쏜 총에 희생되기도 한다.

이에 대한 효과적인 해결책은 인간의 영역을 관통하고 있는 자연 서식지 안에 생성된 동물의 이동 경로를 보존하는 것이다. 동물이 안전하게 이동할 수 있는 길을 "생태 통로"라 하는데, 이는 아프리카와 아시아 전역에서 점점 더 늘어나고 있다. 생태 통로가 잘 보존된다면, 인간은 지구상에서 가장 위엄 있는 포유동물과 안전하면서도 가깝게 살아갈 수 있을 것이다.

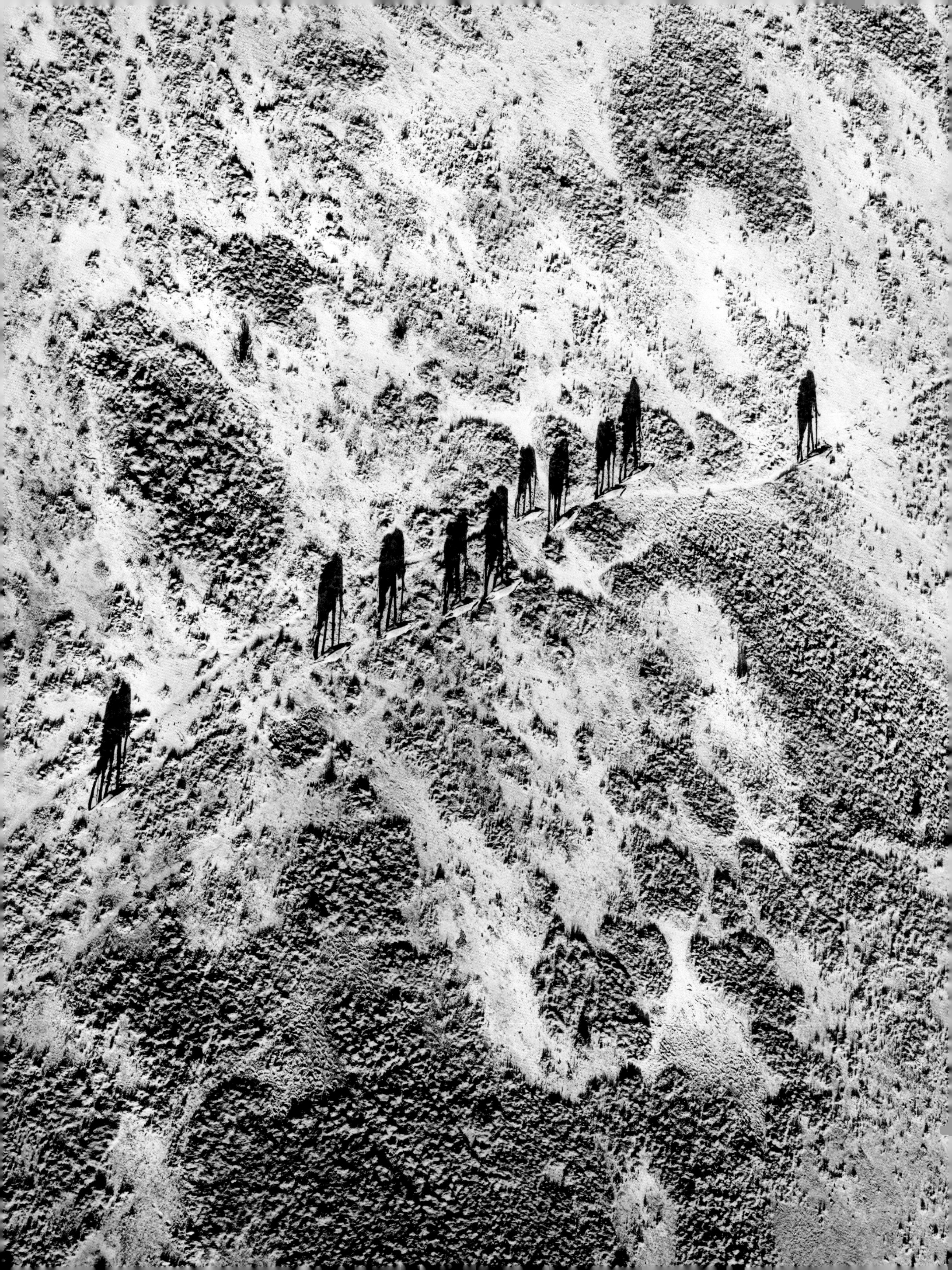

잊지 말아야 할 것

코끼리는 공간 감각이 발달했을 뿐 아니라 자신을 인식할 수 있고, 기억력이 뛰어나다. 또한 서로 깊은 정서적 관계를 맺으며, 평생 동안 우정을 지속하고, 죽은 코끼리 앞에서는 애도를 표현한다. 코끼리는 언어를 사용하고, 고래와 유사하게 초저주파 진동을 이용해 땅으로 진동을 전달하고 발과 코로 이를 감지함으로써 수 km 떨어진 곳에서도 의사소통이 가능하다.

가뭄이 들면, 코끼리는 물이 있는 곳을 찾아 땅을 파서 다른 동물들도 이용할 수 있는 오아시스를 만든다. 이들은 커다란 과일을 먹고 씨앗을 배설함으로써 나무를 분산시켜 생태계를 강화한다. 그러나 수 세기 동안 계속된 가죽과 식용 고기, 상아 무역으로 인해 코끼리는 오늘날에도 여전히 엄청나게 살해되고 있다. 오늘날 케냐에는 약 20마리의 "빅 터스커(거대한 엄니를 가진 코끼리)"가 남아있을 뿐이다.

아시아코끼리 암컷은 밀렵꾼의 표적이 되는 상아가 없기 때문에 아프리카코끼리에 비해 안전하다고 생각하다는 사람들도 있다. 하지만 수컷의 개체 수가 급감하자 코끼리의 유전적 다양성이 감소하고 번식률이 낮아졌다. 상아 무역 확대는 진화적 측면에까지 영향을 끼쳐서 엄니가 없는 수컷이 출현하기 시작했다.

달릴 곳이 사라지다

치타는 아프리카에서 가장 효율적인 포식동물이다. 이들은 인간으로부터 멀리 떨어진 곳에서 살아가지만, 야생의 서식지가 목장으로 바뀌면서 가축을 잡아먹게 되었고, 이로 인해 농부가 쏜 총에 맞아 죽는 경우가 발생하고 있다. 새로운 도로가 만들어지자 치타는 그들로서는 이해하기 힘든 위험에 노출되었고, 모피를 노리고 성체를 죽이거나 애완동물로 팔기 위해 새끼를 생포하는 밀렵꾼의 접근도 증가했다. 그러나 이에 대한 해결책으로 보호구역을 지정하는 것은 복잡한 문제를 수반한다. 우선, 치타 가족이 생존하기 위해서는 넓은 영역이 필요하기 때문에 좁은 보호구역 내에서 살 수 있는 치타의 개체 수는 소수로 제한된다. 게다가 치타가 사자나 하이에나와 거주 지역을 공유하면 힘들게 잡은 먹이를 빼앗기거나 새끼가 잡아 먹힐 수도 있다. 하지만 혁신적인 방안도 존재한다. 이는 번식기에 도달한 치타를 다른 보호구역으로 이주시켜 유전적 다양성을 유지하면서도 필요한 만큼의 공간을 제공하는 것이다.

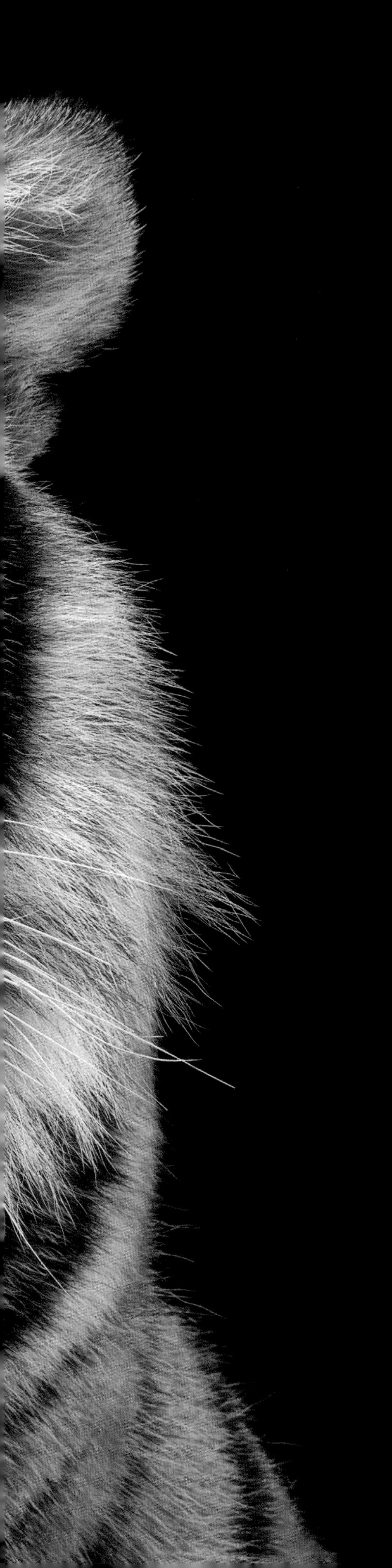

가까스로 회복하다

지난 100년 동안 전 세계 호랑이의 개체 수는 97% 감소했고, 9개의 아종 중 3종이 멸종되었다. 2010년, 야생 호랑이가 남아있는 13개 국가가 한자리에 모여 획기적인 협약에 합의했는데, 이는 2022년까지 전 세계의 야생 호랑이 개체 수를 2배로 늘리기 위해 공동으로 노력할 것을 약속하는 내용이었다. 이들 국가는 호랑이의 자연 서식지를 보호하고, 호랑이 뼈로 술을 담그거나 민간요법 약재를 제조할 목적의 국제 불법 거래를 단속하기로 결의했다. 이니셔티브 기간의 반 정도가 경과한 2016년 4월, 역사상 처음으로 야생 호랑이의 개체 수가 증가했다는 연구 결과가 발표되었다. 인도, 러시아, 네팔, 부탄에서도 의미 있는 진전이 보고되었다. 그러나 안타깝게도 동남아시아에서는 태국에 있는 보호구역 한 곳을 제외하면 여전히 호랑이 수가 감소하고 있다. 캄보디아에서는 호랑이가 멸종되었고, 남중국호랑이도 멸종될 위기에 처해 있다. 인도네시아에 남아있는 마지막 종인 수마트라호랑이 역시 심각한 멸종위기에 놓여 있다. 호랑이의 미래는 불확실하다. 하지만 가장 카리스마 넘치는 대형 동물을 보호하려는 열망은 지금도 밝게 타오르고 있다.

연쇄 효과

1950년대 유럽을 휩쓸었던 점액종증 바이러스와 1980년대부터 발견된 출혈성 질환으로 인한 희생자는 토끼만이 아니었다. 토끼의 수가 감소하자 야생 토끼를 주식으로 하던 이베리아스라소니 역시 개체 수가 크게 감소했다. 게다가 숲이 황폐해지고 밀렵이 증가하면서 2003년 무렵 이들은 거의 멸종 상태에 이르고 말았다. 이베리아스라소니는 지난 1만 년 사이에 가장 먼저 멸종된 고양이 종으로 기록될 뻔했지만 다행히도 스페인과 포르투갈 당국에서는 이들의 포획 사육 프로그램을 도입했다. 그리고 여기에 필요한 자금은 과거 스라소니의 영역이었던 땅에 댐을 건설한 공공 수도회사에 '환경세'를 부과해 조달했다. 오늘날 이베리아스라소니의 개체 수는 수백 마리로 증가했으나, 환경보전론자들은 지속적인 야생 재도입의 필요성을 강조하며 기후 변화가 이들의 서식지에 위협이 될 수 있다고 경고한다.

산의 유령

중앙아시아의 척박한 산꼭대기에 사는 눈표범은,
오랫동안 세계에서 가장 발견하기 힘든 고양잇과 동물
중 하나로 알려져 왔다. 2016년, GPS 추적장치를 이용한
연구를 통해 눈표범 한 마리가 생존하기 위해서는 최대
200km²의 영역이 필요하다는 사실이 밝혀졌다. 그러나
이는 이 지역 보호구역의 40%에 해당하는 면적으로,
새끼를 기르는 암수 한 쌍이 살기에도 매우 좁다.

히말라야는 다른 지역보다 온난화의 영향을 3배 정도
더 받는다. 하지만 기후가 따뜻해지면서 숲이 히말라야
위쪽으로 밀려 올라가 눈표범의 서식지가 좁아지고
있고, 고지대에서 가축을 방목하고 농작물을 재배하면서
눈표범과 인간의 충돌 가능성 또한 증가하고 있다.
2015년 체결된 파리 협정은 이 전설적인 고양잇과
동물을 보전하기 위해 한 걸음 더 진전한 것이지만,
이들의 서식지와 생활 방식이 보호되기 전까지 눈표범의
수는 계속해서 줄어들 것이다.

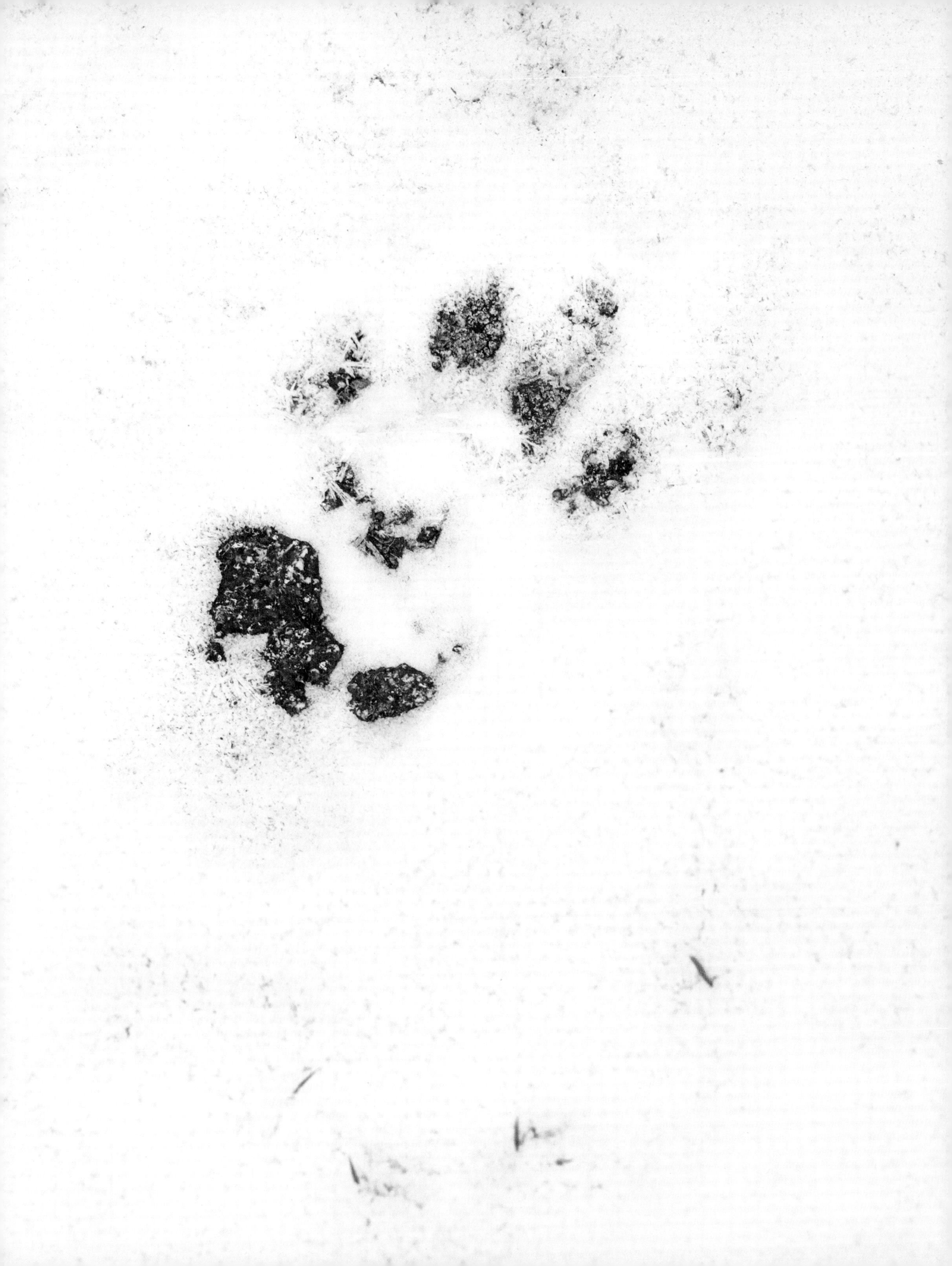

한 계절 만에 일어난 변화

사이가영양은 털로 뒤덮인 매머드 및 검치호랑이와 더불어 빙하시대를 견디고 살아남은 동물이다. 특이하게 생긴 코는 겨울이면 찬 공기를 따뜻하게 데우고 여름철에는 초원지대에서 불어오는 먼지를 걸러낼 수 있도록 진화했다. 사이가영양은 날씨의 변화를 예측할 수 있어서 눈이 내릴 무렵이 되면 길게 자란 털로 몸을 덮은 채 남쪽으로 이동한다. 1990년대 초 무렵에는 유라시아 대초원지대에 100만 마리가 넘는 사이가영양이 살고 있었지만, 오늘날 이곳에 남아있는 사이가영양의 수는 2만 마리에 불과하다. 2015년 5월에는 대재앙에 가까운 질병이 발생해 수 주 만에 20만 마리 이상의 사이가영양이 몰살되었다. 우려되는 것은 기후 변화가 생태계에 미치는 영향으로 이러한 일이 더욱 빈번하게 일어날 수 있다는 사실이다. 또한 나선형으로 뒤틀리며 자라는 수컷의 뿔은 동아시아에서 진통제나 항경련제로 판매되기 때문에 이를 노리는 밀렵꾼의 위협도 존재한다. 따라서 이들이 멸종 위기에서 벗어나는 데 필요한 수컷의 수가 충분하지 않을지 모른다.

자유로운 영혼

프르제발스키말은 오늘날까지 유일하게 살아남은 야생말 종이다. 과거 미국과 호주에서는 길들여진 말이 달아나 야생에서 살아남는 경우도 있었으나, 러시아의 탐험가 니콜라이 프르제발스키의 이름을 딴 프르제발스키말은 단 한 번도 가축화되어 길들여진 적이 없었다. 프르제발스키말의 조상은 중앙 아시아와 유럽 전역에서 살았던 것으로 보인다. 수 세기 동안 지속된 사냥으로 인해, 1966년 이 종은 야생에서 멸종된 것으로 분류되었다. 그러나 최근 이들의 개체 수가 회복되었는데, 이는 1945년 프르제발스키말 13마리를 포획해 사육한 이래로 이 작은 집단에서 그들의 후손이 이어져 온 덕분이다. 또 다른 현대 야생마 종인 타르판은 정교한 번식 프로그램이 개발되기 전인 1909년에 완전히 멸종되었다. 오늘날 야생에는 약 400마리의 프르제발스키말이 남아 있으며, 이들은 전 세계에서 가장 인구 밀도가 낮은 국가인 몽골의 광활한 초원에서 서식한다.

고향을 떠나

많은 역사학자들은 유니콘 이야기가 긴칼뿔오릭스에서 기원했다고 생각한다. 그러나 다행스럽게도 기품이 넘치는 이 동물은 신화 속에서만 등장하는 것이 아니라 실제로도 존재한다. 긴칼뿔오릭스(scimitar-horned oryx)라는 명칭은 중동 지역에서 사용하던 초승달 모양의 칼(scimitar)의 이름에서 유래한 것으로, 이들은 원래 사하라 사막에서 살던 동물이다. 수천 년 전만 해도 약 100만 마리의 오릭스가 넓은 지역에 흩어져 살았지만, 오늘날 이들은 야생절멸종으로 분류된다. 오릭스는 멋진 뿔과 두꺼운 가죽 때문에 밀렵꾼들에게 인기가 있었고, 이로 인해 1990년 무렵이 되자 긴칼뿔오릭스는 야생에서 사라졌다. 그러나 당시 아랍에미리트의 초대 대통령이었던 셰이크 자이드 빈 술탄 알 나흐얀은 이 종에 대한 애정이 각별했던 나머지 아부다비 근방의 시르바니야스섬에서 오릭스 무리를 사육하고 있었다. 2016년 여름, GPS 목걸이를 부착한 소규모의 오릭스 무리가 차드의 사막으로 방사되었다. 이어서 2017년 1월에는 14마리의 오릭스가 야생으로 돌아갔으며, 추가적인 재도입도 예정되어 있다. 이제 환경보전론자들은 우아한 이 동물이 멸종 상태에서 벗어날 것이라는 희망을 가지고 있다.

유순한 거인

그물무늬기린은 멸종 위험이 가장 큰 기린으로 분류되지만 가장 인기 있고 잘 알려진 종이기도 하다. 기린은 아프리카 사바나를 대표하는 동물이자, 어린이들이 알파벳(G)을 배울 때도 등장하고, 텔레비전은 물론 동물원에서도 큰 인기를 끈다. 코끼리, 코뿔소, 유인원, 사자 등 아프리카의 대형 동물에 초점을 맞추고 있는 보전과학의 측면에서 볼 때 기린은 이들과 비슷한 정도로 안정적이었지만 예상치 못하게 개체 수가 감소했다. 기린의 서식지는 빠른 속도로 파괴되었고, 유순하면서도 호기심 많은 이 동물은 쉽게 죽일 수 있어 굶주린 가족의 양식으로 이용할 수 있었기 때문에 동아프리카 지역에서 일어난 인간과 기린의 충돌은 참혹한 결과를 초래했다. 불과 30년 만에 개체 수의 40%가 감소하고 7개 국가에서는 완전히 사라지면서, 2016년 12월 이들은 IUCN 적색목록의 관심대상종에서 취약종으로 위험 등급이 격상되었다. 오늘날 기린이 가장 안전하게 살아갈 수 있는 곳은 아프리카 남부 지역이다. 이곳에서 기린은 민간 보호구역과 국립공원 사이를 지속적으로 옮겨 다니면서 자연 서식지 파괴 위험에서 벗어나는 한편 생태관광산업 발전을 뒷받침하기도 한다.

숨을 곳이 사라지다

오카피는 흑백의 줄무늬 때문에 얼룩말과 밀접한 관계가 있는 것으로 여겨지지만 사실 이들은 기린과 친척이라 할 수 있다. 얼룩말은 줄무늬로 초원의 포식자를 혼란스럽게 만드는 반면, 오카피는 콩고 열대우림의 숲지붕 사이로 들어오는 빛을 이용해 몸을 위장한다. 이들은 청각이 뛰어나고 겁이 많아서 사람들의 눈에 잘 띄지 않는다. 인간이 접근하기 힘든 깊은 숲속에 서식하는 오카피는 20세기 초까지만 해도 외국 과학자들에게 발견되지 않았다. 그러나 이들이 세상에 알려지고 멸종 위기에 처하게 된 계기는 바로 콩고 내전이었다. 반군 단체들은 숲을 점령하고 환경보전론자들이 숲에 들어오지 못하게 막았을 뿐만 아니라, 고기를 목적으로 오카피를 사냥하고 무기 확보를 위해 금과 다이아몬드를 채굴하며(이 과정에서 독성 유해물질인 납, 수은, 비소가 배출된다) 내전 세력을 지원한다. 오카피 보전 프로젝트에서 이들의 행위를 공개적으로 비판하자, 2012년 6월, 마이마이 반군 단체는 연구 센터를 급습해 7명의 직원과 사육 중이던 오카피를 모두 죽였다.

최후의 존재

43세의 수컷 '수단'(사진)과 그의 딸 '나진', 그리고 손녀 '파투'는 이 책이 출간될 당시 유일하게 생존해 있던 북부흰코뿔소 가족이다. 과거 이들의 조상은 중앙아프리카 전역에서 커다란 무리를 지어 살았고 1960년까지는 약 2000마리의 개체 수를 유지했으나, 1990년이 되자 그 수가 25마리까지 급감했고, 현재 불과 3마리만 남아있다. 북부흰코뿔소의 혈통이 이어지기 위해서는, 남아있는 암컷의 난자를 채취해 죽은 조상의 냉동 정자로 이를 수정시킨 후 친척인 남부흰코뿔소의 자궁에 착상시키는 대리모 출산만이 유일한 방법이다.

케냐 보호 당국에서는 암시장에서 이들의 뿔이 거래되는 것을 막기 위해 수단과 나진, 파투의 뿔을 잘라냈고, 무장 경호원을 고용해 밀렵꾼으로부터 이들을 보호하고 있다. 하지만 이러한 방식은 단기적인 효과만 있을 뿐 진정한 보전은 교육에 달려 있다. 불법 거래를 부추기는 각종 미신이 난무하지만, 케라틴으로 만들어진 이들의 뿔은 항암 치료나 숙취 해소, 성 기능 개선과 전혀 무관하다.

※ 2018년 3월, 고령에 따른 합병증으로 고통을 겪던 마지막 수컷 북부흰코뿔소 "수단"이 안락사되었다. 따라서 현재 지구상에는 두 마리의 암컷 북부흰코뿔소만 남아있다.
2021년 10월 암컷 2마리 중 나이가 많은 어미 "나진"이 고령으로 난자 채취가 어렵게 되자 은퇴를 결정했다. 이로써 "나진"의 딸 "파투"는 북부흰코뿔소 복원 사업에서 사실상 마지막 생존 개체가 됐다.

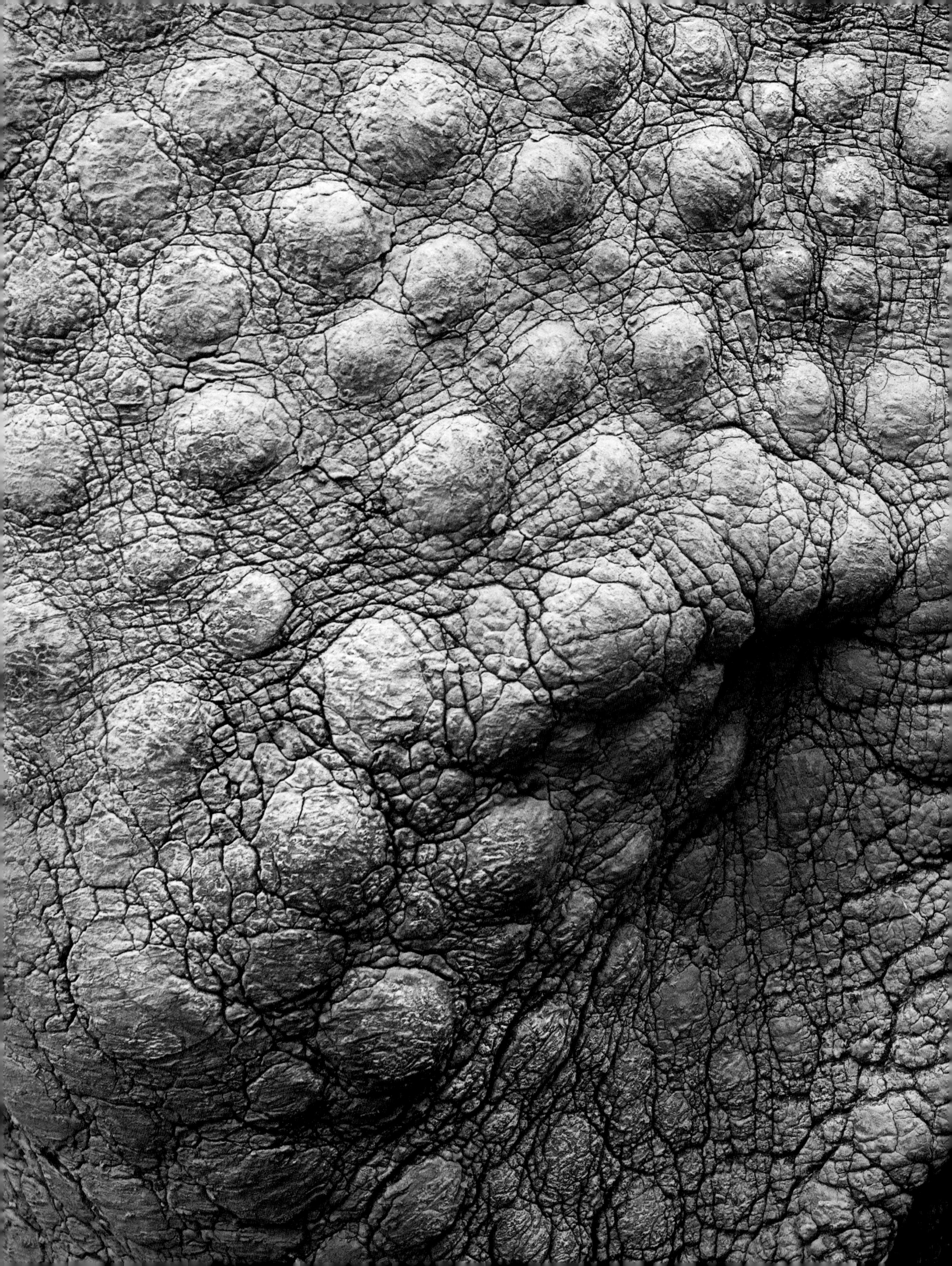

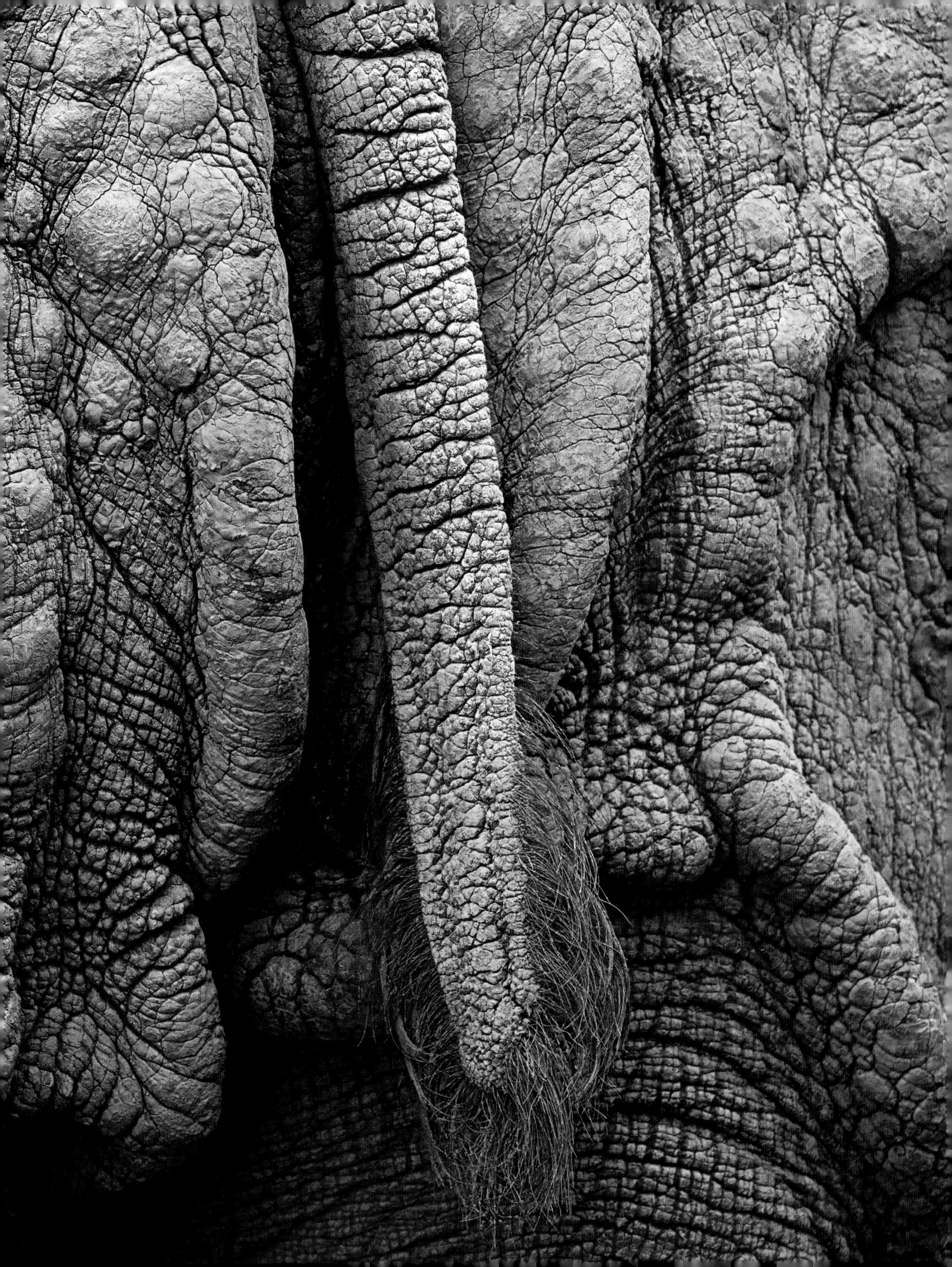

수면 아래에서

매해 약 1억 마리 정도의 상어를 잡은 후 지느러미를 잘라 동아시아로 보내면 이곳에서는 지느러미를 건조하고 분쇄해 샥스핀 수프를 만든다. 지느러미가 잘린 상어는 다시 바다로 던져지는데, 이때 상어는 살아있긴 하지만 무기력한 상태로, 해저로 가라앉아 피를 흘리며 죽고 만다. 2013년, 유럽 연합에서는 회원국 내에서 일어나는 이 충격적이고도 잔인한 관행을 금지하며 몇몇 주요 수출국에 제제를 가했다. 하지만 수요가 존재하는 한 암시장은 언제든 형성될 것이다.

'피닝(상어의 지느러미만 잘라내고 몸통은 바다에 버리는 것 - 옮긴이)'은 중국 경제가 호황을 누리던 1980년대에 그 수요가 급증하기 시작했다. 이는 중국에서 샥스핀 수프가 행운과 부를 상징하기 때문이었다. 그러나 와일드에이드와 같은 국제동물보호단체에서 피닝이 환경에 미치는 영향에 대해 널리 홍보한 결과, 이 음식이 가진 문화적 의미가 (특히 중국의 젊은이들 사이에서) 점차 사라지기 시작했다. 비록 많은 상어 종들이 멸종 위기에 처해 있긴 하지만 사회적, 정치적 변화를 향한 우리의 의지는 이들을 위기에서 구해낼 수 있을 것이다.

죠스

백상아리는 '해변을 배회하는 식인 상어'라는 대중적 이미지 때문에 종의 보전에 대한 사회적 의지를 약화시켰을 뿐 아니라 일종의 전리품처럼 여겨진다. 상어의 지느러미와 이빨은 전 세계로 팔려 나가고 있고, 턱뼈의 경우 3000만 원을 상회하는 금액에도 거래되곤 한다. 오늘날 전 세계 대양에는 수천 마리에 불과한 백상아리가 흩어져 살아가고 있지만 이들의 해안 서식지는 점차 사라지고 있다.

상어가 생존하기 위해서는 이들이 가지고 있는 부정적인 이미지를 수익으로 전환할 수 있는, 새로우면서도 덜 파괴적인 방법을 개발해야 한다. 예를 들어 점점 인기가 높아지고 있는 보트 여행이나 케이지 다이빙은 상어의 신체 부위를 거래하는 것보다 수익성이 높고 지속 가능한 산업이다. 상어는 인간을 위협하는 존재가 아니라, 기후를 조절하고 대기 중의 탄소를 제거하며 인간에게 먹거리를 제공하는 등 해양 생태계를 유지하는 역할을 맡은 최상위 포식자이다.

집단 역학

세상에서 가장 묘한 매력을 지닌 해양생물 중 하나인 귀상어는 대부분의 상어가 주는 부정적인 고정 관념에서 벗어나 있다. 기이한 외형의 이 상징적인 포식동물은 대개 큰 무리를 지어 생활하기 때문에 호주에서 중국, 혹은 남아메리카에서 서아프리카 및 지중해에 이르는 온대 해역에서는 수백 마리의 홍살귀상어(사진)가 빙빙 돌고 있는 모습이 발견되곤 한다. 이들은 멸종 위기에 처해 있지만 상어의 지느러미가 비싼 가격에 거래되면서 잔인한 피닝 산업의 희생자가 되었으며, 집단 행동을 하도록 진화한 덕분에 무모한 어업 관행에 더욱 취약해졌다. 귀상어는 해저 500m에서도 살 수 있지만 그물이나 연승어업으로 잡히기도 한다. 반면 새끼들은 훨씬 얕은 곳에서 헤엄치기 때문에 더욱 쉽게 눈에 띈다. 새끼를 잃는 것은 귀상어의 개체 수에 심각한 영향을 미칠 수 있는데, 이는 귀상어는 번식 속도가 느려 그 수를 회복하기 쉽지 않기 때문이다. 오늘날 상어는 바다에서 가장 위험에 처한 물고기를 대변하는 존재가 되었다.

불가사의한 심해 생물

학명이 멜리브 비리디스(*Melibe viridis*)인 이 동물은 사람들의 눈에 띄는 일이 거의 없기 때문에 일반적으로 통용되는 명칭이 없다. 이들은 나새류(갯민숭달팽이류), 즉 해양 연체동물의 일종으로, 기이한 외모와 화려한 색을 지닌다. 또 다른 해양 연체동물로는 무척추동물 중 가장 높은 지능을 가진 문어를 비롯해 바다민달팽이, 갑오징어, 전설적인 대왕오징어 등이 있다. 해양 연체동물은 현재까지 알려져 있는 5만 5000여 종의 해양생물종의 거의 4분의 1을 차지하고 있지만 이 중 세계자연보전연맹의 멸종 등급 평가를 거친 종은 극히 일부에 불과하다. 해양 연체동물은 넓은 지역에 분포되어 있고 생활 방식도 베일에 싸여 있어서 현대 사회의 각종 위험으로부터 안전할 것이라 여겨져 왔으나, 연구에 의하면 오늘날 이들의 개체 수는 우려스러울 정도로 감소하고 있다. 바닥 저인망 어업, 공해, 산호초 황폐화 등이 이들의 생존에 심각한 위협이 되는데, 이는 가장 흥미로운 종에 속하는 이들 생명체가 인간에게 발견되기도 전에 사라질 수도 있음을 의미한다.

사라지는 것들

열대송사릿과 민물고기인 라팔마 펍피시는 멕시코의 누에보레온 지역에 살았던 여러 펍피시(pupfish) 종의 하나다. 이들은 마치 강아지(pup)가 꼬리를 흔드는 것처럼 장난스럽게 가슴지느러미를 흔든다는 이유로 펍피시라는 이름을 가지게 되었지만, 사실 이 행동은 매우 공격적으로 자기의 영역을 표시하는 방식이다. 수천 년 동안, 펍피시는 낮 동안에는 목욕물만큼이나 뜨겁고 밤이 되면 수온이 내려가 얼어붙을 듯 차가워지는 사막지대의 소규모 샘물에서 종별로 고립되어 살아왔다.

1980년대 후반 무렵, 현지의 농부들이 작물 재배를 위해 지하수를 끌어 쓰기 시작하면서 이들의 작은 서식지가 파괴되었다. 다행히 몇몇 종들은 수족관에서 길러져 오늘날까지 살아남았으나, 이름이 지어지기 전에 멸종된 종도 있다. 오늘날 라팔마 펍피시는 런던동물원에서 사육되고 있지만, 원래의 서식지로 재도입을 고려하기에는 그곳의 환경이 너무 열악하다. 시프리노돈 속에 속한 종의 20% 이상은 야생에서 모습을 감췄고, 10%는 완전히 멸종되었다.

두 번째 기회

1970년대, 프랑스령 폴리네시아 군도는 해안에 상륙한 화물선에서 온 것으로 추정되는 아프리카왕달팽이 때문에 몸살을 앓고 있었다. 길이가 약 20cm에 달하는 이 달팽이들은 지나는 길에 있는 농작물과 정원의 식물을 모두 먹어 치웠다. 이들을 제거하기 위해 늑대달팽이를 들여왔지만, 늑대달팽이는 아프리카왕달팽이 대신 이 지역의 토착종인 파르툴라달팽이를 잡아먹기 시작했고, 그 결과 여러 종의 파르툴라달팽이들이 완전히 멸종했다. 일부 종의 경우 야생에서는 절멸되었지만 과학자들이 몇 마리를 포획해 사육한 덕분에 번식에 성공했다. 이들의 후손(사진)이 야생으로 돌아갈 수 있을 만큼 튼튼해지자 2015년과 2016년, 드디어 파르툴라달팽이 10종이 폴리네시아로 재도입되었다. 이는 세계 여러 나라의 정부와 동물원, 그리고 과학자들이 치밀한 준비와 협력을 통해 만들어낸 기념비적인 성과였다. 이후 늑대달팽이의 개체 수는 수년에 걸쳐 안정화되며 먹이 사슬의 균형 속으로 동화되었고, 파르툴라달팽이는 다시 한번 번성할 기회를 얻게 되었다.

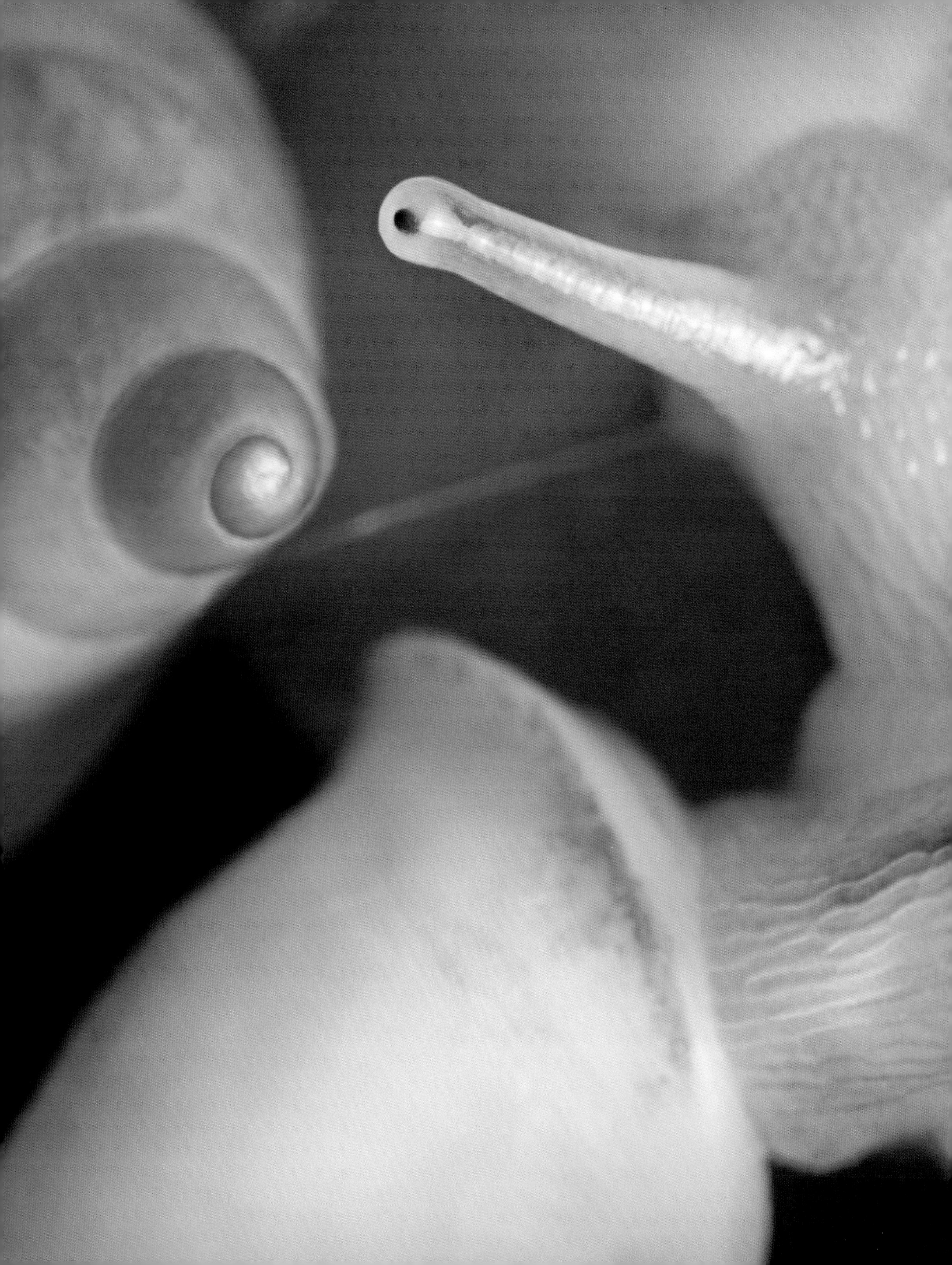

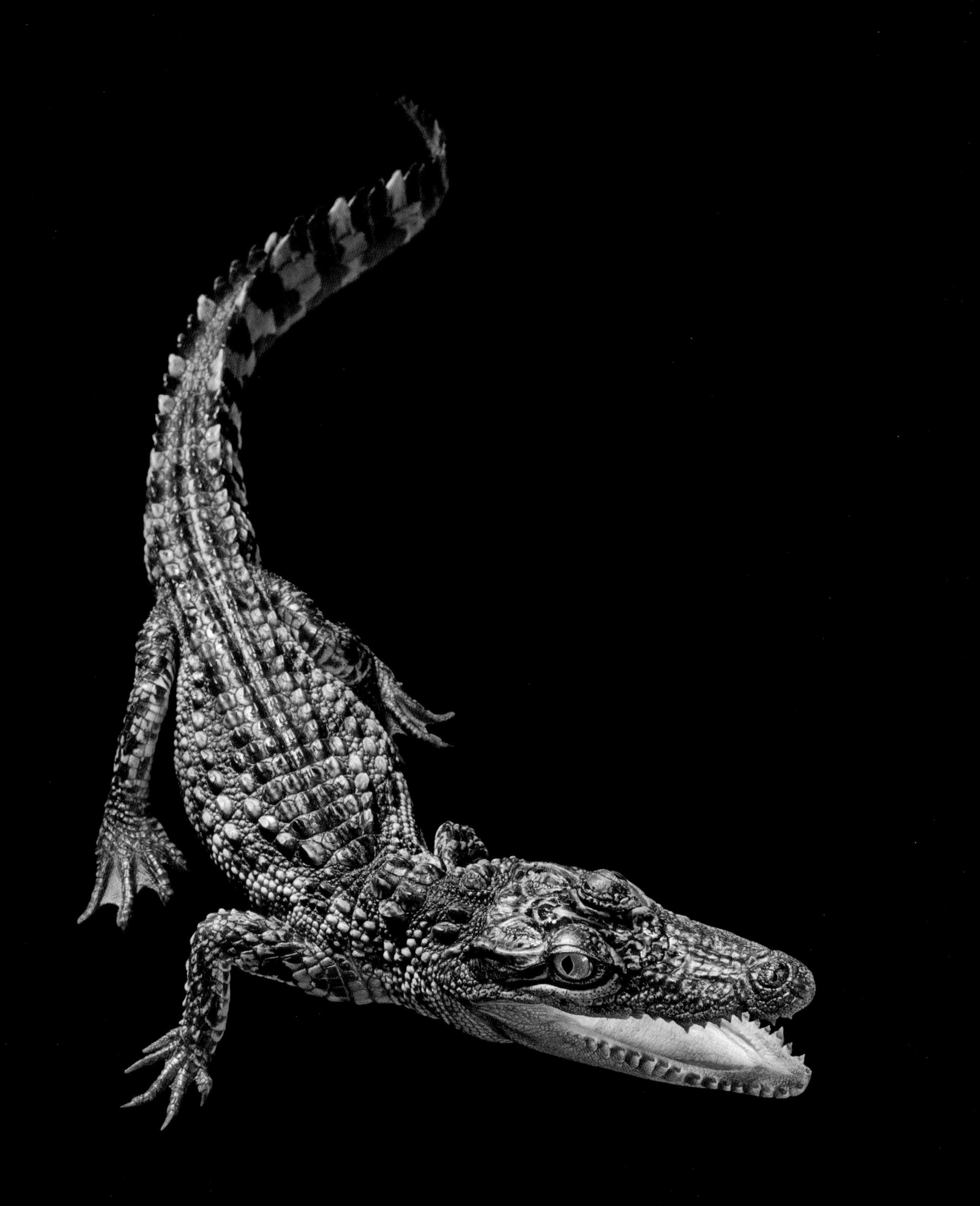

악어가죽 이면의 현실

악어가죽을 얻기 위한 사냥이 시작된 지 100년 만에 동남아시아에 서식하는 샴악어는 수백 마리밖에 남지 않게 되었다. 악어는 번식 속도가 느리고 성체가 되는 확률도 매우 낮은데, 이는 기후 변화로 인해 강의 수위가 높아지면서 산란 장소가 물에 잠길 위험이 커졌기 때문이다. 홍수와 삼림 파괴, 밀렵의 영향으로 악어 알이 성체로 자라는 확률은 10%가 채 되지 않는다. 길이가 4m 정도 되는 거대한 악어(사진)를 비롯해 대부분의 악어는 인간에게 위협적이지 않으며, 지역 토착민과의 충돌이 없는 곳에서는 개체 수도 안정적이다. 야생절멸종으로 분류될 위기에 처해 있음에도 불구하고, 아시아의 몇몇 국가에서는 신발과 가방, 지갑을 만들기 위해 수십만 마리의 샴악어를 농장에서 사육한다. 악어 농장은 악어를 보전하기 위해 존재해야 하지만 실상은 다양한 종류의 가죽을 만들기 위해 종을 섞어 교배시키기 때문에, 이들을 야생으로 재도입시킨다면 유전적 순수성이 위태로워질 것이다. 일반적으로 악어는 먹이 사슬의 꼭대기에 위치하고 있어 하위 단계에 있는 모든 생물의 개체 수를 조절하는 역할을 한다. 이들이 사라진다면 생태계에 재앙이 닥칠 수 있다.

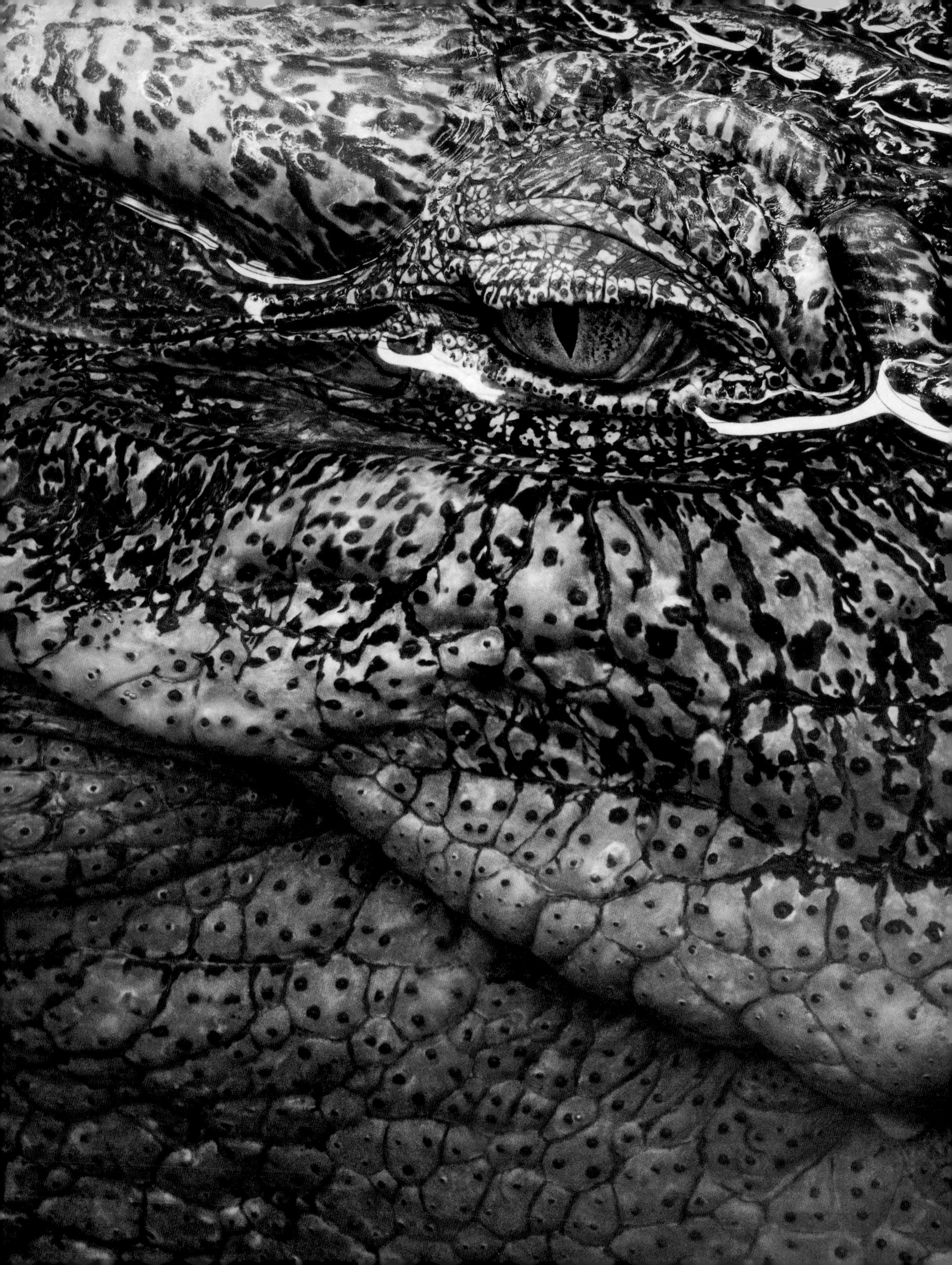

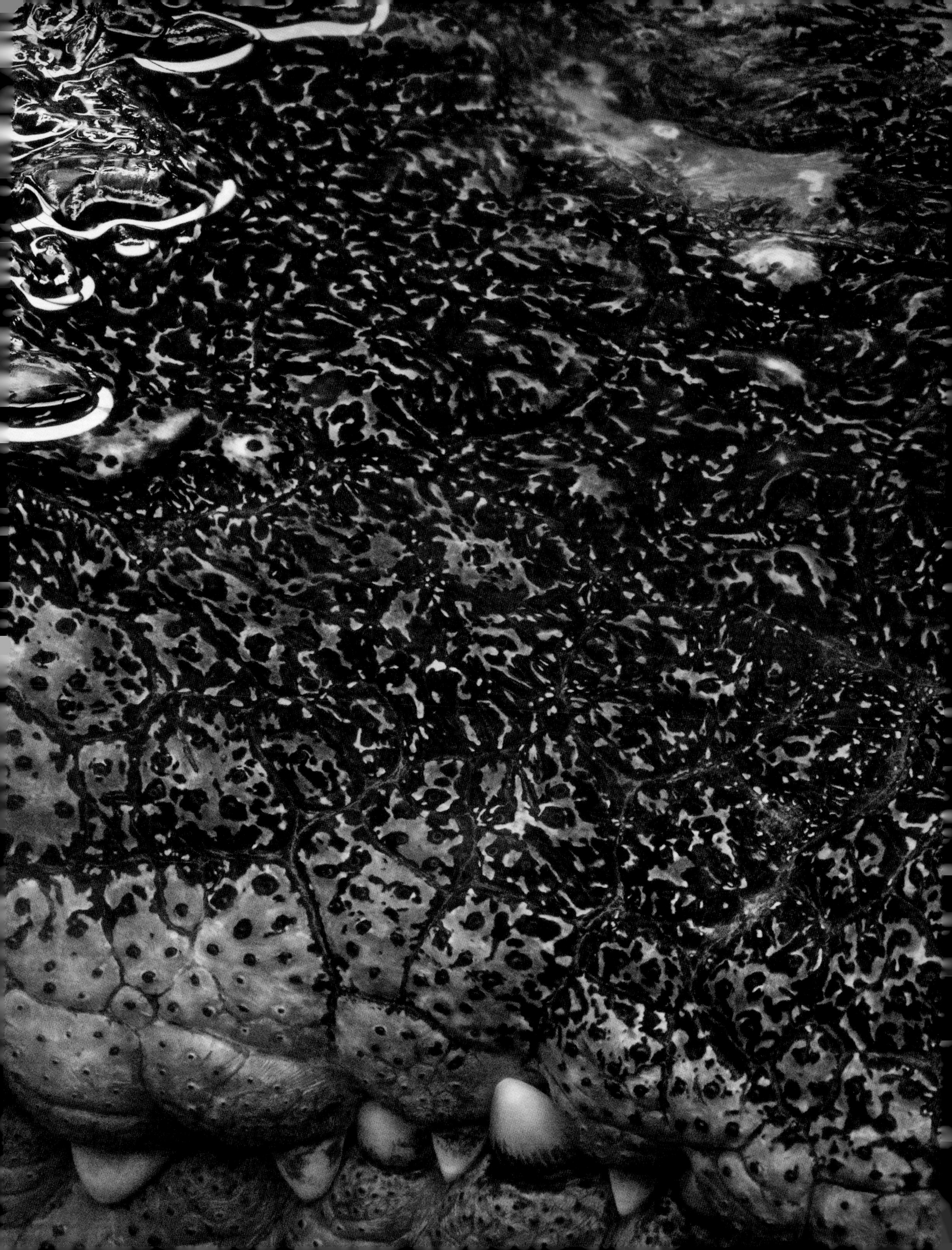

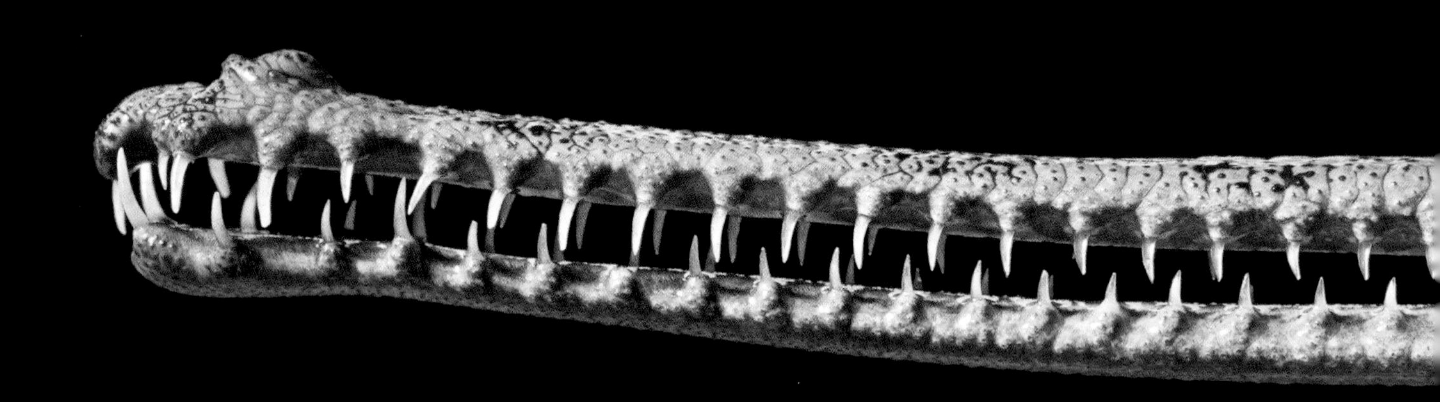

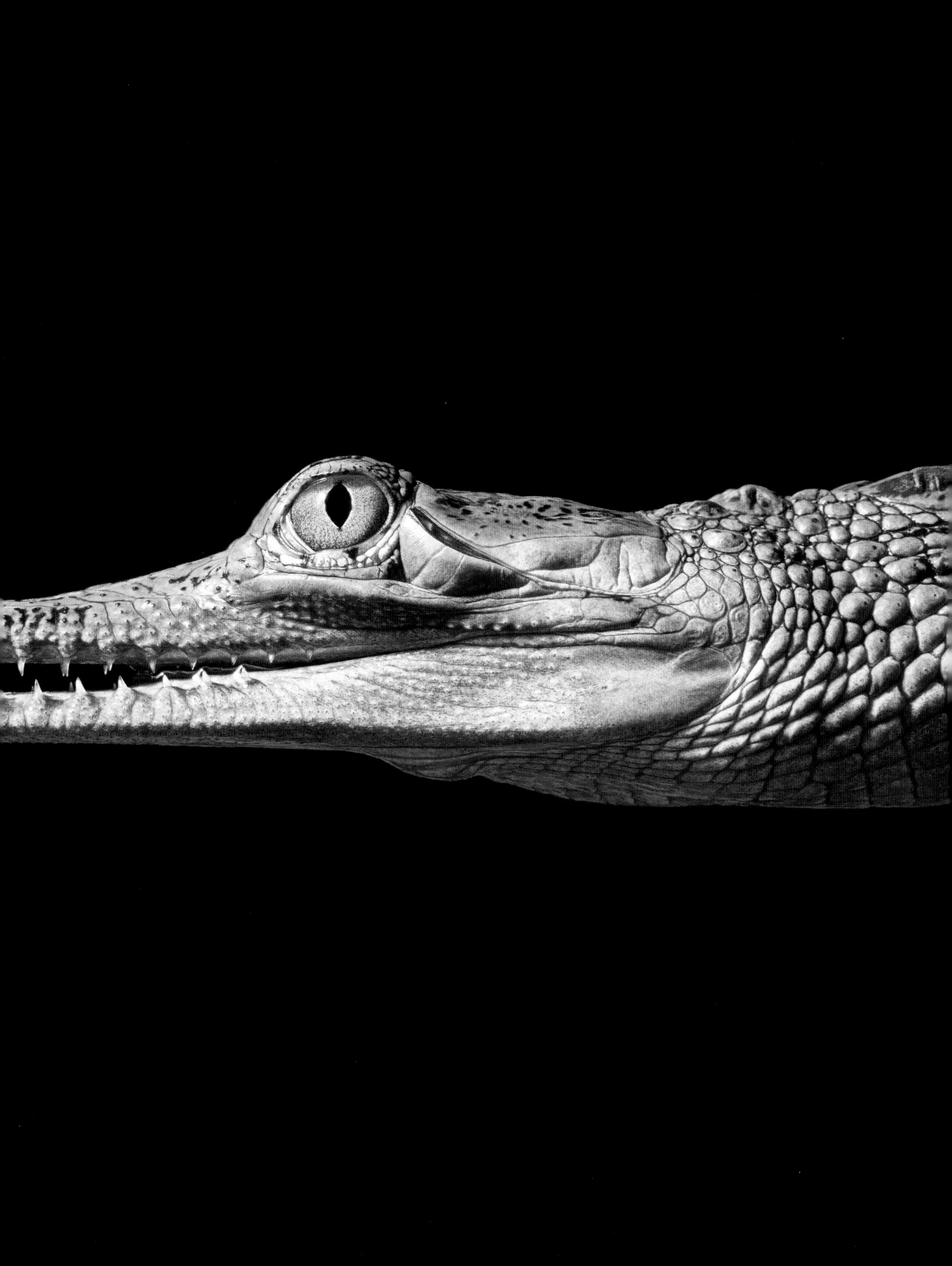

살아남은 녀석들

20세기 들어 악어가죽에 대한 수요가 늘어나면서 크로커다일, 앨리게이터, 카이만 등 악어의 개체 수가 급감했다. 하지만 매끈이카이만은 비교적 피해가 적은 편이었는데, 전 세계에서 크기가 가장 작은 악어에 속하는 이들은 뼈판으로 이루어진 거친 피부를 지니도록 진화했기 때문이다. 매끈이카이만은 간혹 현지인들이 고기를 얻기 위한 목적으로 사냥하는 경우도 있긴 하지만 가죽용으로는 그다지 매력적이지 않기 때문에 오늘날 100만 마리 이상 남아있다. 그러나 현재 이들은 서식지 소실 및 불법 금 채굴자들의 행태(금을 채굴하는 과정에서 자신들의 불법 행위를 감추기 위해 강에 유독성 폐기물을 방류한다)로 인해 멸종 위기에 처해 있다. 선사시대부터 존재해 온 이 종은 다행히도 지난 세기의 대규모 사냥에서는 살아남았지만, 21세기에는 훨씬 더 혹독한 투쟁을 벌여야 할지도 모른다.

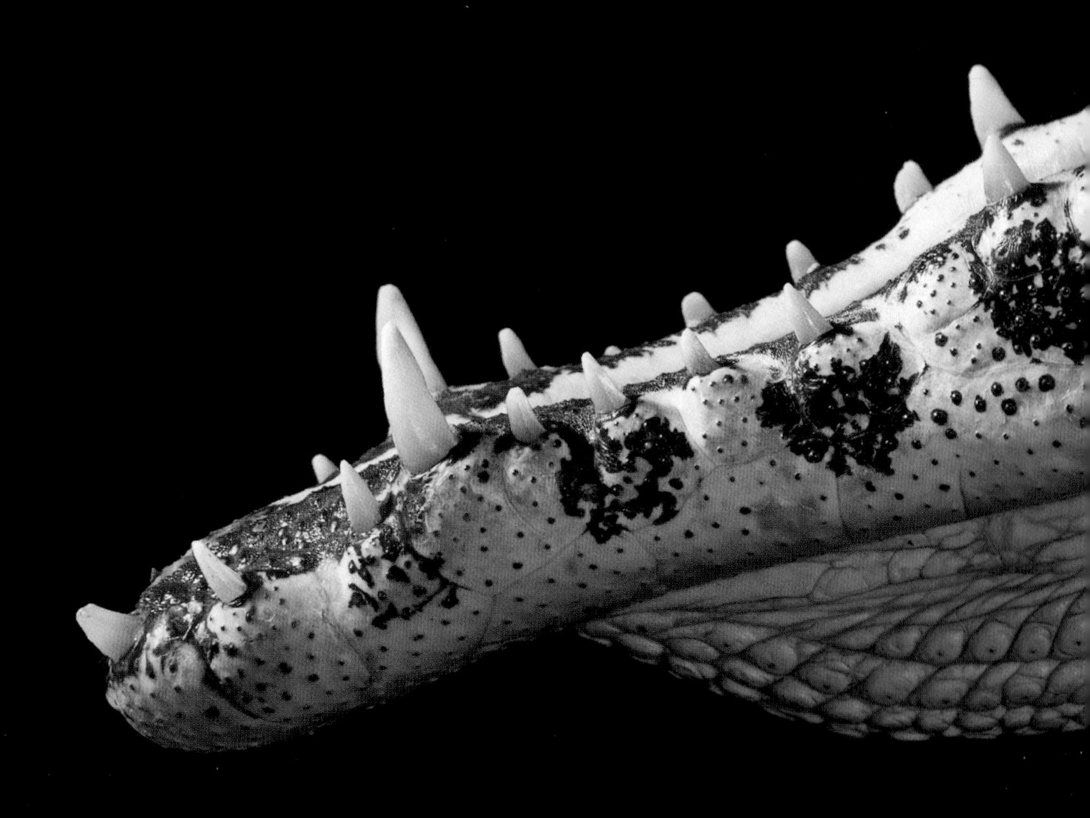

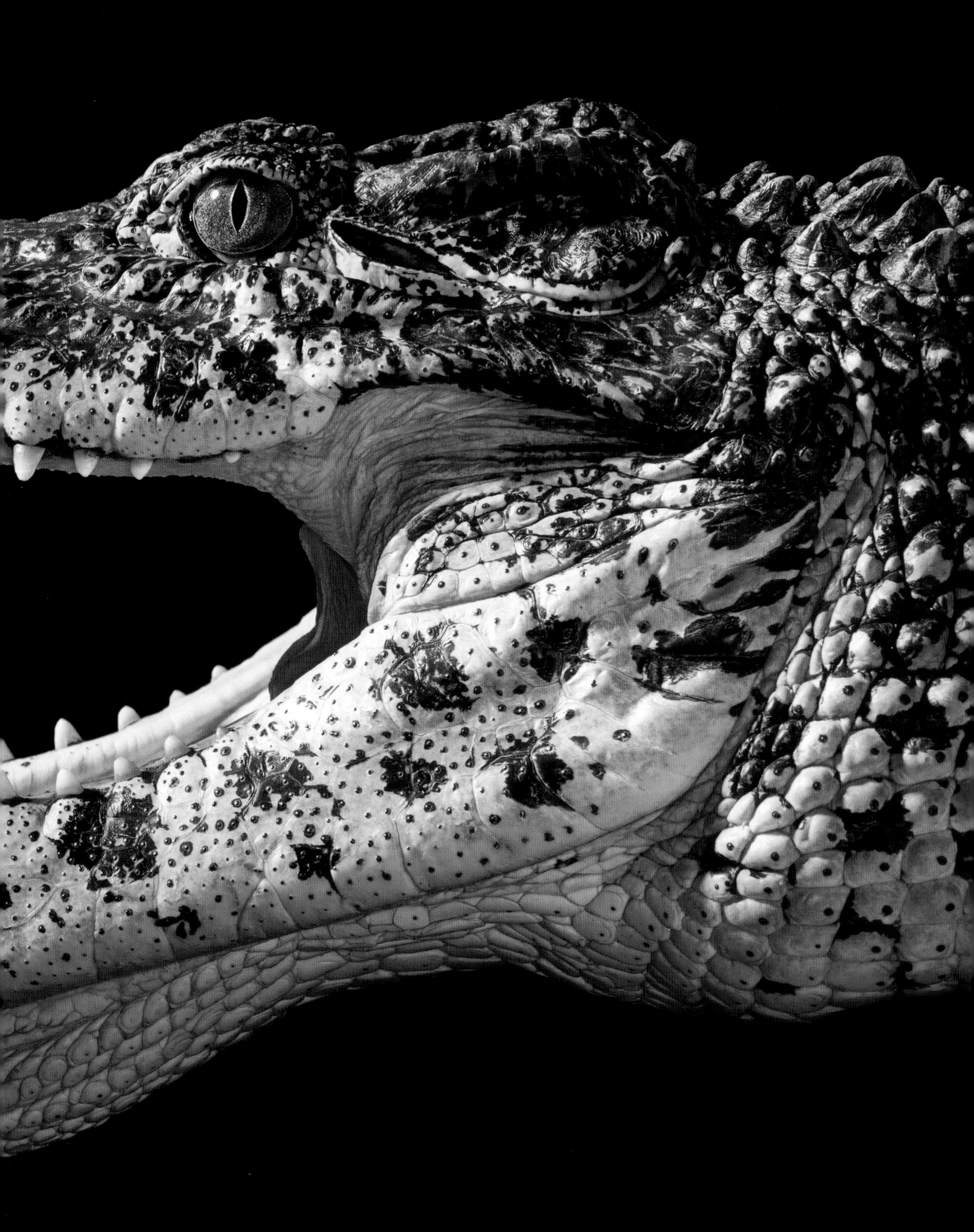

멜팅 팟

물속에서 먹이(녹조류)를 찾는 바다이구아나는 수심 20m에서도 30분가량 버틸 수 있다. 이들은 육지에 올라오면 일광욕을 하는데, 이는 검은색 피부로 열을 재흡수해 먹잇감을 찾으러 물속으로 다시 들어갈 수 있을 만큼 체온을 상승시키기 위해서다. 찰스 다윈은 바다이구아나를 처음으로 목격했을 때 이들을 "어둠 속의 악마"라 부를 정도로 혐오감을 느꼈다고 한다. 하지만 다윈은 이들이 환경에 맞게 독특하게 적응해 온 것을 확인하면서, 자신의 진화론을 정립하는 데 큰 도움을 받았다.

바다이구아나는 산호초, 갈라파고스 땅거북, 펭귄과 함께 갈라파고스 제도에서 발견된 동물이다. 갈라파고스 제도가 생물 다양성으로 잘 알려진 이유는, 서로 다른 3개의 해류가 합류하는 이 지역이 독특한 미기후(microclimate)적 특성을 보이기 때문이다. 이곳에서는 2~7년 사이의 불규칙한 간격으로 서부 열대 태평양에서 이동한 난류가 차가운 바닷물을 밀어내면서 엘니뇨라고 알려진 파괴적인 자연 현상을 일으킨다. 엘니뇨가 발생하면 강우량이 증가하고 해수의 온도가 상승하며 바다이구아나의 먹이인 녹조류가 거의 사라진다. 갈라파고스의 동물들은 엘니뇨에 대처하기 위해 진화했고, 이제 엘니뇨는 이곳의 생태계를 유지하는 중요한 일부분이 되었다. 그러나 기후 변화로 인해 엘니뇨의 발생 빈도와 강도가 증가할 우려가 있는데, 이것은 이 독특한 바다이구아나의 생존에는 위협이 되는 반면 외래 유입종에게는 유리한 환경이 될 수도 있다.

에필로그

조나단 베일리

자, 이제 당신은 팀 플래치가 시도한 새로운 실험의 마지막까지 함께 했다. 아마도 당신은 이 책『사라져 가는 존재들』에 실린 사진에 빠져들었을 것이고, 각 종이 맞닥뜨린 상황과 그들의 서식지에 관한 이야기를 읽으며 다양한 감정을 경험했을 것이다.

자신의 반응을 살펴보기 위해서는, 우선 유인원으로서 당신이 세계에 대해 편향된 시각을 가지고 있다는 사실을 인정하는 것이 중요하다. 당신은 잘 익은 과일처럼 색이 화려한 것을 좋아하는 경향이 있다. 또한 근사한 식사 거리가 되거나, 반대로 당신을 잡아먹을 수 있을 만큼 강한 종에 끌린다. 당신과 비슷하게 생긴 것, 혹은 눈이 크고 몸에 비해 머리의 크기가 큰 아기 영장류에게도 관심을 보인다. 유인원으로서 당신은 뛰어난 지능을 가지고 있기 때문에 영장류 중심의 세계관에서 벗어나 모든 종에 가치를 부여할 수 있다.

당신은 이 책의 어떤 종에게 가장 끌렸는가? 당신을 사로잡은 그 동물과 그들의 서식지에 감정적으로 연결되어 있는 느낌을 받았는가? 만약 그렇다면 그러한 감정적 반응을 이끌어낸 것은 무엇이었는가? 무엇보다도, 당신은 이 책을 읽으면서 멸종 위기에 처한 종에 더욱 관심을 가지게 되었거나 그들을 보호하기 위해 무언가를 해야겠다는 느낌을 갖게 되었는가?

이 책에 등장하는 사례를 통해, 상징성을 가지고 있거나 인간의 관심을 끄는 것이 그 종에게 항상 이익이 되는 것은 아니라는 사실이 명확히 밝혀졌다. 유인원으로서 인간의 친척들은 모두 위기종 혹은 위급종으로 분류된다. 코끼리, 코뿔소, 기린, 사자, 호랑이 등 아동 도서에 등장하는 많은 상징적인 동물들도 위협에 처해 있다. 우리 사회가 가장 관심을 가지고 있는 이들 종조차 보호할 능력이 없다면, 분명 인간의 문화와 자연과의 관계는 변화되어야 한다.

환상적인 구애춤을 추는 두루미의 마지막 촬영을 마친 후, 나는 팀과 이야기를 나누었다. 이 책에 실린 사진에서 이미 보았겠지만, 그는 아시아의 예술 작품 속에서 흔히 묘사되곤 하는 시적인 의식을 아름답게 포착했다. 팀이 말했다. "작품 속에서 그렇게 중요하게 다루어지는 두루미가 어쩌다가 거의 사라질 지경에 이르렀을까요?" 살아있는 대상 그 자체보다 예술작품을 훨씬 더 중요하게 생각하는 것은 이상한 일이다. 아이러니하게도 중국 신화에서 두루미는 영생, 그리고 불멸과 관련이 있다. 두루미의 사례는 우리가 어떻게 해야 동물 및 그들의 서식지와 좀 더 긴밀하게 연결될 수 있는지, 그리고 그들이 인간의 문화와 자연 양쪽 모두에서 활기 넘치고 살아있는 존재로 남을 수 있게 하려면 어떻게 해야 하는지를 잘 드러낸다.

팀은 서식 환경에서 고립된 동물은 완전한 생명체가 아니라고 말한다. 정글에서 고립된 고릴라는 더 이상 고릴라가 아니고, 담수 동굴을 벗어난 동굴영원은 동굴영원이 아니다. 그는 이런 식으로, 우리에게 종을 환경의 일부로 받아들일 것을 권한다.

이 책에서 다루지 않은 유일한 유인원은 인간이다. 이것은 아직까지 인간이 멸종 위협에서 멀리 떨어져 있기 때문이지만, 인간 역시 자신의 자연 서식지를 잃어가고 있다. 자연환경에서 고립된 인간이 어떤 존재인지 생각해 보는 것은 흥미로운 일이다. '인간의 고립'이 함축하는 바를 이해하는 것은 높은 수준의 폭력과 비만, 우울증 등 도시 사회가 직면하고 있는 많은 문제를 설명할 수 있을지도 모른다.

이 책은 시각적 이미지를 통해 우리가 어떻게, 그리고 왜 다른 형태의 생명체와 정서적으로 연결되어야 하는지를 살펴본다. 나는 (그리고 팀은) 이 책이 이 분야에 대한 많은 실험과 연구의 디딤돌이 되기를 희망한다. 이제껏 인간과 자연을 연결하는 것이 이렇게까지 중요했던 적은 없었다. 그리고 바로 여기에 우리의 미래가 달려 있다.

이제껏 인간과 자연을 연결하는 것이 이렇게까지 중요했던 적은 없었다.

그리고 바로 여기에 우리의 미래가 달려 있다.

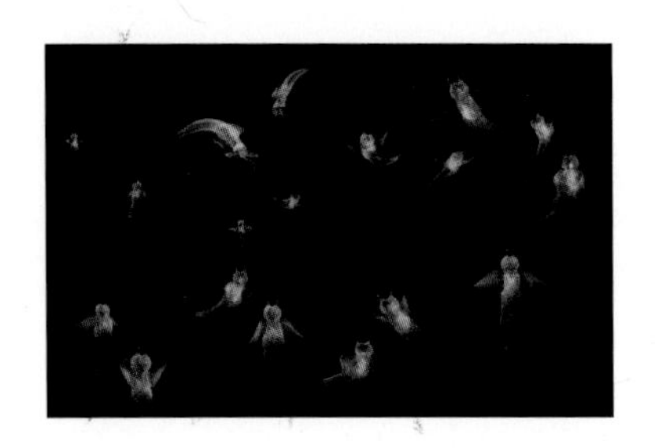

바다천사 앞면지

학명: *Gymnosomata*
분포 지역: 전 세계 대양
멸종 위기 등급: 미평가종

'바다천사'라는 별명을 가지고 있는 이 녀석들은, 크기는 매우 작지만 멸종되면 먹이사슬에 중대한 파급효과를 가져올 수 있다. 성체가 되어도 몸길이가 5cm가 안 될 정도로 작고, 투명한 피부를 가진 이들은 민달팽이나 달팽이와 같은 연체동물에 속한다. 날개처럼 생긴 지느러미(혹은 지느러미처럼 생긴 날개)는 측족이라 불리는 운동기관인데, 이들은 이 측족으로 날갯짓을 하며 물속을 헤엄쳐 다닌다. 클리오네는 날개처럼 생긴 지느러미를 지닌 또 다른 해양 연체동물인 바다나비를 잡아먹으며, 고래와 바닷새, 그리고 상업적으로 가치가 있는 많은 물고기의 중요한 먹이가 된다. 그러나 이들은 알에서 부화하면 껍데기를 버리는 반면 바다나비는 평생 동안 껍데기를 몸에 지니고 살아가는데, 바로 여기에 문제가 있다. 바다나비의 껍데기는 매우 얇아서 바닷물이 산성화되면 쉽게 녹아 버리기 때문이다. 현재 추세대로라면 2050년경이면 바다나비가 멸종할 것으로 예측된다. 그렇게 되면 바다천사도 그 뒤를 이을 것이고, 전체 어류 역시 같은 운명에 처할 수 있다.

나무타기천산갑 p. 2

학명: *Phataginus tricuspis*
분포 지역: 적도 근처의 서아프리카, 중앙아프리카 및 동아프리카
멸종 위기 등급: 취약종

어미의 꼬리를 잡고 매달려 있는 새끼 천산갑. 천산갑은 일 년에 한 번, 한 마리의 새끼를 낳는다. 갓 태어난 새끼의 비늘은 처음 며칠 동안 매우 부드럽지만, 눈을 뜨고 나면 그 즉시 어미의 꼬리 끝부분을 감아쥘 정도로 단단해진다. 새끼는 어미가 먹이를 구하러 나갈 때면 발가락으로 꼬리를 꽉 잡고 매달리는 "클립온" 자세로 함께 다닌다. 어미는 위험을 감지하면 꼬리에 매달린 새끼를 중심으로 재빨리 몸을 둥글게 말아 새끼가 배 쪽으로 미끄러져 들어오게 한다. 안타깝게도, 어미는 포획되는 순간에도 새끼를 보호하려는 듯 새끼의 주변으로 몸을 둥글게 말고 조금도 움직이지 않는다. 천산갑은 번식 속도가 매우 느리며 무리를 짓지 않고 단독으로 생활한다. 천산갑의 신체 부위에 대한 수요가 증가하면서 2012년에는 중국에 천산갑 농장이 만들어졌다는 충격적인 보고가 있었다. 그러나 천산갑은 포획된 상태에서는 번식이 매우 어렵기 때문에 아마도 이 보고는 사실이 아닌 듯하다. 현재까지 거래된 모든 천산갑은 야생에서 잡아 판매하는 것으로 보이지만, 이들의 느린 번식 속도는 불법 포획되는 천산갑의 속도를 따라잡지 못하고 있다.

히야신스마카우 p. 5

학명: *Anodorhynchus hyacinthinus*
분포 지역: 볼리비아, 브라질, 파라과이
멸종 위기 등급: 취약종

1980년대 후반, 생물학과 대학원생인 니바 게데스는 남아메리카의 판타날 보존지구를 처음으로 방문했다. 판타날 보존지구는 파라과이강 유역에 형성된 광활한 열대성 습지로, 다양한 생물종이 분포할 뿐만 아니라 전 세계에서 가장 큰 앵무새인 히야신스마카우(최대 길이 1m)의 서식지이다. 이들은 서식 지역 전체를 통틀어 단 두 종류의 야자나무 열매만 먹이로 하며, 오래된 만도비나무에 있는 구멍에 둥지를 튼다. 그러나 현대식 농업이 확장되면서 벌목으로 둥지가 사라졌고, 1980년대에는 애완동물로도 높은 인기를 끌게 되면서 이 종은 엄청난 피해를 입었다. 1990년, 니바 게데스는 판타날 보존지구에 서식하는 히야신스마카우의 개체 수를 보존하기 위해 히야신스마카우 프로젝트를 출범시켰다. 연구팀은 (원래 나무에 있던 구멍을 관리하는 것은 물론) 나무에 둥지 상자를 설치해 현지인들이 둥지 "소유권"에 대한 자긍심을 가질 수 있도록 지원하고 있다. 결과는 대성공이었다. 1990년 약 1500마리에 불과했던 히야신스마카우의 개체 수는 2017년이 되자 5000마리가 넘는 것으로 확인되었다. 오늘날 이곳은 생태 관광객들의 필수 방문지이다.

아프리카코끼리 pp. 6–7

학명: *Loxodonta africana*
분포 지역: 사하라 사막 이남 아프리카
멸종 위기 등급: 취약종

케냐 남부의 차보국립공원을 가로지르는 코끼리들. 차보(Tsavo)는 "도살"이라는 뜻을 가진 고대 캄바어로, 이 지역의 적색토와, 현재 끔찍할 정도로 그 수가 감소하고 있는 코끼리의 상황을 나타내기에 적절한 단어이다. 1960년대 무렵 이 지역에는 약 3만 5000마리의 코끼리가 살고 있었다. 그러나 1970년대의 극심한 가뭄을 거치며 이 중 6000마리가 죽었고 더 많은 코끼리들이 밀렵꾼의 손에 희생되면서, 1980년대 후반에는 6000마리 정도만 살아 남았다. 1970~80년대를 기점으로 아프리카 대륙 전체에서 코끼리 밀렵이 급증하면서 밀렵으로 희생된 코끼리의 수는 상상을 초월한다. 과거 130만 마리에 달했던 코끼리들은 오늘날 절반이 겨우 넘는 정도밖에 남지 않았지만, 현재에도 그 수는 계속해서 줄어들고 있다. 2016년 통계에 의하면 35만 2000마리의 야생 아프리카코끼리가 18개 국가에서 살아가고 있는데, 이는 7년 전에 비해 30%가 감소한 수치이다. 주된 위협 요인은 두 가지로 요약된다. 하나는 코끼리 상아 거래가 여전히 지속되고 있다는 사실이고, 다른 하나는 급속한 인구 증가로 인해 코끼리의 영역이 인간에게 잠식당하면서 인간과 코끼리가 일촉즉발의 위기 상황에 놓이게 되었다는 것이다.

바다천사 p. 10

학명: *Gymnosomata*
분포 지역: 전 세계 대양
멸종 위기 등급: 미평가종

우즈홀 해양연구소의 가레스 로슨은, 바다천사(사진)와 이들의 먹이인 바다나비에 대해 오랫동안 연구해 온 생물학자이다. 로슨은 "바다나비 효과", 즉 해양 산성화로 이 작은 익족류 연체동물이 사라지고 난 후의 결과에 대해 경고한다. 오늘날 대서양은 해저 2800m 지점을 기준으로 그 아래쪽 해수의 산성도가 매우 높은 반면, 태평양의 경우 산성 경계 수심은 해저 300m에 불과하다. 해마다 전 세계 대양에서 산성도가 높아지는 경계 수심이 얕아지고 있음을 고려할 때, 2050년 정도면 태평양의 수직층 전체(그리고 대서양의 거의 대부분)가 유각류 생명체들이 살아가기에 혹독한 환경이 될 것으로 예상된다. 우리는 굴이나 산호가 사라지는 것에는 관심을 보이지만 동물성 플랑크톤은 간과하는 경향이 있다. 그러나 동물성 플랑크톤은 어린 대구나 연어 등 상업적으로 중요한 물고기에게 반드시 필요한 먹이이다. 로슨이 느끼기에 바다천사와 같은 익족류는 엄청나게 중요하면서도 얼마나 연약한지를 대변하는 존재이자, 산성화로 인한 폐해를 보여주는 전형이다.

하마 pp. 12–13

학명: *Hippopotamus amphibius*
분포 지역: 사하라 사막 이남 아프리카
멸종 위기 등급: 취약종

암피비우스(물과 뭍 모두에서 산다는 뜻)라는 학명에서도 알 수 있듯이 하마는 물과 육지 양쪽 모두에서 생활할 수 있다. 이들은 낮에는 햇볕으로 피부가 건조해지는 것을 막기 위해 호수나 강에 들어가 눈과 귀만 내놓고 뒹굴거리지만, 어두워지면 물 밖으로 나와 근처 "풀밭"에서 풀을 뜯어먹는다. 그러나 하마는 농경이 가능한 담수 지역을 기반으로 생활하기 때문에 인간과 충돌이 일어날 수밖에 없고, 넓은 지역에 드문드문 퍼져 있는 하마의 서식지마저 소실되면서 최근 몇 년 동안 이들의 개체 수는 지속적으로 감소하였다. 하마와 인간 사이의 갈등이 눈에 띄게 줄어든 것은 나이로비에 본부를 둔 아프리카 야생동물보호재단에서 하마의 서식지 주변으로 낮은 울타리를 두르고 이곳을 인간의 거주 지역과 구분해 보호하기 시작하면서부터다. 사진 속 하마를 촬영한 곳인 케냐의 마사이마라 국립야생동물보호구역에서는 마라 야생동물보호협회의 주도하에 보호구역 내 인프라를 개선하고 하마와 지역 주민 간의 관계를 구축함으로써, 생태관광 사업을 위한 지역사회의 투자를 이끌어 내 보존 기금을 조성한다.

하마 14 – 15

학명: *Hippopotamus amphibius*
분포 지역: 사하라 사막 이남 아프리카
멸종 위기 등급: 취약종

단백질 섭취원을 찾기 힘든 지역에서는 식용 고기를 얻기 위해 하마를 사냥하기도 한다. 콩고민주공화국에서 2003년 시행된 조사에 의하면, 하마의 개체 수는 8년간의 내전을 거치는 동안 95%가량 감소했다. 그러나 하마의 수가 줄어든 것은 고기를 얻기 위한 사냥 때문이 아니라, 1989년 코끼리 상아의 국제 무역이 금지되면서 밀렵꾼들의 관심이 코끼리 상아에서 하마의 거대한 송곳니로 옮겨갔기 때문이었다. 오늘날 남아있는 하마의 개체 수는 아프리카 코끼리의 4분의 1 정도에 불과하다. 상아 교역을 근절하는 것은 쉬운 일이 아니다. 하마의 송곳니는 몇몇 아프리카 국가(탄자니아, 우간다, 남아프리카공화국, 잠비아, 짐바브웨, 말라위, 모잠비크 등)에서 밀반출되어 주로 홍콩으로 보내진 뒤 장신구 등으로 가공되고, 하마 가죽은 가죽 세공업자의 손에 넘겨진다. 오늘날 하마는 멸종위기에 처한 야생동 · 식물의 국제거래에 관한 협약 (CITES) 부속서 II에 등재되어 있다. 그러나 이러한 규제 조항이 현장에 적용될 때까지 이들의 가혹한 운명은 변하지 않을 것이다.

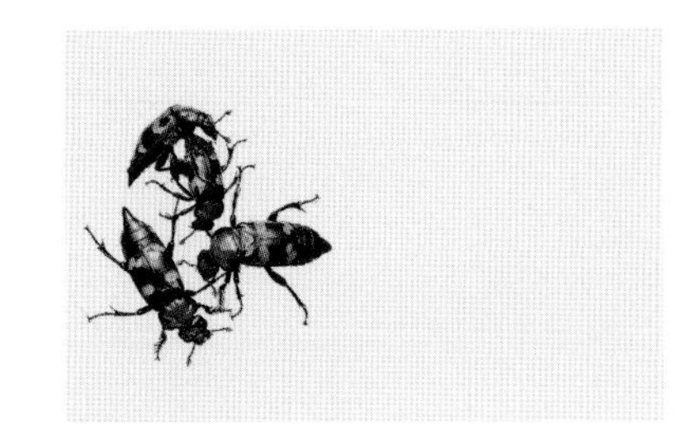

아메리카송장벌레 p. 16

학명: *Nicrophorus americanus*
분포 지역: 미국
멸종 위기 등급: 위급종

아메리카송장벌레의 복구 계획을 선봉에서 지휘하는 곳은 미국 미주리주의 세인트루이스동물원에 있는 아메리카송장벌레 보전센터이다. 이곳에서는 송장벌레 수천 마리를 포획 사육할 뿐만 아니라, 주(州)에서 시행되는 재도입 프로그램을 운영하고 모니터링한다. 미주리주의 재도입 프로그램은 놀라울 정도로 성공적이다. 보전센터에서는 2012년 와콘타 대초원에 236마리의 송장벌레를 최초로 재도입한 이래, 땅속에 플라스틱 통발을 설치해 주기적으로 개체 수를 확인하고 있다. 이후에도 일 년에 한 번씩 수백 마리의 추가 재도입이 진행되었는데, 첫해에는 살아남은 개체(및 그 자손)의 수가 얼마 되지 않았으나 2015년에는 110마리, 2016년에는 850마리에 달하는 등 기하급수적으로 증가했다. 이 프로젝트는 여러 단체의 협력을 통해 진행된다. 파트너 기관으로 미국 어류 및 야생동물관리청, 미주리주 자연보전국, 국제자연보호협회 등이 있다.

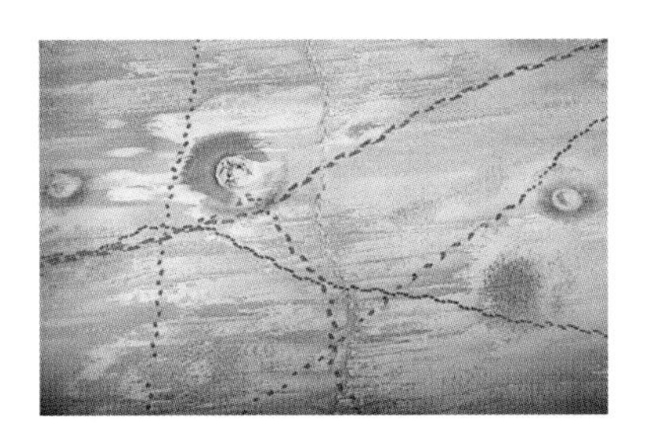

북극곰의 이동 경로 pp. 18 – 19

지역: 캐나다, 허드슨만

캐나다 북동부의 허드슨만. 얼음이 단단하게 얼어붙기를 기다리며 만 위를 서성이는 북극곰의 발자국이 찍혀 있다. 과학자들은 북극을 둘러싸고 있는 북극곰의 주요 서식 구역을 다음과 같이 네 곳으로 파악한다.

(1) 그린란드 남쪽에서 허드슨만에 이르는 계절적 얼음 지역. 이 지역은 여름이 되면 얼음이 완전히 녹아 버리기 때문에 심각한 위협이 된다.
(2) 유라시아 북쪽의 얼음 분지 지역. 여름이 되어 얼음이 녹으면 이곳의 북극곰은 (사람과 마주칠 위험을 무릅쓰고) 해안가 쪽으로 이동하거나, 북쪽으로 먼 거리를 헤엄쳐 올라가 먹이를 사냥한다.
(3) 그린란드의 북, 동, 서쪽에도 북극곰이 모이는 얼음 지역이 있다. 이곳은 아직까지 번식이 용이하고 먹이가 풍부한 안정적인 지역이지만, 이번 세기가 지나면 이 지역에서 얼음이 사라질 것으로 예상된다.
(4) 캐나다 북서부 위쪽의 다도해 얼음 지역. 기후 변화가 계속해서 진행된다면 이 지역이 북극곰의 마지막 활동 무대가 될 수도 있다.

북극곰 p. 21

학명: *Ursus maritimus*
분포 지역: 캐나다, 그린란드, 노르웨이, 러시아 연방, 미국
멸종 위기 등급: 취약종

북극곰의 몸은 추운 얼음 지역에서 살기에 최적화되어 있다. 이들은 작고 둥근 귀와 꼬리 덕분에 영하 46℃까지 내려가는 추운 북극에서도 열 손실을 최소화하며, 최대 10cm에 이르는 두꺼운 피하 지방층이 있어 물속에서도 체온을 유지할 수 있다. 또한, 솜털과 보호털이 이중으로 나 있어서 육지에서 체온이 지나치게 상승하는 것을 효과적으로 조절해 준다. 사실 북극곰에게는 추위보다 체온 상승(특히 달릴 때)이 더욱 위험하다. 따라서 이들은 격렬한 움직임을 피하고 에너지를 보존하기 위해 세심하게 주의를 기울인다. 눈보라가 심하게 몰아치는 날이면, 북극곰은 눈 속에 구덩이를 만들고 웅크리고 앉아서 눈보라가 잦아들 때까지 며칠 동안 머무르기도 한다. 가을이 되면 새끼를 밴 암컷은 눈 쌓인 언덕에 굴을 파고 들어가 그 안에서 잠을 자며 겨울을 보낸 후 다음 해 3월경 새끼를 데리고 굴 밖으로 나온다.

북극곰 pp. 22 – 23

학명: *Ursus maritimus*
분포 지역: 캐나다, 그린란드, 노르웨이, 러시아 연방, 미국
멸종 위기 등급: 취약종

과거 북극곰에게 가장 큰 위협은 인간의 사냥이었다. 하지만 1973년, 북극곰 서식 지역에 해당하는 국가들이 북극곰의 포획 및 사냥을 엄격하게 금지하기로 합의한 이후 사냥은 상당 부분 줄어들었다. 오늘날 이들에게 가장 큰 위협이 되는 것은 극지방의 얼음이 녹는 것이다. 이는 플랑크톤이나 어류, 물범, 그리고 최상위 포식자인 북극곰에 이르기까지, 북극의 추위에 적응해 살고 있는 먹이사슬 내 모든 생물종을 위협하는 가장 큰 문제이다. 바닷물의 온도가 상승할수록 물속의 산소 함량이 감소하고 번식률이 낮아지기 때문이다. 북극곰의 주식인 고리무늬물범과 턱수염바다물범 역시 스스로를 방어하고 새끼를 보호하려면 얼음이 필요하다. 북극곰이 고래의 사체를 먹는 경우도 있긴 하지만, 체중을 유지하고 오메가-3 지방산을 유지하기 위해서는 물범 고기를 섭취해야만 한다 (그렇지 않으면 인간처럼 콜레스테롤 수치가 높아진다). 하지만 얼음이 사라진 바다가 늘어나면서 북극곰은 부족해진 먹이를 찾아 엄청나게 먼 거리를 헤엄쳐야만 하는 처지가 되었다.

북극곰 pp. 24 – 25

학명: *Ursus maritimus*
분포 지역: 캐나다, 그린란드, 노르웨이, 러시아 연방, 미국
멸종 위기 등급: 취약종

북극곰은 폭이 최대 30cm에 달하고 미끄러지지 않는 발바닥이 있는 거대한 앞발 덕분에 얇은 얼음 위에서도 가볍게 걸을 수 있고 물속에서도 노를 젓듯이 헤엄쳐 나간다. 그러나 이들은 수영에 능숙한 동물임에도 불구하고 먹이를 찾아 먼 거리를 헤엄쳐 가는 동안 에너지가 소진되어 고통을 당하고 있다. 북극 얼음의 감소 현상에 관해 오랜 기간 연구해 온 미국 지질조사국의 2011년 보고서에 따르면, 위성 위치 추적장치를 부착한 한 암컷 북극곰이 12일 동안 한 번도 쉬지 않고 685km를 헤엄친 것으로 확인되었다(올라가 쉴 수 있는 얼음이 없었기 때문이다). 그 사이 이 북극곰은 체중이 22% 감소했고 함께 있던 새끼를 잃었다. 추적장치를 달고 장거리를 이동하던 11마리의 북극곰 중 5마리가 새끼를 잃었는데, 이는 한겨울에 굴속에서 태어난 어린 북극곰은 아직 지방층이 형성되어 있지 않아서 긴 시간의 헤엄을 견딜 수 없기 때문이다. 게다가 북극곰은 물속에서 콧구멍이 닫히지 않기 때문에 익사 위험도 있다.

북극곰 p. 27

학명: *Ursus maritimus*
분포 지역: 캐나다, 그린란드, 노르웨이, 러시아 연방, 미국
멸종 위기 등급: 취약종

가을이 지나고 북극해가 얼어붙으면 북극곰들은 얼음 위로 넓게 퍼져 나간다. 이들은 한곳에 머무르지 않고 여기저기 돌아다니며 생활하는데, 이는 북극곰에게 전혀 위협이 되지 않는다. 북극곰은 혼자 있는 것을 좋아하고 활동 반경이 넓어서, 어느 정도 자라고 나면 어미를 떠나 "자유롭게 몸을 움직일 수 있는 공간"을 향해 1000km 정도 이동한다. 북극곰의 개체 수 조사가 힘든 이유가 바로 여기에 있다. 전 세계 북극곰의 약 60%는 캐나다 영토 내에 서식하며, 나머지는 미국과 그린란드에서 시베리아에 이르는 지역에서 발견된다. 과학자들은 총 19개의 북극곰 집단을 파악하고 있는데, 2014년의 조사 결과 이 중 1개 집단에서는 개체 수가 증가했고, 6개 집단에서는 안정적으로 유지되고 있으며, 3개 집단에서는 감소했음이 확인되었다. 나머지 9개 집단은 유라시아 북쪽의 넓은 지역에 퍼져 있어 연구의 손길이 미치지 않아 "정보부족종"으로 분류된다. 최근에는 폴라베어인터내셔널에서 드론과 위성 사진을 이용해 이들에 대한 연구를 진행하고 있는데, 이는 북극곰의 영역을 침범하지 않은 상태에서 안전하게 조사할 수 있다는 점에서 중요한 의미를 지닌다.

북극곰 pp. 28-29

학명: *Ursus maritimus*
분포 지역: 캐나다, 그린란드, 노르웨이, 러시아 연방, 미국
멸종 위기 등급: 취약종

기후 변화로 인해 북극곰과 북극, 그리고 인간에게 닥친 위협은 너무나 심각해서 절망하기 쉽다. 그러나 몬태나에 본부를 두고 있는 폴라베어인터내셔널(PBI)은 "지식은 변화를 유발하는 촉매이며, 지적 자극은 두려움보다 강하다"라는 신념 아래 활동을 이어간다. PBI에서는 효과를 극대화하기 위해 언론과 과학, 공개 지지발언 등을 활용하는데, 최근에는 북극곰이 새끼를 낳는 동굴, 개체 수 분석 및 건강 상태 관련 프로젝트(북극곰의 지방층에 영향을 미치는 요인)에까지 연구 범위를 넓혔다. PBI는 원주민들의 요구사항에도 주의를 기울인다. 예를 들어 산하 기관인 서식지 충돌 실무단은 인간과 북극곰이 마주치는 상황에 대처하기 위해 지역 사회와 긴밀하게 협력한다. 그러나 북극의 얼음이 줄어들면서 북극곰이 인간의 거주 지역인 해안까지 접근하고 있고, 북극 자원 개발(알래스카의 석유 및 천연가스 시추 등)이 진행되면서 북극곰과 인간의 충돌은 계속해서 늘어나고 있다.

툰드라의 풍경 pp. 30-31

위치: 캐나다 허드슨만

캐나다 매니토바주에 있는 허드슨만. 오렌지빛 석양이 얼음으로 덮인 툰드라 지역을 물들이고 있다. 허드슨만이 얼음으로 덮이는 10~11월이 되면, 해안가의 작은 마을 처칠은 사냥의 계절을 맞이한 북극곰들이 북쪽으로 이동하는 모습을 보기 위해 전 세계에서 모여든 관광객들로 가득 찬다.
북아메리카와 유라시아의 툰드라 지대는 큰 나무가 자라지 못하는 곳으로, 거대한 숲의 북쪽에 있다. 처칠은 3개의 주요 생물 군계(숲, 툰드라, 해양)가 교차하는 지점에 있기 때문에, 처칠노던스터디센터에 소속된 과학자들은 지구 온난화가 지역 생태계에 미치는 영향을 연구하기 위해 이 마을을 찾아오기도 한다. 새들은 어떻게 생활하는가? 숲과 툰드라의 전이 지대에 있는 꽃가루받이 곤충은 어떻게 살아가는가? 그리고 해빙이 후퇴하며 발생하는 문제에 어떻게 대처해야 하는가? 이러한 중요한 질문에 대한 답은 기후 변화 연구에 필요한 자금을 확보하는 데 달려 있다. 그리고 여기에는 정치적 결단이 필요하다.

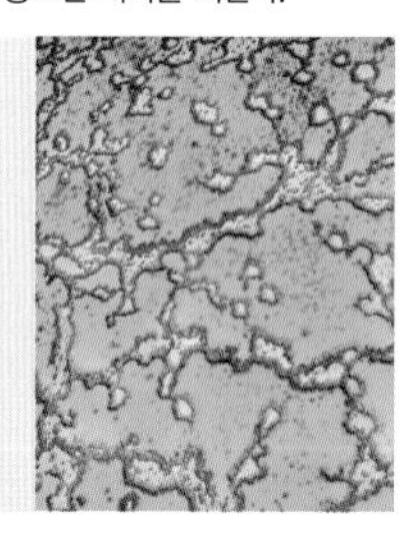

산호 p. 33

위치: 호주 퀸즐랜드주의 위스타리 리프

그레이트 배리어 리프의 남쪽 끝 지역. 수중 미로처럼 보이는 산호가 수면 아래 잠겨 있다. 이 경이로운 자연 경관은 호주의 북동 해안선을 따라 약 2300km에 걸쳐 뻗어 있는 세계 최대의 산호초 지대다. 이곳에는 400여 종의 경산호와 150여 종의 연산호, 그리고 광활한 해초 초원이 펼쳐져 있으며, 고래, 돌고래, 악어, 바닷새를 포함해 1600종이 넘는 어류가 살고 있다. 전 세계적으로 6곳의 주요 산호초 지대가 알려져 있는데, 호주를 비롯해 카리브해, 중동, 인도양, 동남아시아의 "산호 삼각지대" 그리고 태평양이 여기에 포함된다. 최근에는 수중 음파 탐지기를 이용한 해양 조사 결과, 호주의 카펀테리아만 등 새로운 산호초 지대가 추가로 발견되었으며, 2016년에는 브라질 해안을 따라 조성된 약 970km 길이의 거대한 아마존 리프도 모습을 드러냈다. 환경 보호론자들은 앞다투어 이를 보고하며 이 지역에서의 석유탐사를 막기 위해 노력하고 있다.

산호 pp. 34-35

위치: 호주 퀸즐랜드주의 위스타리 리프

하늘에서 내려다본 위스타리 리프. 깨끗한 물속에 완전히 잠겨 있는 산호초와 모래톱이 마치 한 폭의 추상화처럼 보인다. 이곳은 호주 그레이트 배리어 리프의 남쪽 끝에 있는 산호초 지역으로, 보존 상태가 매우 훌륭해 1981년 유네스코 세계자연유산으로 등재되었다(2011년에는 호주 서부 지역의 닝갈루 리프(Ningaloo Reef)도 등재되었다). 그러나 그 이후 발생한 손상으로 현재 이 지역의 산호초는 그 명성이 흔들리고 있다. 1979년 이래로 산호초는 수차례의 대규모 백화 현상을 겪었는데, 특히 심각한 피해가 있었던 해는 1998년, 2002년, 2016년, 2017년이었다. 과학자들은, 만약 지구 온난화가 계속된다면 2050년경에는 해마다 백화 현상이 발생할 것으로 예측한다. 기후 변화와 환경 오염, 해양 침전물, 그리고 어업 및 관광 산업으로 인한 성장 방해에 이르기까지, 산호에게 위협이 되는 요인은 다양하다. 위협 요인들이 사라진다면 성장 속도가 빠른 산호는 10~15년, 느린 산호의 경우에도 시간이 좀 더 지나면 그 동안의 손상에서 회복될 수 있겠지만, 인간은 산호에게 그런 기회를 주지 않는다.

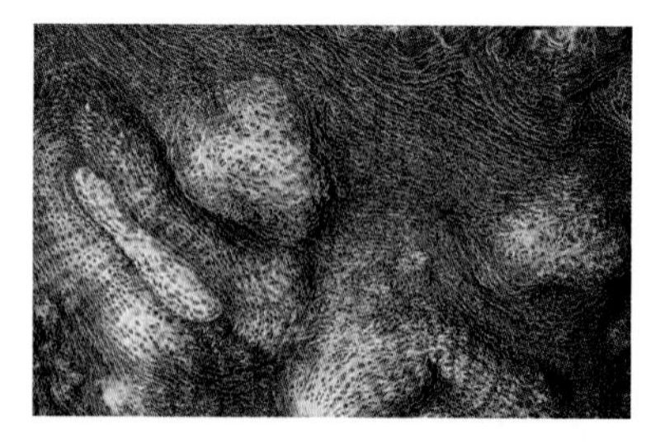

성배산호 pp. 36-37

학명: *Echinophyllia aspera*
분포 지역: 인도양 및 태평양
멸종 위기 등급: 관심대상종

이 사진은 살아있는 폴립을 근접 촬영한 것이다. 하나의 폴립이 단단한 물체의 표면에 붙은 뒤 돌기가 생기고 증식하면 마침내 산호 군체가 형성된다. 폴립은 탄산칼슘 성분의 분비물을 배출하는데, 이 석회질 분비물은 폴립이 수십, 수백, 수천 년에 이르는 긴 시간 동안 여러 세대를 거치며 생성과 소멸을 반복하는 사이 산호초의 골격을 형성한다. 어떤 종(연산호)은 골격을 이루지는 않지만 작고 뾰족한 가시를 포함하고 있어 이를 통해 산호초를 형성하기도 한다. 산호의 세포 조직에 있는 조류가 빠져나가 발생하는 백화 현상의 원인은 기후 변화만이 아니다. 지구 온난화의 "사악한 쌍둥이(evil twin)"라고도 불리는 해양 산성화 역시 백화 현상의 원인으로 지목되는데, 이는 바닷물이 대기 중의 이산화탄소를 흡수하면 산호의 구조물을 녹이는 탄산을 생성하기 때문이다. 해양의 산성도는 산업혁명 이후 30% 이상 증가했으며, 이번 세기가 끝날 무렵에는 증가치가 150%에 달할 것으로 예상된다.

산호 p. 38

위치: 호주 퀸즈랜드의 헤론섬

빛단풍돌산호는 밤이 되면 폴립을 나뭇잎처럼 활짝 펼치고 미세한 폴립 끝에 있는 자포를 이용해 물속을 떠다니는 동물플랑크톤을 잡아먹는다. 반면 낮 동안에는 폴립 속에서 공생하는 조류(藻類)가 광합성을 통해 산호에게 영양분을 공급한다. 넓은 의미에서 볼 때, 산호 안에서 일어나는 사회적 삶은 "인트라넷"을 갖추고 있는 이상적인 공동체와 유사하다. 폴립은 지름이 1~2mm 정도에 불과할 정도로 크기가 작지만, 신경 네트워크를 공유하고 있어서 위협을 느끼면 산호의 골격이 있는 안쪽으로 한꺼번에 몸을 움츠리고 먹이를 잡기 위해 조심스럽게 다시 튀어나오는 등 집단으로 반응한다. 또한 폴립의 내부는 가느다란 관으로 연결되어 있어, 이를 통해 먹이와 공생조류를 공유하기도 한다. 사진은 포실로포라(우측 상단에 있는 통통한 손가락 모양의 풍성한 산호)와 아크로포라(좌측 하단 및 제일 위쪽에 있는 가지 모양의 산호) 등 다양한 종류의 산호를 보여준다.

산호 pp. 40 – 41

학명: *Acropora millepora (왼쪽); Lithophyllon undulatum (오른쪽)*
분포 지역: 대서양, 인도양, 태평양 (왼쪽); 인도양 및 태평양 (오른쪽)
멸종 위기 등급: 준위협종 (둘다)

캄캄한 밤, 한 지대에 모여 있는 산호들이 일제히 산란을 시작하면 한밤의 검은 바닷물이 순식간에 성(性)세포로 흐려진다(왼쪽 사진). 보름달이 뜬 후 며칠 뒤를 기점으로 발생하는 이 동시 발생적 사건을 통해 산호의 난자와 정자가 수정되는데, 이는 보통 일 년에 단 한 번 이틀 밤에 걸쳐 일어난다. 산호는 폴립에서 싹이 나듯 돌기가 자라나 증식할 수도 있지만, 대부분은 이렇게 유성생식을 통해 생성된 미세한 유생(幼生), 즉 플라눌라가 바닷속 물기둥을 떠다니다가 새로운 서식지에 머물게 되면서 증식한다. 이 사진은 런던 호니먼박물관 내 수족관에 전시된 것으로, 큐레이터인 제이미 크랙스는 수족관의 산호에 야생 환경을 제공한 후 이들의 산란 장면을 포착해 사진으로 담았다. 그의 목표는 사육 중인 산호의 번식을 가능하게 해 기후 변화를 연구하고, 그의 전문 지식을 공유해 산호초 복원에 기여하는 것이다. 인도-태평양의 얕고 깨끗한 물에서만 사는 *Lithophyllon*(오른쪽 사진)은 특히 바닷물의 오염과 침전물로 인해 위협을 받고 있다.

청개구리 p. 43

학명: *Agalychnis annae*
분포 지역: 코스타리카
멸종 위기 등급: 위기종

노란눈청개구리는 우기가 되면 수면 위쪽에 있는 식물의 잎에 알을 낳는 신열대구 개구리종에 속한다. 이들은 포접짝짓기(암수가 몸을 밀착한 후, 암컷이 알을 낳으면 수컷이 정액을 뿌려 수정시키는 방식 – 옮긴이)를 하는데, 이때 암컷은 수컷이 등 위에 올라있는 상태에서 물가로 이동해 방광에 물을 가득 채운다. 이는 알을 젤리로 코팅한 것처럼 감싸 촉촉하게 유지하기 위해서이다. 이제 암컷은 수면 위에서 3m가량 떨어져 있는 나뭇잎이나 나뭇가지로 올라가 여러 차례에 걸쳐 알을 낳는다(최대 160여 개). 큰 연못일수록 개구리알을 노리는 물고기나 다른 수생 포식자가 있을 수 있기 때문에, 알은 부화하기 전까지 약 일주일 동안 나뭇잎의 뒷면에 안전하게 붙어 있는다(파리의 유충이 나뭇잎에 붙어 있는 알을 먹을 수도 있지만 이것은 상대적으로 덜 위협적이다). 알에서 부화해 젤리 밖으로 나온 올챙이는 꿈틀대며 물 아래로 떨어지거나 빗방울에 씻겨 내려간다.

노란눈청개구리 pp. 44 – 45

학명: *Agalychnis annae*
분포 지역: 코스타리카
멸종 위기 등급: 위기종

과거 코스타리카의 커피 농장에서는 해마다 우기(5~11월)가 되면 농장의 그늘진 곳에서 암컷을 부르는 노란눈청개구리 수컷의 부드러운 울음소리가 들리곤 했다. 그러나 이제 더 이상 그 소리는 들리지 않는다. 원래 이들은 코스타리카 북중부의 코르딜레라스 산맥에 서식하던 고유종이었지만, 오늘날에는 커피 농장은 물론이고 다양한 생물종들의 서식지인 몬테베르데 운무림 보존지구에서도 거의 자취를 감추었다. 오늘날 이들이 남아있는 곳은 수도인 산 호세 주변의 미개발 지역뿐이다. 개체 수가 감소한 주된 원인으로는 항아리곰팡이병과, 애완동물용 판매를 위한 무분별한 포획을 들 수 있다. 그러나 이들에게 가장 큰 위협은 인간의 개발로 인해 (도시 녹지를 포함한) 서식지가 조각나고 사라지는 것이다. 노란눈청개구리는 변화한 환경에 적응해 살아남은 종이지만, 이들의 개체 수는 1990년대 이래로 50% 가까이 감소했다.

여우원숭이청개구리 pp. 46 – 47

학명: *Agalychnis lemur*
분포 지역: 코스타리카, 파나마, 콜롬비아
멸종 위기 등급: 위급종

중앙아메리카에 서식하는 여우원숭이청개구리의 툭 튀어나온 눈에는 이들이 야행성임을 표시하는 좁고 기다란 눈동자가 있다. 이들은 낮 동안에는 나뭇잎 사이에 바싹 붙어 있어서 눈에 잘 띄지 않지만, 밤이 되면 밝은 녹색 피부가 짙은 적갈색으로 변해 위장이 가능하다. 신열대구 양서류는 무리를 지어 생활하며 매우 다양한 방식으로 번식한다. 이들은 일반 개구리처럼 개방된 연못에 알을 낳기도 하고, 일단 육지에 알을 낳은 후 부화한 유충이 물로 이동하기도 한다. 어떤 종의 올챙이는 급류가 흐르는 시냇물 속에 숨어 지내기도 한다. 여우원숭이청개구리는 이 범위의 중간쯤에 위치한다. 즉, 암컷이 연못이나 웅덩이 쪽으로 뻗어 있는 나뭇잎 뒷면에 축축한 알을 낳으면, 일주일 정도 지난 후 알에서 부화한 올챙이가 물속으로 떨어져 내려 성장하는 것이다. 최근 몇 년 사이 항아리곰팡이병과 삼림 황폐화로 이들의 개체 수가 급감하면서, 코스타리카에 서식하는 여우원숭이청개구리는 두세 곳의 고지대를 제외하고는 거의 모습을 감추었다.

할리퀸두꺼비 p. 48

학명: *Atelopus spp.*
분포 지역: 코스타리카에서 볼리비아
멸종 위기 등급: 절멸종/정보부족종에서 취약종에 이르기까지 다양함

양서류를 연구하는 학자들의 마음에는 씁쓸함과 즐거움이 교차한다. 아메리카 대륙의 열대지방에는 놀라울 정도로 다양한 생물이 존재하지만, 과학자들이 계속해서 새로운 종을 발견하는 동안 어떤 종은 세상에 알려지지도 않은 채 이미 사라졌기 때문이다. *Atelopus*속에 속하는 할리퀸두꺼비는 중남미 열대우림의 숲을 흐르는 개울 기슭에 서식하며, 암컷은 흐르는 물속에 바로 알을 낳는다. 할리퀸두꺼비는 멸종될 가능성이 매우 큰 양서류이다. 오늘날 남아 있는 양서류는 거의 100종에 달하지만 이 중 3분의 2가 '위급종'으로 분류된다. 개체 수가 감소하는 주된 원인으로는 항아리곰팡이병과 서식지 파괴 외에도, 기후 변화로 인한 서식 환경 변화, 애완동물용 판매 및 의학적 연구를 위한 무분별한 포획 등을 들 수 있다. 새로 유입되는 외래종과의 경쟁(혹은 포식 관계) 역시 이들을 위협하는 요인이다.

동굴영원(올름) pp. 50 – 51

학명: *Proteus anguinus*
분포 지역: 중앙 유럽의 디나르 알프스 지역(슬로베니아, 이탈리아, 크로아티아, 보스니아, 헤르체고비나). 프랑스 피레네산맥 지역으로 도입되었다.
멸종 위기 등급: 취약종

바레딘 동굴은 크로아티아의 이스트리아 지역에 있는 수천 개의 카르스트 동굴 중 하나이다. 카르스트 동굴이란 긴 세월 동안 산성의 물이 석회암 암반을 통과해 천천히 흘러내리면서 암석이 침식되어 형성된 지하 공간을 말하는데, 그 내부는 종유석으로 둘러싸여 있다. 동굴이 관광 명소가 되면서 지하 호수에서 서식하는 동굴영원 역시 사람들의 관심을 끌고 있다. 동굴 안에는 동굴영원 외에도 게, 달팽이 및 다양한 곤충(모두 동굴영원의 먹이다)이 살고 있고, 호수의 위쪽에는 박쥐도 서식한다. 동굴 주변에서 도자기 조각 등 선사시대의 유물이 발견되면서 오래전 이곳에 살았던 인간의 흔적이 확인되었으나, 동굴 아래에 있는 호수가 발견된 것은 현지의 동굴 탐험가가 훨씬 더 깊은 곳까지 탐사를 시도한 1973년이었다. 바레딘 동굴은 1986년에 천연기념물로 지정되었고, 이후 9년이 지나서야 관광객에게 개방되었다.

동굴영원 p. 53

학명: *Proteus anguinus*
분포 지역: 중앙 유럽의 디나르 알프스 지역(슬로베니아, 이탈리아, 크로아티아, 보스니아, 헤르체고비나). 프랑스 피레네산맥 지역으로 도입되었다.
멸종 위기 등급: 취약종

액솔로틀과 마찬가지로, 동굴영원 역시 다 자란 후에도 어린 시절의 모습을 그대로 유지하는 유형성숙을 한다. 이들은 성체가 되면 폐가 발달하지만, 유충 단계에서처럼 밖으로 드러나 있는 깃털 모양의 아가미를 평생 유지한다. 머리는 평범해 보이지만, 피부의 아래쪽에 퇴화된 한 쌍의 눈이 감춰져 있어 약한 빛을 감지할 수 있고, 납작한 코 끝에는 작은 콧구멍이 2개 있어 물속의 화학물질을 포착해 먹이를 찾기에 유용하다. 또한 내이가 매우 발달해서 물속의 진동도 감지할 수 있으며, 지구 자기장을 포착하는 전기수용기 덕분에 캄캄한 동굴 속에서도 방향을 찾아 이동할 수 있다. 성체의 몸길이는 20~40cm 정도 되며, 7살이 되면 성적으로 활발해진다. 이들에 관해 작성된 초기 문헌에는 100살 정도 된 동굴영원에 대한 내용이 등장한다. 이 정도 나이는 과장되었을 가능성이 많지만, 문헌에 등장하는 이 녀석은 50살은 확실히 넘었고 아마도 70살 정도 된 것으로 보인다.

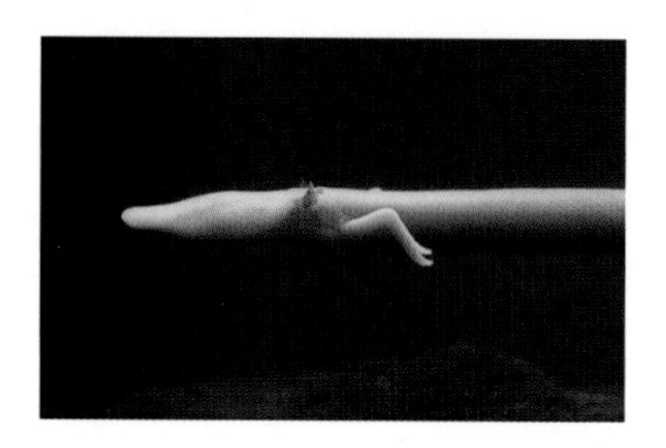

동굴영원 pp. 54 – 55

학명: *Proteus anguinus*
분포 지역: 중앙 유럽의 디나르 알프스 지역(슬로베니아, 이탈리아, 크로아티아, 보스니아, 헤르체고비나). 프랑스 피레네산맥 지역으로 도입되었다.
멸종 위기 등급: 취약종

동굴영원은 6~12℃ 사이의 깨끗하고 산소가 풍부한 물만 있으면 살 수 있다. 그러나 오래된 숲 지역이 기계식 농업 및 산업 지대로 변모되면서 농약, PCB, 수은, 납과 같은 독성 물질이 암반을 통과해 땅속으로 흘러 들어갔고, 고지대에서 내려오는 강물이 동굴로 스며들어 동굴이 오염물질에 노출되었다. 또한, 사람들은 애완동물용으로 혹은 호기심이나 과학 연구 때문에 이들의 (느린) 번식 속도보다 빠르게 동굴영원을 포획하고 있다. 동굴영원을 국보로 지정해 보호하고 있는 슬로베니아에는 이들이 서식하는 동굴 대부분이 보호구역 안에 존재한다. 크로아티아에서도 동굴영원을 법적으로 보호하고 있으나, 서식지가 너무 외진 곳에 있어서 현장 연구에 어려움이 있다. 비교적 최근인 1986년에는 슬로베니아의 동굴에서 흑갈색 피부와 좀 더 발달된 눈을 가진 희귀한 흑색 아종이 발견되었다.

액솔로틀 p. 57

학명: *Ambystoma mexicanum*
분포 지역: 소치밀코(멕시코 중부의 도시)
멸종 위기 등급: 위급종

액솔로틀은 점박이도롱뇽 속에 속한 32종 중의 하나로, 세계자연보전연맹에서는 이들을 멸종될 가능성이 큰 동물로 지정했다. 최근 조사에 따르면, 액솔로틀은 고향인 소치밀코 습지에서 단 한 마리도 발견되지 않았는데 사실상 야생에서 거의 멸종된 것으로 보인다. 세계 각지에서 액솔로틀을 애완용 혹은 연구용으로 기르고 있고 습지 복원작업도 이루어지고 있지만, 언젠가 이들이 야생으로 재도입될 것이라는 희망을 가지기에는 상황이 그다지 좋지 않다. 포획된 상태에서 각 세대가 번식할 때마다 야생에서 한 단계씩 멀어지고 있어 야생에 다시 적응하기가 어렵기 때문이다. 결국 재도입 성공 여부는 (찾을 수만 있다면) 야생에서 잡은 액솔로틀의 유전자를 이들에게 "주입"하는 데 달려있다. 액솔로틀 보호단체 중 하나인 움브랄 악소치아틀은, "현지 관광사업(현지인들에 의해 운영되는 관광사업)"의 홍보를 담당하고 있으며, 대학에서 자금을 지원받아 소치밀코에서 현장 사육 연구소를 운영한다.

왕점박이도롱뇽 pp. 58 – 59

학명: *Neurergus kaiseri*
분포 지역: 이란
멸종 위기 등급: 취약종

전자상거래를 통해 이란산 왕점박이도롱뇽이 거래되면서, 이들은 국제적인 보호를 받게 된 최초의 동물종이라는 불명예를 얻게 되었다. 애완동물용 판매를 목적으로 한 포획이 걷잡을 수 없이 확산되자 2010년, 허가 없이는 국가간 수출입 거래를 금지하는 CITES 부속서 I에 등재되었기 때문이다. 왕점박이도롱뇽은 이란 남서부의 건조한 자그로스 산맥에 사는 고유종이다. 이들은 계절에 따라 형성되는 고지대 하천에서 새끼를 낳지만, 짝짓기를 위한 구애 작업은 마른 땅에서 이루어지기 때문에 양쪽으로 오갈 수 있는 통로가 형성된 복잡한 지형에서 서식한다. 그러나 가뭄, 인간의 개발(관광 산업 또는 가축 방목), 외래종 도입 등으로 인해 이 연약한 생물 군계가 조각나거나 손상되고 있다.
한편 왕점박이도롱뇽의 개체 수가 예상했던 것보다 10배가량 더 많다는 새로운 연구 결과가 발표되면서, 2016년 이들은 양서류 중에서는 특이하게도 위급종에서 취약종으로 멸종 위기 등급이 조정되었다. 오늘날에도 CITES의 국제 거래 금지 조항이 유지되고 있으며, 애완용 판매를 목적으로 사육도 이루어진다.

마다가스카르 거북 (쟁기거북) pp. 60 – 61

학명: *Astrochelys yniphora*
분포 지역: 마다가스카르 북서부 발리베이국립공원
멸종 위기 등급: 위급종

쟁기거북 한 마리가 등에 부착된 무선 송신기로 자신의 위치를 알리며 느리게 움직이고 있다. 쟁기거북이라는 명칭은 복갑의 앞쪽에 길게 튀어나와 있는 인갑 때문에 붙여진 이름이다. 성숙한 수컷은 암컷에게 구애 작업을 할 때 인갑을 무기처럼 이용해 경쟁 상대를 홱 뒤집는데, 여기에서 승리한 수컷이 암컷을 차지한다. 쟁기거북은 현지에서 앙고노카(angonoka)라고 불리며, 가까운 친척 관계에 있는 방사거북을 포함해 마다가스카르에 서식하는 5종의 토종 거북 중 가장 덩치가 크다. 한때 이곳에는 등껍질의 길이가 1m가 넘는 거대 거북이 두 종 더 있었으나, 약 4000년 전 인간이 이 섬에 정착한 이후 멸종되었다. 당신이 이 책을 읽고 있을 즈음이면 앙고노카 역시 야생에서 사라졌을지도 모른다. 마다가스카르 북서부에 위치한 발리베이국립공원의 작은 관목 숲에 서식하는 쟁기거북을 밀수업자와 사냥꾼의 손길에서 구해내기 위한 조치는 너무나도 미흡하다.

쟁기거북 p. 63

학명: *Astrochelys yniphora*
분포 지역: 마다가스카르 북서부 발리베이국립공원
멸종 위기 등급: 위급종

쟁기거북은 살아있는 상태에서 상업적 목적의 국가 간 거래를 금지하는 CITES 부속서 I에 등재되어 있다. 그러나 성체 쟁기거북은 마다가스카르에서 나이로비 혹은 레위니옹을 거쳐, 주로 아시아 지역으로 이송되는 화물 집산지인 방콕의 암시장에서 수천만 원에 거래된다. 최근 몇 년 사이 몸을 움직이지 못하도록 묶은 거북을 여행용 가방 안에 가득 채운 후 비행기의 화물칸에 실어 운송하는 비윤리적인 대량 거래 행태가 급증했는데, 이들 중 다수는 도착도 하기 전에 스트레스로 죽는다. 일례로 2013년에는 54마리의 쟁기거북이 방콕 공항에서 적발되어 마다가스카르로 돌려 보내졌고, 2014년에는 코모로제도에서 방사거북 967마리와 쟁기거북 1마리가 발견되었다. 2015년에는 안타나나리보에서 771마리의 거북(대부분 방사거북)이 양말과 아기 기저귀 사이에 숨겨진 상태로 발견되었다. 2016년, 뭄바이에서도 146마리의 방사거북이 적발되었는데, 이들은 비닐 봉지에 싸여 있었다.

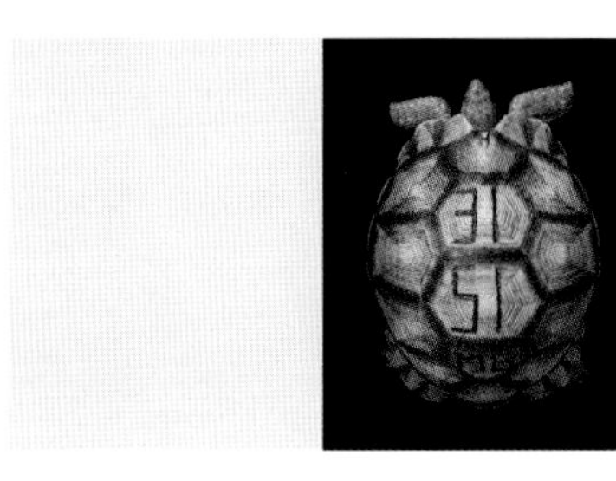

쟁기거북 p. 65

학명: *Astrochelys yniphora*
분포 지역: 마다가스카르 북서부 발리만
멸종 위기 등급: 위급종

듀렐야생동물보호단체는 쟁기거북을 보호하기 위해 노력하는 기구 중 하나다. 1986년, 이곳은 세계자연기금의 지원을 받아 마다가스카르의 암피호로아에 쟁기거북 포획사육센터를 설립했고, 20마리의 압수된 거북을 기르기 시작해 현재까지 600마리 이상의 쟁기거북을 사육했다. 그러나 밀수꾼들이 사육센터의 거북을 훔쳐가기 시작했고 이에 대한 유일한 해결책은 거북의 등껍질을 의도적으로 훼손하는 것이었다. 거북의 등껍질은 두꺼운 케라틴으로 되어 있어서 그 위에 글씨를 새겨도 거북에게는 고통을 주지 않는다. 하지만 껍질의 끝부분이 자라는 데 지장을 주지 않기 위해 등껍질의 윗부분에 개체 식별 번호가 새겨졌다. 듀렐야생동물보호단체의 리처드 루이스는, 이렇게까지 해야 하는 상황이 안타깝긴 하지만 "이 방법은 확실히 억제력이 있을 것"이라고 말한다. 싱가포르에서 미국에 이르기까지 세계 각지의 동물원에서도 쟁기거북의 등껍질에 글씨를 새기고 있다. 거북의 등에 새겨진 번호를 보고 있으면 신석기시대 중국에서 점을 칠 때 사용했던 거북의 등껍질에 새겨진 신비로운 무늬가 떠오른다. 지금은 분명 쟁기거북에게 마법의 힘이 필요한 시기이다.

쟁기거북 pp. 66-67

학명: *Astrochelys yniphora*
분포 지역: 마다가스카르 북서부 발리만
멸종 위기 등급: 위급종

중요한 문제에는 긴급대책이 필요하다. 2016년 9월, 듀렐야생동물보호단체와 야생동물보존협회, 거북보호협회, 거북생존연합 그리고 국제야생동물보호협회로 이루어진 환경단체 연합이 요하네스버그에서 개최된 제17차 CITES 의회에 탄원서를 제출했다. 이들의 메시지는 분명했다. 이들은 현시점을 "야생동물 비상사태"로 규정했고, 만약 마다가스카르 정부가 쟁기거북 불법 거래를 단속하지 않는다면 쟁기거북은 "향후 2년 안에 야생에서 멸종될 것"이라고 주장했다. 이들의 주장은 야생 서식지를 보호하기 위해서는 협력이 필요하다는, 포획 사육 프로그램의 핵심 사안을 강조한다. 돌아갈 곳이 없는 종을 애써 보호 사육해야 할 필요가 있겠는가? 듀렐야생동물보호단체의 앙고노카 프로젝트는 현지인들의 마음을 얻기 위해서도 최선을 다한다. 세계에서 가장 가난한 국가인 이곳에서 토종 야생동물을 보호한다는 것은 헌신적인 노력 없이는 불가능하다.

쟁기거북 pp. 68-69

학명: *Astrochelys yniphora*
분포 지역: 마다가스카르 북서부 발리베이국립공원
멸종 위기 등급: 위급종

거북은 약 2억 년 전 지구에 처음 등장한 이래 대멸종과 기후 변화를 겪고도 살아남았다. 그러나 인류세로 불리는 오늘날, 쟁기거북의 마지막 야생 서식지인 발리베이국립공원에는 100마리가 채 안 되는 성체 쟁기거북이 몇 개의 집단으로 나누어져 힘겹게 살아가고 있다. 공원에서는 개체 수가 점점 줄어들고 있는 거북을 보호하기 위해 건조한 관목 근처에 방화대를 설치했지만, 서식지의 총면적이 12km² 정도에 불과하기 때문에 근처 농가에서 화재가 발생한다면 이동 속도가 느린 거북에게는 치명적일 수 있다. 이 지역에 도입된 아프리카멧돼지가 거북의 알과 새끼를 먹어 치우는 것 역시 이들을 위협하는 요인이다. 그러나 공원 관리자들이 가장 경계를 강화해야 하는 것은 밀렵으로, 바로 이것이 정부의 적극적인 개입이 필요한 부분이다. 환경보전론자는 경찰이 아니기 때문이다.

흑백목도리여우원숭이 p. 71

학명: *Varecia variegata*
분포 지역: 마다가스카르
멸종 위기 등급: 위급종

자연의 연약함은 두 가지 색(흑백)으로만 이루어진 이 아름다운 여우원숭이에서도 잘 드러난다. 이들은 빠른 속도로 파괴되고 있는 마다가스카르의 열대우림에 서식하는 고유종으로, 출산을 위해 나무 위에 특별한 둥지를 만들고 그 안에서 2~6마리의 새끼를 낳아 기르는 소수의 영장류 중 하나다. 그러나 이들은 특정 종류의 꿀과 나무 열매만 먹기 때문에 숲의 나무가 베어 없어지면 가장 빠르게 사라질 여우원숭이이기도 하다. 오늘날 흑백목도리여우원숭이의 유일한 서식지는 섬의 동쪽 숲으로, 이들은 이곳에 있는 10여 개의 보호구역 내에 흩어져 산다. 야생으로의 재도입은 상당히 성공적인 편이다. 1997~2001년, 미국에서 길러진 13마리의 흑백목도리여우원숭이를 마다가스카르의 베탐포나 특별보존지구에 풀어놓은 결과 이 중 5마리가 살아남아 현지 야생 개체 무리에 섞였다. 듀렐야생동물보호단체에서는 1982년 이래로 이 종을 사육하고 있고, 아스피날재단에서도 멸종 위기에 처한 최후의 야생 개체들을 연구하고 이들의 서식지를 보호하기 위해 여러 이니셔티브를 지원하고 있다.

관시파카 p. 72

학명: *Propithecus coronatus*
분포 지역: 마다가스카르
멸종 위기 등급: 위기종

시파카는 마치 여행을 떠나는 듯 유쾌한 몸짓을 하며 움직인다. 부끄러운 듯 두 팔로 양 무릎을 감싸 안은 사진 속 시파카의 모습에서는 상상하기 힘들겠지만, 이들은 뛸 때마다 마치 균형을 잡으려는 듯 두 팔을 하늘 위로 뻗으며, 포고스틱(스카이콩콩)을 타는 것처럼 깡충거리며 옆으로 뛰어간다. 사진 속 동물은 영국에서 사육되고 있는 '유소'라는 이름의 관시파카다. 관시파카는 여우원숭이 중 덩치가 가장 큰 편에 속하며, 키가 큰 나무에 둥지를 틀고 그 안에서 새끼를 기른다. 이들은 서식지 변화에 매우 취약하다. 고향인 마다가스카르 중서부의 서식지가 대규모로 파괴되면서 오늘날 이들은 소규모의 조각난 숲에서만 살고 있는데, 숲의 대부분은 보호구역 밖에 존재한다. 다행히도 관시파카는 1km² 정도의 작은 공간만 있어도 살아갈 수 있기 때문에, 이들을 보존하기 위한 인공 번식 프로그램은 "소집단의 개체 수"를 유지함으로써 유전적 다양성을 보존하는 데 초점이 맞춰져 있다. 이러한 이니셔티브 중 하나인 "시파카 보전"은 마다가스카르의 영장류 학자들과 현재 '유소'가 살고 있는 영국의 코츠월드야생동물공원에서 공동으로 운영한다.

알락꼬리여우원숭이 (호랑이꼬리원숭이) p. 73

학명: *Lemur catta*
분포 지역: 마다가스카르
멸종 위기 등급: 위기종

알락꼬리여우원숭이는 강도가 쓰는 것처럼 생긴 가면과 풍성한 줄무늬 꼬리를 지니고 있어, 마다가스카르에 살고 있는 여우원숭이 중에서 가장 눈에 잘 띈다. 동물원에 있는 알락꼬리여우원숭이들이 일광욕을 하거나 소소한 다툼을 벌이는 모습이 사람들의 관심을 끌면서 이 동물이 처한 상황이 세상에 알려졌다. 1960년대 이래로 알락꼬리여우원숭이에 관한 연구가 강화되었으나, 이들의 개체 수는 급격하게 감소했다. 그럼에도 불구하고 가까이서 이들을 쉽게 볼 수 있는 이유는 사육이 성공적이기 때문이다. 오늘날 유럽의 동물원에는 야생에서보다 많은 수의 알락꼬리여우원숭이가 사육되고 있는 반면, 야생에서는 조각나 고립된 숲 속에서 작은 무리가 흩어져 살고 있을 뿐이다. 마다가스카르의 남동부에 있는 베렌티 보호구역에는 가장 큰 개체군에 속하는 300마리 정도의 무리가 서식한다. 암컷은 수컷에 비해 우월한 지위를 지니며, 꼬리를 이용해 상대편 쪽으로 냄새를 퍼지게 하는 "스팅크 싸움"을 통해 영역 내 세력권을 확보한다.

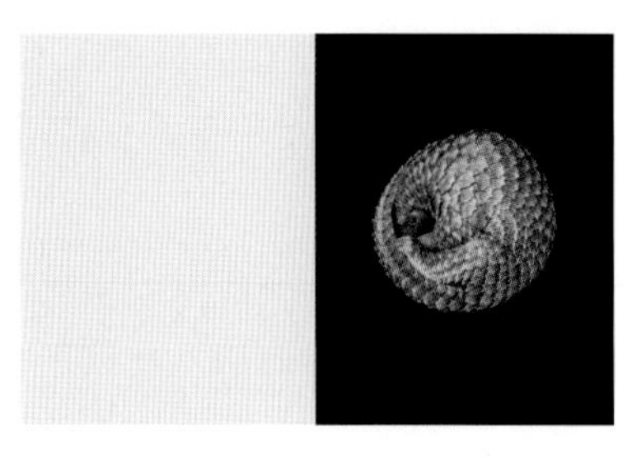

흰배천산갑/나무타기천산갑(학명은 나무타기천산갑임) p. 75

학명: *Phataginus tricuspis*
분포 지역: 적도 근처의 서아프리카, 중앙아프리카 및 동아프리카
멸종 위기 등급: 취약종

몸을 말고 있으면 동그란 아티초크처럼 보이는 천산갑의 모습은 낯설기 그지없다. 천산갑은 포유동물 중 유일하게 비늘이 있는데, 이들의 비늘은 커다란 고양잇과 동물로부터 자신을 보호할 수 있도록 갑옷처럼 진화한 것이다. 천산갑은 위협을 느끼면 뱀처럼 쉬익거리거나 꼬리를 방어용 무기로 이용하며, 여의치 않을 경우 몸을 둥글게 만다. 1960년에는 서아프리카에 서식하는 큰천산갑 한 마리가 표범을 목 졸라 죽인 후 목을 끌고 가는 모습이 사냥꾼에게 목격된 바 있다. 천산갑은 길고 날카로운 발톱을 이용해 굴을 파거나 나무를 기어오르고, 꼬리로 나무를 휘감아 올라갈 수 있다. 또한 발톱을 이용해 배설물 덩어리를 휙 젖히고, 썩은 나무를 뜯어내며, 먹이를 찾기 위해 개미집을 초토화하기도 한다. 머리와 몸의 길이를 합친 것보다 긴 근육질 혀는 끈끈하고 채찍처럼 가늘어서 먹이를 핥아먹기에 알맞다. 성체 한 마리가 매년 7000만 마리의 곤충을 잡아먹는다는 사실에서도 알 수 있듯이 이들은 생태계에서 중요한 역할을 담당하고 있다.

흰배천산갑 pp. 76-77

학명: *Phataginus tricuspis*
분포 지역: 적도 근처의 서아프리카, 중앙아프리카 및 동아프리카
멸종 위기 등급: 취약종

슬프게도, 천산갑의 용도는 셀 수 없이 많다. 예를 들어 부간다에서는 연인의 집 문 아래에 천산갑 비늘을 묻어놓으면 상대의 말을 잘 듣는다는 미신이 전해진다. 중국과 베트남에서 훨씬 더 수요가 많긴 하지만 아프리카에서도 천산갑 고기를 식용으로 이용하며, 전 세계에 있는 아시아인 지역사회에서는 천산갑 비늘을 분쇄해 만든 가루가 천식이나 코피는 물론 암도 치료하는 만병통치약으로 판매된다. 천산갑 가죽은 핸드백을 만드는 데 이용되고, 고기는 별미로 여겨진다. 2008년 베트남 세관에서 일주일 동안 냉동 천산갑 고기 23톤을 압수한 데 이어, 2013년 4월에는 필리핀 해안 경비대가 중국 화물선에서 천산갑 고기 10톤을 발견했다. 2014년 5~6월에는 홍콩 당국이 천산갑 1만 3000마리에 해당하는 양의 비늘을 압수하기도 했다. 그러나 적발되는 양은 연간 불법 거래량의 4분의 1 정도에 불과하다.

흰배천산갑 p. 79

학명: *Phataginus tricuspis*
분포 지역: 적도 근처의 서아프리카, 중앙아프리카 및 동아프리카
멸종 위기 등급: 취약종

마침내 천산갑의 위태로운 상황이 법안에 반영되고 있다. 2000년, CITES는 야생에서 포획된 아시아산 천산갑의 수출을 전면 금지하였고, 2014년에는 IUCN의 천산갑 전문가 그룹에서 "천산갑 보전 확장"이라는 글로벌 프로젝트에 착수했다. 또한 같은 해 IUCN에서는 천산갑의 멸종 위기 등급을 조정해 귀천산갑과 말레이천산갑은 위급종, 팔라완천산갑과 인도천산갑은 위기종, 그리고 그 외 4종의 아프리카 천산갑은 취약종으로 각각 격상시켰다. 천산갑 전문가 그룹의 공동의장인 조나단 베일리는 "중국과 베트남에서 불법 거래가 성행하면서 8종의 천산갑 모두 멸종 위기에 처해 있습니다. 21세기를 살아가는 우리는 멸종 위기에 있는 동물을 먹지 말아야 합니다"라고 주장한다. 2016년, 모든 천산갑 종은 상업적 목적의 국제 거래를 금지하는 CITES 부속서 I에 등재되었다. 이러한 조치가 천산갑 불법 거래에 어떤 영향을 미칠지는 아직 알 수 없다. 하지만 천산갑 전문가 그룹에서 많은 자금을 투입해 이들에 대한 국제적 인식을 고양하려는 노력 덕분에, 아직은 희망이 있다.

흰배천산갑 pp. 80-81

학명: *Phataginus tricuspis*
분포 지역: 적도 근처의 서아프리카, 중앙아프리카 및 동아프리카
멸종 위기 등급: 취약종

오늘날 아시아 천산갑의 개체 수가 크게 감소하면서, 밀렵꾼들은 아프리카에 서식하는 4종의 천산갑으로 시선을 돌리고 있다. 사진은 천산갑 보전기구의 플로리다 본부에 있는 흰배천산갑이다. 비정부기구인 천산갑 보전기구는 현재 서아프리카 토고에 서식하는 천산갑을 보전하는 데 주력하고 있다. 2015년 8월, 플로리다의 암컷 천산갑 한 마리가 출산에 성공했다. 이것은 천산갑 사육이 본격적으로 시작되기 전에 단 한 번 있었던 기념비적인 사건이었다. 한편 아프리카에서는 아프리카천산갑워킹그룹이 천산갑의 진화 역사와 과거 분포상황, 현재 이들에게 영향을 주는 기생충에서 천산갑으로 만든 상품의 전통적인 용도에 이르기까지, 4종의 아프리카 천산갑에 대한 모든 것을 전방위적으로 연구하고 있다. 해마다 2월에는 '세계 천산갑의 날'이 지정되어 있다. 이 매력적이고 사랑스러운 동물에 대한 정보가 많이 알려질수록 이들이 살아남을 가능성도 커질 것이다.

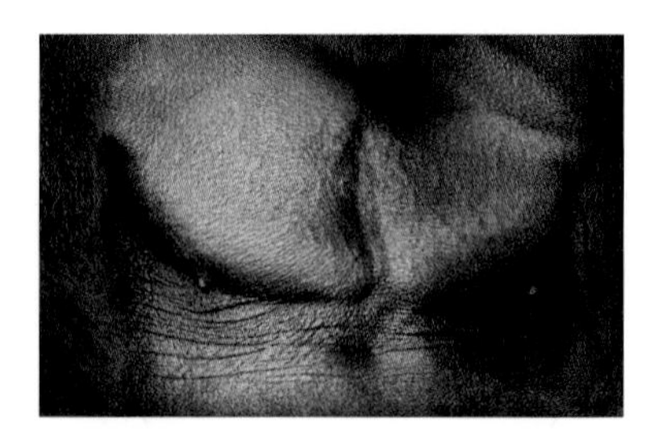

서부로랜드고릴라 pp. 82-83

학명: *Gorilla gorilla gorilla*
분포 지역: 앙골라, 카메룬, 중앙아프리카공화국, 콩고, 적도 기니, 가봉
멸종 위기 등급: 위급종

1998년, 멸종 위기에 처한 동물들을 야생으로 되돌려 보내는 아스피날재단의 프로젝트가 시작된 이래 가봉의 바테케국립공원으로 재도입된 고릴라의 수는 30마리가 넘는다. '잘라' 역시 그중 한 마리다. 오늘날 2000km²에 달하는 바테케국립공원에는 총 4개의 고릴라 집단이 서식하는데, 이들은 부모를 잃은 채 구출된 가봉의 새끼 고릴라와 영국에서 사육된 고릴라로 이루어져 있다. 이 중 인간의 보살핌을 받으며 길러진 영국의 고릴라들은 야생으로 보내지기 전 공원 내 제한된 구역에서 몇 년 동안의 "적응 기간"을 갖는다. 아스피날재단은 고릴라를 깃대종 또는 "우산종"으로 활용해 전체 생태계 보호에 중추적 역할을 담당하고 있으며, 멸종 위기에 처한 다른 야생동물들도 바테케국립공원으로 재도입하려는 계획을 가지고 있다. 아스피날재단은 연구 활동을 통해서도 가봉에 큰 기여를 한다. 일례로 이곳에서는 기생충이나 질병 매개체(말라리아 모기 등)가 생태계 전반에 끼치는 영향을 연구하기 위한 과학자들의 방문을 장려한다.

위기의 고릴라 p. 85

학명: *Gorilla gorilla gorilla*
분포 지역: 앙골라, 카메룬, 중앙아프리카공화국, 콩고, 적도 기니, 가봉
멸종 위기 등급: 위급종

현재 야생에는 약 25만 마리의 서부로랜드고릴라가 살고 있는 것으로 추정된다. 하지만 이 종은 향후 3세대가 지나면 (2005년을 기준으로 2071년경) 그 수가 80%가량 감소할 것으로 예상되면서, 위급종으로 분류되었다. 에볼라와 같은 질병도 고릴라 집단에 심각한 재앙을 초래할 수 있지만, 이들의 생존을 위협하는 두 가지 주된 요인은 서식지 감소, 그리고 식용 고기를 노린 불법 사냥이다. 잘라 역시 밀렵꾼들이 부모를 죽이고 (짐작건대) 잡아먹어 버리면서 고아가 되었다. 고릴라 고기에 대한 현지인들의 수요가 높은 데다가, 나무를 베어낸 자리에 도로가 생겨나면서 밀렵꾼들은 고릴라 서식지에 더욱 쉽게 접근할 수 있게 되었다. 가봉은 콩고민주공화국과 국경을 접하고 있는 바테케국립공원을 "개발제한구역"으로 지정하고자 했으나, 콩고 쪽에서 무분별한 벌목이 행해지면서 중단되고 말았다. 가봉 당국은 아스피날재단으로부터 지원받은 자금으로 공원 내 밀렵 방지팀을 운영하며 지속적인 감시 체계를 유지하고 있다.

서부로랜드고릴라 pp. 86 - 87

학명: *Gorilla gorilla gorilla*
분포 지역: 앙골라, 카메룬, 중앙아프리카공화국, 콩고, 적도 기니, 가봉
멸종 위기 등급: 위급종

잘라는 종의 유전적 다양성을 유지하기 위해 한동안 다른 무리로 옮겨진 적도 있었지만, 현재는 아들 '종고'(사진의 뒤쪽에 있는 고릴라), 딸 '맘베'와 함께 살고 있다. 현재 11살인 종고는 독립할 때가 되었고 잘라 역시 중년에 접어들고 있기 때문에, 이제 종고는 잘라가 그를 위해 마련해 둔 단계를 밟으며 실버백(등에 은백색 털이 있는 다 큰 수컷 고릴라로 무리의 리더 역할을 한다), 혹은 알파메일의 역할을 수행하게 될 것이다. 실버백은 무리 내 수컷 고릴라가 성적으로 성숙해지면 이들을 무리 밖으로 내보내는데, 독립한 "블랙백(아직 등의 털색이 검은 젊은 수컷)"은 다른 무리의 암컷과 결혼해 새로운 무리를 형성한다. 고무적이게도 잘라의 무리가 바테케국립공원의 다른 고릴라 무리와 친밀하고 평화적인 관계를 유지하는 모습이 확인되었다. 이는 포획 사육된 고릴라들이 서로 어울려 살아가는 중요한 사회적 기술을 습득했음을 보여준다.

서부로랜드고릴라 pp. 88 - 89

학명: *Gorilla gorilla gorilla*
분포 지역: 앙골라, 카메룬, 중앙아프리카공화국, 콩고, 적도 기니, 가봉
멸종 위기 등급: 위급종

아스피날재단의 생물학자인 알렉산드로 아랄디는 바테케국립공원에 있는 고릴라들과 많은 시간을 함께 보낸다. 그는 "고릴라와 의사소통이 가능하다는 사실은 정말 놀랍습니다. 우리는 동물의 행동을 인간의 시선으로 '읽지' 말라고 배워 왔지만, 고릴라의 행동에는 분명히 감정이 들어있어요. 이들은 저마다 강한 개성을 가지고 있습니다"라고 말한다. 어린 고릴라는 어떤 식물은 먹어도 되고 어떤 것은 피해야 하는지 등을 포함해 형제자매나 부모로부터 살아가는 방법을 배워 나간다(수컷 고릴라도 암컷만큼이나 애정을 표현할 줄 안다. 일례로 실버백은 어미가 죽으면 죽은 어미를 부드럽게 어루만진다). 고릴라가 인간과 어울리는 것을 즐기는지에 관해서는 어떨까? 수컷 고릴라들은 마치 자신의 서열을 상기시키려는 듯 알렉산드로 앞을 으스대며 서성거리지만 사실 이것은 대부분 과시에 지나지 않는다. 어쨌거나 결정을 내리는 것은 암컷이니까...

고릴라의 배설물 pp. 90 - 91

학명: *Gorilla gorilla gorilla*
분포 지역: 앙골라, 카메룬, 중앙아프리카공화국, 콩고, 적도 기니, 가봉
멸종 위기 등급: 위급종

김이 모락모락 올라오는 고릴라의 배설물 더미를 파헤쳐 보면 귀중한 것을 발견할 수 있다. 서부로랜드고릴라는 배설을 통해 주식인 과일의 씨앗을 흩뿌림으로써 열대우림의 생태계에서 중요한 역할을 담당한다. 이는 햇빛이 충분히 들어 씨앗이 발아하기 좋은 환경을 제공하는 개방된 숲지붕 지역의 서식지 주변에서 특히 두드러진다. 놀랍게도 어떤 과일은 동물의 위장을 통과해야만 싹을 틔울 수 있다. 현지에 있는 수목 종의 약 60%가 동물에 의해 그 씨앗이 옮겨지며, 카메룬의 경우 이 수치는 82%에 달한다. 가봉의 한 토착 식물인 '콜라 리제'는 고릴라뿐만 아니라 침팬지의 먹이이기도 하지만, 싹을 틔우기 위해서는 고릴라에게 전적으로 의존하는 것으로 확인되었다. 이는 고릴라가 지역 생태계에 반드시 필요한 존재임을 의미한다. 안타깝게도 인간은 고릴라의 수가 줄어들고 나서야 이들의 생태학적 중요성을 인식하기 시작했다.

다눔계곡보호구역 pp. 92 - 93

위치: 보르네오섬 북동부의 사바주, 다눔계곡

새벽녘에 들리는 흰손긴팔원숭이들의 합창 소리는, 이 책의 저자인 팀이 말레이시아 사바주에 있는 다눔계곡보호구역에서 보낸 시간을 영원히 기억하게 만드는 추억거리다. 과거 이곳은 인간의 흔적이 거의 없는 특별한 숲이었지만, 오늘날에는 전 세계 과학자들을 매료시키는 완벽한 현장이자 광활한 보존지역으로 보호받고 있다. 1855년, 영국의 자연주의자 앨프리드 러셀 월리스가 생물종의 변이 가능성에 관한 논문을 쓴 곳도 바로 이곳 보르네오였다(월리스의 논문은 찰스 다윈의 역사적 연구에 원동력이 되었다). 보르네오는 다양한 디프테로카프 속 나무(씨앗에 2개의 날개가 달린)가 존재하는 곳으로, 이곳에는 열대우림의 숲지붕부터 80~90m 높이의 거목에 이르기까지 총 150종이 넘는 고유 수종이 자란다. 또한 보르네오의 저지대 열대우림은 구름무늬표범과 오랑우탄을 포함해 아시아에서 가장 희귀한 포유동물들의 서식지이기도 하다.

맨드릴 p. 95

학명: *Mandrillus sphinx*
분포 지역: 카메룬, 콩고, 적도 기니, 가봉
멸종 위기 등급: 취약종

다 큰 수컷 맨드릴의 화려한 외모를 보면 숲속에서 이들을 찾는 것은 어려운 일이 아니라 생각될 것이다. 그러나 거대한 집단을 이루어 살아가는 이 커다란 원숭이들은 적도 부근 아프리카의 열대우림에서 영원히 사라질지도 모르는 운명에 처해 있다. 맨드릴에 관한 연구가 가장 활발하게 이루어지는 곳은 가봉의 로페보호구역이다. 이곳에서는 뉴욕에 본부를 둔 야생동물보전협회가 환경보전활동을 주도하고 있는데, 이들은 맨드릴에 임시 무선 추적장치를 부착해 돌과 나뭇잎을 세심하게 뒤집어 가며 먹이를 찾아다니는 맨드릴을 연구한다. 또한 현지인들에게 생태가이드 교육을 제공해 지역사회에 외화 수입을 가져다주는 생태관광사업을 지원하고, 정부에서 운영하는 밀렵반대단체를 돕기도 한다. 광물 자원이 풍부한 가봉에 고대로부터 이어져 온 숲을 관통하는 철도가 건설되자, 목재와 광물뿐만 아니라 식용 맨드릴 고기도 운반되고 있다. 지역 사회에서 맨드릴을 세심하게 보호할수록 밀렵꾼에게 희생되는 수도 줄어들 것이다.

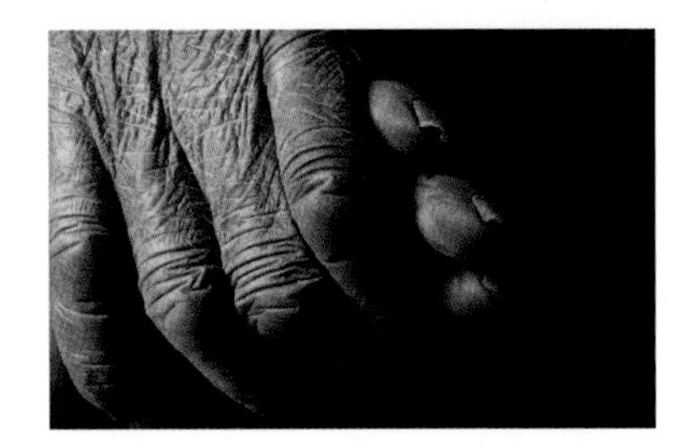

침팬지 pp. 96-97

학명: *Pan troglodytes*
분포 지역: 중앙아프리카 및 동부, 서부 아프리카의 밀림 지역
멸종 위기 등급: 위기종

인간과 98%의 유전자를 공유하는 침팬지는 영리하고 호기심이 강할 뿐 아니라, 슬픔이나 사랑의 감정을 느낄 수 있고 공감도 가능하다. 이들은 입맞춤을 하거나 손을 잡는 등 인간에게 익숙한 몸짓을 사용하기도 한다. 침팬지의 행동에 관해서는 1960년 탄자니아의 곰베에 첫발을 디딘 후 침팬지 연구와 보호에 일생을 바친 영국의 영장류 학자 제인 구달보다 해박한 사람은 없다. 구달은 침팬지의 도구 사용을 포함해 몇 가지 놀라운 사실을 발견했고, 이를 통해 침팬지에 대한 전 세계의 관심을 이끌어 냈다. 또한 그녀는 보다 근본적이고 새로운 방법으로 침팬지를 보전하자고 주장했다. 침팬지는 인간이 가장 우월한 존재라는 인간 중심적인 믿음에 도전한다. 즉, 인간은 전혀 특별하지 않고, 다른 동물들과 마찬가지로 숲이 있어야 생존할 수 있으므로, 인간에게는 모두가 살아갈 수 있도록 숲을 지켜야 할 의무가 있다는 것이다. 1977년 설립된 제인 구달 연구소는 부모를 잃은 새끼 침팬지들을 보살피고, 양봉이나 소규모 산림관리 등을 통해 지역사회의 생계를 지원함으로써 이들의 경제적 자립을 도우며, 소녀들의 교육도 지원하고 있다.

침팬지 p. 99

학명: *Pan troglodytes*
분포 지역: 중앙아프리카 및 동부, 서부 아프리카의 밀림 지역
멸종 위기 등급: 위기종

'루마'와 '발리'는 미국 사우스캐롤라이나주의 머틀비치사파리공원에 사는 침팬지 모자다. 그러나 이들이 원래 있어야 할 곳은 아프리카 중서부에 남아있는 마지막 열대우림으로, 이곳에는 약 30만 마리의 침팬지가 서식하고 있다. 침팬지는 많은 면에서 인간과 비슷하다. 이들은 고기, 채소, 꿀, 새알 등 육식과 채식을 모두 하며, 약 한 달 간격의 배란 주기를 갖는다. 또한 한 배에 1~2마리의 새끼를 출산하고, 친밀한 관계에 있는 가족 구성원들이 새끼가 자립할 수 있을 때까지 함께 양육한다. 한 세기 전만 해도 이 지역에는 약 100만 마리의 침팬지가 살고 있었으나 오늘날 숲이 파괴되면서 이들은 힘든 시간을 보내고 있다. 나무를 베어낸 숲 주변에서는 침팬지 고기를 노린 사냥이 성행하고, 부모를 잃은 어린 새끼들은 애완동물로 팔려 나가 야생으로 돌아오지 못한다. 팜유 생산 및 (자동차나 휴대폰 산업 등에 쓰이는) 각종 광물 채굴로 인해 숲은 더욱 훼손되고 있지만, 침팬지 보호를 위한 국내법 및 국제법은 제대로 집행되지 못하는 실정이다. 침팬지를 더욱 효과적이고, 엄격하고, 신속하게 보호할 수 있는 장치가 절실하다.

보노보 pp. 100-101

학명: *Pan paniscus*
분포 지역: 콩고
멸종 위기 등급: 위기종

보노보들이 서로 입맞춤하는 것을 성적 행동의 일종으로 보는 인식이 확산되면서, 이들의 성적 상호작용은 다소 과장된 평판을 얻게 되었다. 보노보의 성적 행동이 흥미로운 이유는 이들이 성을 종족 번식 수단으로만 이용하는 것이 아니라 사회적 행동, 즉 긴장을 완화하고(특히 수유 기간 중) 개별적인 유대 관계를 맺으며 모계 중심 사회에서 집단의 위계질서를 형성하는 데도 이용하기 때문이다. 그러나 빈번한 성 행동이 다산을 의미하지는 않는다. 침팬지와 마찬가지로, 보노보 역시 번식 속도가 매우 느리며 이들과 유사한 위협 요인으로 고통받고 있다. 보노보는 전쟁과 평화 둘 다의 희생자이다. 1990~2000년 발생한 콩고 내전으로 보노보의 서식지인 저지대 열대우림이 더욱 황폐해졌을 뿐만 아니라, 내전이 종식되고 불안정한 평화가 찾아온 뒤에도 숲을 개간해 농경지로 이용하기 위해 새로운 형태의 개발이 이루어졌기 때문이다. 게다가 보노보 고기를 노린 밀렵도 증가했다.

다눔계곡보호구역 pp. 102-3

위치: 보르네오섬 사바주, 다눔계곡

숲의 안쪽에 있는 다눔계곡으로 들어가면 아치 모양의 둥근 지붕을 이루고 있는 디프테로카프 속 나무로 이뤄진 숲지붕이 나타난다. 비교적 개방된 공간인 이곳에는 지구상의 다른 어느 곳보다 많은 활공 동물이 살고 있다. 동남아시아에 있는 60여 종의 활공 뱀 중 절반 이상이 보르네오에 서식하는데, 이들은 늑골(갈비뼈)을 납작하게 펼치고서 공기를 가르며 움직인다. 이곳에는 커다란 발가락 사이에 돛처럼 생긴 물갈퀴를 지닌 개구리도 있고, 다리를 뻗을 때면 날개 모양의 물갈퀴를 펼치는 날도마뱀, 그리고 느슨한 에어쿠션처럼 보이는 피부를 가진 도마뱀도 서식한다. 또한 "날아다니는" 다람쥐도 있는데, 이들은 한 곳에 있는 먹이를 다 먹고 나면 먹이를 찾아 다음 장소로 유연하게 날아가 버리기 때문에 좀처럼 눈에 띄지 않는다. 날아다니는 여우원숭이 혹은 박쥐원숭이도 있지만, 사실 이들은 여우원숭이가 아니라 밤이 되면 박쥐와 비슷하게 보이는 독특한 녀석이다. 숲과 함께 진화해 온 이 동물들의 신체는 높은 나무에서도 안전하게 착륙할 수 있도록 특별하게 적응되었다.

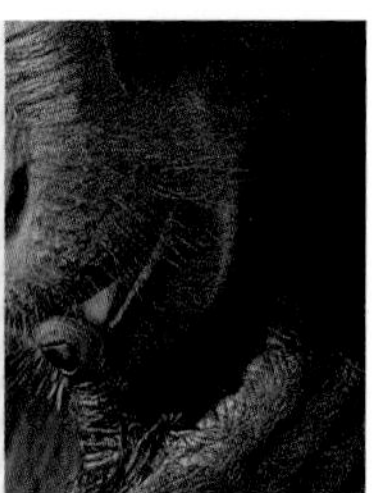

검정짧은꼬리원숭이 p. 105

학명: *Macaca nigra*
분포 지역: 술라웨시섬
멸종 위기 등급: 위급종

2011년, 후에 '나루토'라는 이름을 갖게 된 검정짧은꼬리원숭이 수컷 한 마리가 술라웨시섬을 여행하던 사진작가의 카메라를 빼앗아 셀카를 찍은 일이 있었다. 매력적이면서도 익살스러운 표정이 담긴 이 사진은 저작권 소송에 휘말리기도 했지만, 이를 통해 멸종 위기에 처한 이들 원숭이의 힘든 상황이 널리 알려지면서 전 세계에 경각심을 불러일으키는 계기가 되었다. 현지어로 '야키'라고 불리는 이 종은 술라웨시의 북쪽 끝에 있는 탕코코국립공원에 서식한다. 하지만 이들의 개체 수는 소리없이 감소하고 있다. 150년 전, 인도네시아 바칸의 작은 섬에 유입된 원숭이 개체군은 숲의 자연 자원이 고갈될 정도로 크게 번성했다(약 10만 마리). 그러나 술라웨시섬의 원숭이들은 벌목과 밀렵(원숭이 고기는 특별한 날에 대접하는 별미다)으로 인해 그 수가 줄어들고 있다. 원숭이를 애완용으로 기르는 경우도 있지만 이들은 야생성이 강해서 사슬에 묶어 두기만 할 뿐이다. 밀렵과 덫은 불법이다. 그러나 이를 위반하더라도 벌금형에 처하는 게 전부이기 때문에 법을 지키려는 의지가 거의 없다.

셀라마틴 야키 pp. 106-7

학명: *Macaca nigra*
분포 지역: 술라웨시섬
멸종 위기 등급: 위급종

위협에 처한 야키를 구하기 위해 전 세계에서 구조의 손길이 집중되고 있다. 술라웨시섬의 북쪽에는 가족을 잃었거나 다친 원숭이들을 구조해 다시 야생으로 돌려보내는 타시코키동물구조센터가 있고, 인근 마을인 마나도에서는 셀라마틴 야키("야키를 보전하자"라는 뜻)라는 이름의 비정부기구가 이 종의 보전과 교육, 연구에 힘을 쏟고 있다. 셀라마틴 야키는 학교와도 긴밀하게 연계되어 있어서 학생들은 불법 야키 사육자에 대한 정보를 적극적으로 제공한다. 또한 이 단체는 영국 데본에 있는 휘틀리야생생물보전신탁 및 페인튼동물원과도 협력관계를 맺어 보전 활동을 벌이고 있는데, 특히 페인튼동물원은 유럽 내에서 이 종의 인공 번식 프로그램을 운영 중이다. 그러나 이 모든 활동의 성공 여부는 인도네시아 정부의 의지에 달려있다. 술라웨시섬은 생물 다양성의 진원지로, 육지에 사는 포유류의 98%와 조류의 25%가 이곳의 고유종이다. 야키가 이곳 숲의 깃대종 역할을 할 수 있다면 그로 인한 효과는 실로 엄청날 것이다.

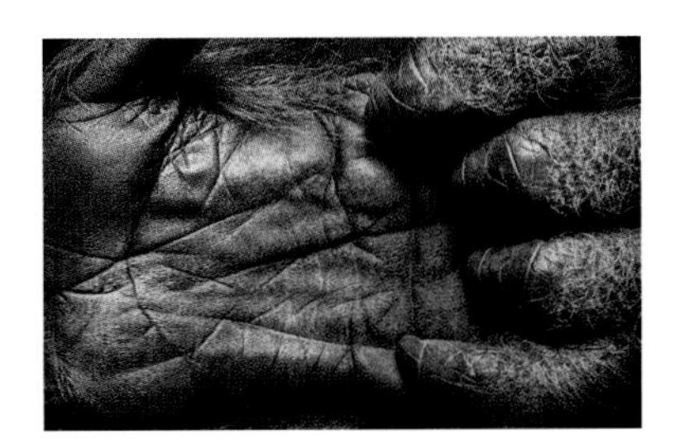

오랑우탄 pp. 108 – 9

학명: *Pongo abelii (수마트라오랑우탄), P. pygmacus (보르네오오랑우탄)*
분포 지역: 수마트라섬 및 보르네오섬
멸종 위기 등급: 위급종

30년이 넘도록 영국 콜체스터동물원에서 살고 있는 오랑우탄 '라장'은 야생으로 재도입하기에 적합하지 않다. 이는 라장이 지리적으로 떨어져 있는 두 섬에 서식하는 보르네오오랑우탄과 수마트라오랑우탄 사이에서 태어난 '교배종'이기 때문이다. 오랑우탄은 최대 2m에 달하는 엄청나게 강력한 팔을 지니고 있으며 일생의 많은 부분을 나무 위에서 보내는 대형유인원이다. 고릴라와 마찬가지로, 이들은 열대우림의 숲지붕에서 매일 밤 나뭇가지를 엮어 견고한 요람처럼 생긴 새 보금자리를 만든 후 거기서 잠을 잔다. 숲에는 300종 이상의 열매와 곤충, 꽃 등 풍부한 먹이가 있지만, 삼림 파괴와 화재, 밀렵, 학대 등 복합적인 위협이 존재하고 있어 보르네오종과 수마트라종 모두 10~20년 뒤면 야생에서 사라질 것으로 예상된다. 기후 변화 역시 오랑우탄을 위협하는 요인이다. 과학자들은 2080년경이면 4만 9000~8만 2000km²에 해당하는 오랑우탄의 서식지가 사라질 것으로 예측한다. 하지만 그때까지 이들이 존재할 수 있을까?

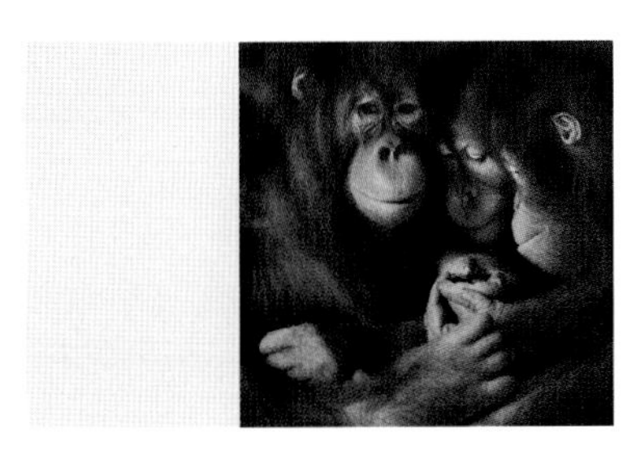

보르네오오랑우탄 pp. 110 – 11

학명: *Pongo pygmaeus*
분포 지역: 보르네오
멸종 위기 등급: 위급종

2008~2009년, 한 연구팀에서 인도네시아 보르네오의 칼리만탄 마을 주민 5000명을 대상으로 인터뷰를 진행했다. 그 결과 오랑우탄을 최소 한 마리 이상 죽인 경험이 있다고 답한 사람은 전체의 3%에 달했는데, 데이터 추출 범위를 넓혀 이 결괏값을 오랑우탄의 서식지 전체에 적용하자 총 6만 6500마리가 인간에게 희생된 것으로 계산되었다. 조사에 의하면 오랑우탄 살해 원인의 27%는 인간과의 충돌에서 비롯된 것이었다. 이는 공포감, 자기 방어, 농작물 보호 등이 살해 동기가 되었음을 의미한다. 나머지는 직접적인 충돌과는 관계없는 원인으로, 오랑우탄 고기를 얻기 위한 경우가 56%였다. 그러나 오랑우탄은 전 세계에서 번식 속도가 가장 느린 포유동물이기 때문에 이러한 수치는 손실을 보전할 수 있는 수준을 훨씬 넘어선다. 2011년, 인도네시아와 미국은 "보르네오의 심장 이니셔티브"에 300억 원의 기금을 집행하기로 합의했다. 이것은 보르네오섬 중심부의 열대우림을 복원하기 위한 것으로, 세계자연기금이 핵심적인 역할을 담당하는 프로젝트다. 그러나 오랑우탄이 살아남기 위해서는 숲의 복원뿐만 아니라 밀렵 단속도 병행되어야 한다.

코주부원숭이 pp. 112 – 13

학명: *Nasalis larvatus*
분포 지역: 보르네오
멸종 위기 등급: 위기종

수컷 코주부원숭이에게 코의 크기는 매우 중요하다. 수컷의 코는 암컷과 달리 아래로 길게 늘어져 있는데, 코가 클수록 공명이 잘 일어나 (암컷을 유혹하는) 콧소리를 크게 낼 수 있고 짝짓기의 기회도 많아지기 때문이다. 이들은 암수의 크기가 확연히 다르며, 수컷의 체중은 암컷의 두 배에 이른다. 코주부원숭이는 배가 불룩하게 나와 있고, 습한 저지대 숲이나 담수 습지, 보르네오의 맹그로브숲에 서식하며, 발에는 부분적으로 물갈퀴가 있어 강을 건널 수 있다. 어린잎과 익지 않은 과일이 이들의 주식이다(포획된 상태에서는 맞춰 주기 힘든 식성이다). 2001년에는 일본의 한 연구팀이 수컷 코주부원숭이가 위 속의 음식물을 다시 끌어 올려 되새김질하는 것을 발견했다. 이것은 코알라나 캥거루와 같은 반추동물에서 나타나는 특성으로, 영장류에서는 한 번도 발견되지 않은 것이었다. 코주부원숭이에게는 불행한 일이지만, 위장 분비물이 쌓여 생성되는 위석은 중국에서 민간요법 약재로 쓰이기 때문에 이들은 밀렵꾼의 표적이 되고 말았다. 식용 목적으로 코주부원숭이를 사냥하는 경우도 있지만 이들이 직면한 가장 심각한 위협은 서식지가 없어지는 것이다.

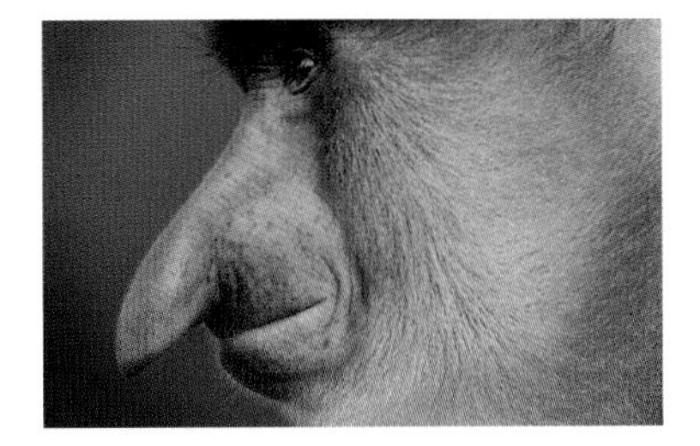

코주부원숭이 pp. 114 – 15

학명: *Nasalis larvatus*
분포 지역: 보르네오
멸종 위기 등급: 위기종

코주부원숭이는 넓은 영역에서 활동하는 것을 좋아하지만 이들의 서식지는 점점 조각나고 있다. 이들은 포획된 상태에서는 잘 지내지 못하기 때문에 코주부원숭이를 보존하는 것은 곧 숲을 살리는 것을 의미한다. 그러나 코주부원숭이(및 아시아코끼리)가 깃대종으로 여겨지며 관광객들의 인기를 끌고 있는 사바에서조차, 보호구역 내에서 서식하는 원숭이는 전체 원숭이 수의 15%에 불과하다. 보호구역이 아닌 숲 지역은 새우 양식장과 팜유 농장으로 전환되고 있다. 인근에 있는 칼리만탄 역시 상황은 심각하다. 1973년 이래로 보르네오 열대우림의 3분의 1이 사라졌는데, 대부분은 코주부원숭이가 선호하는 해안 주변의 숲이었다. 이는 상업적 개발 앞에서 "보호구역"이라는 개념은 방어 능력이 거의 없음을 드러낸다. 2011년, 노르웨이는 이 숲에 대한 보호자금 명목으로 인도네시아에 약 1조 원을 지원했다. 하지만 이것은 매우 부족한 금액일 뿐 아니라 시기적으로도 매우 늦었다. 현재 추세대로라면 보호구역을 제외한 보르네오의 저지대 열대우림은 2020년경이면 모두 사라질 것으로 보인다.

지의류 p. 117

잘 알려져 있지 않지만, 지의류는 경이로운 생명체다. 지구 곳곳에서 볼 수 있기 때문에 무심코 지나치기 쉽지만, 놀라울 정도로 강인한 이 유기체는 영양분을 재순환시키고, 토양을 생성하며, 질소를 고정하고 동물(곤충, 원숭이, 연체동물, 사향소, 순록 등)의 먹이가 되는 등 환경에 지대한 공헌을 한다. 이제까지 우리가 알지 못했던 지의류에 대한 사실이 하나씩 밝혀지고 있다. 1868년, 스위스의 식물학자인 사이먼 슈벤더너는 지의류가 녹조류(혹은 시아노박테리아)와 균류로 이루어진 공생체라는 사실을 발견했다. 녹조류는 광합성을 통해 영양분을 공급하고, 균류는 서식지와 수분 제공을 담당하는 것이다. 그러나 2016년, 몬태나대학교 연구팀에서 담자균효모의 형태를 띤 제3의 공생자를 발견했다. 담자균류는 지의류의 "표면"에 있는 얇은 막을 형성하는 단세포 균류인데, 감염을 예방하는 역할을 하는 것으로 보인다. 이 놀라운 발견으로 인해 지의류학에 일대 변혁이 일어나고 있다. 생물학 교과서도 다시 편찬되어야 할 것이다. 어쩌면 이 발견을 통해 이제까지 실험실에서 지의류를 "번식"시키는 것이 실패했던 이유를 밝혀낼 수 있을지도 모른다.

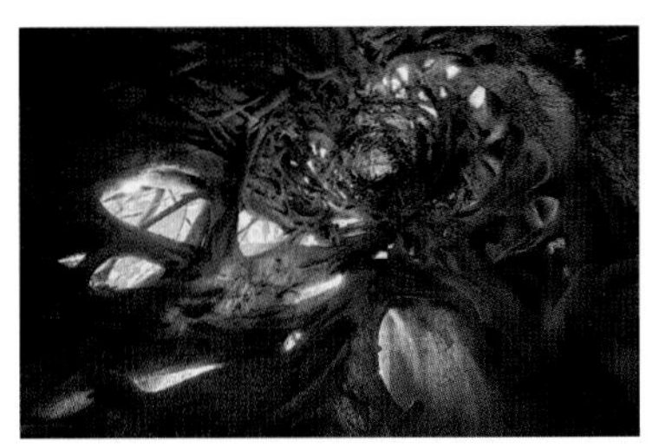

교살자 무화과(목조르는 무화과) pp. 118 – 19

학명: 사진의 무화과 종은 아직 확인되지 않았으나 *Ficus* 속의 일종으로 보인다.

교살자 무화과는 양면성을 가지고 있다. 이들은 햇빛을 향해 자라는 숙주 나무를 감고 올라가 나무를 질식시켜 죽게 하는 한편, 열매를 맺어 일 년 내내 돼지, 박쥐, 새, 영장류 등 많은 동물에게 먹이를 제공한다(사진은 보르네오의 디프테로카르숲에서 무화과를 먹는 오랑우탄의 모습). 교살자 무화과나무는 바람이나 새가 숙주 나무에 떨어뜨린 씨앗에서 그 생명을 시작한다. 씨앗이 떨어진 자리에서 생겨난 가느다란 뿌리는 흙이 있는 아래쪽으로 뻗어가고, 줄기는 숙주 나무를 휘감으며 자라는데, 그 결과 숙주 나무는 죽음의 손아귀에 갇혀 안쪽에 격자처럼 생긴 빈 공간만 남긴 채 질식해 죽는다(사진은 나무의 안쪽에서 촬영한 것이다). 모든 무화과나무 종은 자신만의 고유한 꽃가루 매개자(무화과말벌)를 가지고 있으며 이들을 통해 수분한다. 이는 세계에서 가장 독특한 공진화의 하나로, 꽃가루를 묻힌 성체 무화과말벌이 (입구에 있는 미세한 구멍을 통해) 무화과의 안으로 들어가 이곳에 알을 낳는 과정에서 의도치 않게 무화과의 수분이 이루어진다.

리빙스턴과일박쥐 p. 121

학명: *Pteropus livingstonii*
분포 지역: 코모로 제도
멸종 위기 등급: 위급종

대양의 섬에 서식하는 토착종들은 초기에는 지리적 고립 덕분에 안전이 보장된다. 마치 요새 안에 머물러 있으면 안전한 것처럼 말이다. 하지만 "집"이 한계점 이상으로 계속 줄어들면, 달릴 곳이 없어지고 심지어 날 수 있을 만한 공간마저 사라지게 된다. 박쥐 중에서 몸집이 큰 편에 속하는 리빙스턴과일박쥐(혹은 날여우박쥐)는 양 날개를 펼치면 그 길이가 1.2m가 넘는다. 이들은 아프리카 동부의 코모로 제도에 있는 앙주앙섬과 모엘리섬의 울창한 숲에서 서식하는데, 마을 주민들이 나무를 베어 땔감으로 쓰고 농작물을 재배하기 위해 관목을 없애면서 불과 20년 만에 숲의 75%가 사라졌다. 현지에 있는 환경단체들은 박쥐가 지닌 생태학적 중요성을 알리고 지속 가능한 방식으로 토지를 이용할 것을 장려한다. 한편 유럽에서는 1992년 듀렐야생동물보호단체에 의해 이 종의 포획 사육 프로그램이 시작되었으며, 이는 현재에도 진행 중이다. 현장 안팎에서 시행되는 프로젝트들이 결실을 맺는다면 섬에 사는 박쥐에게도 희망이 있다.

멕시코꼬리박쥐 pp. 122–23

학명: *Tadarida brasiliensis*
분포 지역: 아메리카 대륙 및 카리브해 섬
멸종 위기 등급: 관심 필요종

손바닥 안에도 들어갈 만큼 작은 멕시코꼬리박쥐는 꼬리의 끝부분에 피부막이 없어서 이같은 이름이 붙여졌다. 이들은 건물이나 폐광, 동굴에서 서식하는데, 간혹 그 수는 상상을 초월할 정도로 엄청나다. 텍사스에 있는 브랙큰 동굴의 경우 2000만~4000만 마리의 박쥐가 살고 있는 것으로 알려져 있다. 해질 무렵, 이들이 먹이를 찾아 동굴 밖으로 한꺼번에 날아갈 때면 박쥐 무리가 달빛을 완전히 가리기도 한다. 박쥐들은 새벽이 되기 전 다시 떼를 지어 동굴로 돌아온다. 이때는 동굴 입구의 위쪽에 커다랗게 무리를 지어 모여 있다가 천적(올빼미, 주머니쥐, 스컹크 등)이 이들을 낚아채기 전에 마치 돌덩어리가 떨어지듯 급강하하며 동굴 속으로 들어간다. 멕시코꼬리박쥐는 쉬파리, 멸구, 바구미를 비롯한 곤충을 1년에 수 톤가량 잡아먹지만, 광견병을 옮기는 경우도 있기 때문에 유해동물로 인식되는 경우가 많다. 오늘날 박쥐는 2006년 북아메리카에서 처음 보고된 이래 계속 확산되고 있는 흰곰팡이(박쥐괴질의 원인)의 위협에 노출되어 있다. 다행히 박쥐의 개체 수는 아직 안정적이지만, 집단으로 생활하는 박쥐의 습성상 언제까지 유지될지 우려된다.

얼룩무늬타마린 pp. 124–25

학명: *Saguinus bicolor*
분포 지역: 브라질 아마조나스주
멸종 위기 등급: 위기종

거대한 아마존의 중심에는 급격하게 성장하고 있는 인구 200만의 도시 마나우스가 있다. 마나우스의 외곽에 있는 숲 지역은 아마존의 모든 영장류 중 가장 위협에 처해 있는 얼룩무늬타마린의 마지막 거점이지만, 무질서한 도시 확장으로 숲이 북쪽으로 밀려 올라가고 조각나 사라지면서 이들은 로드킬로 희생되는 비참한 운명에 놓이고 말았다. 얼룩무늬타마린 프로젝트는 듀렐야생동물보호단체와 협력해 마나우스의 내륙지역에 있는 얼룩무늬타마린을 좀 더 안전한 곳으로 이주시키기 위한 구조 작업을 진행 중이다. 그러나 야생에 살고 있는 이 종의 미래가 보전되기 위해서는 듀렐야생동물보호단체를 비롯한 여러 보전 단체에서 이들을 포획 사육해 개체 수를 늘리는 작업이 필수적이다. 얼룩무늬타마린은 매우 예민하기 때문에 포획된 상태에서는 번식이 쉽지 않지만, 마침내 이들의 수가 증가하고 있다. 사진의 녀석은 팀과 그의 사진 장비에 올라타는 걸 즐겼다.

검은들창코원숭이 p. 127

학명: *Rhinopithecus bieti*
분포 지역: 중국 윈난 및 중국 남서부의 티벳
멸종 위기 등급: 위기종

위로 젖혀진 코와 두툼한 입술을 지닌 들창코원숭이의 외모는 극단적인 성형수술의 결과처럼 보일지 모른다. 검은들창코원숭이의 사진을 최초로 촬영한 사람은 1993년 중국 정부의 야생동물 문서화 작업에 참여했던 시 지능이었다. 그는 원숭이에게 매료되어 이후 10년 동안 이들의 모습을 사진으로 남겼고, 야생동물에 관한 영화 제작사인 와일드차이나필름을 설립했다. 2015년에는 산으로 돌아가 〈샹그릴라의 신비로운 원숭이들〉이라는 다큐멘터리를 제작하기도 했다. 중국 윈난 출신으로 자연 속에서 어린 시절을 보낸 시는, 단지 자신의 사진 작업을 위해서가 아니라 이 종이 처한 어려움을 알리고 이들을 보호하기 위해 누구보다 많은 노력을 기울였다. 일례로 2005년, 중국 정부가 보호림 벌목을 허가하자 그는 200마리에 달하는 원숭이들의 생존을 염려하며 정부에 항의 서한을 보내기도 했다. 결국 보호림은 벌목을 피할 수 있었고, 오히려 900km^2나 확장되었다.

검은들창코원숭이 pp. 128–29

학명: *Rhinopithecus bieti*
분포 지역: 중국 윈난 및 중국 남서부의 티벳
멸종 위기 등급: 위기종

검은들창코원숭이에게 먹이는 삶의 속도를 좌우하는 중요한 요인이다. 이들은 고립된 깊은 산속에서 깨끗한 지의류를 주식으로 살아간다. 하지만 지의류는 풍부하고 소화가 쉬운 반면, 자라는 속도가 느리고 영양가가 거의 없기 때문에 이들은 황폐화된 토지가 회복되는 동안 새로운 지의류가 있는 곳을 찾아 먼 거리를 이동해야 한다. 지의류가 많은 곳은 먹이에 대한 경쟁이 덜해서 수백 마리로 이루어진 대규모의 무리가 살아갈 수 있다. 무리는 한 마리의 수컷과 여러 마리의 암컷, 그리고 두 세대 이상의 새끼들로 이루어진 가족 단위로 형성되는데, 이들이 먹이를 찾아 산소가 희박하고 기온이 낮은 고산 지대를 끊임없이 이동하는 동안 나이가 많은 원숭이들은 새끼를 돌보는 역할을 담당한다.

황금들창코원숭이 pp. 130–31

학명: *Rhinopithecus roxellana*
분포 지역: 중국 간쑤, 후베이, 산시, 쓰촨성
멸종 위기 등급: 위기종

연중 6개월 동안 눈이 쌓여 있는 중국 중서부 지역의 산악림에는 솔잎과 지의류를 주식으로 하는 황금들창코원숭이가 살고 있다. 오래전부터 사람들은 황금들창코원숭이의 길고 부드러운 털을 몸에 두르면 류마티스질환에 걸리지 않는다는 믿음을 가지고 있었는데, 이는 황금들창코원숭이가 추위에 매우 강하기 때문으로 보인다. 오늘날 이들은 중국 정부에 의해 국보로 지정되어 완전한 법적 보호를 받고 있다. 황금들창코원숭이는 지리적으로 분리된 3개의 아종이 있으며, 과학자들은 이들의 과거, 현재, 미래에 대해 연구하고 있다. 이들이 분화되기 전에는 세 아종 중 어느 종이 이들의 조상이었을까? 지난 수백만 년 동안 환경 변화는 이들에게 어떤 영향을 끼쳤으며, 이번 세기에는 어떤 일이 일어날 것인가? 한 연구에 의하면, 이 종의 서식 지역은 다른 외부 요인이 없더라도 2020년까지 거의 30%가 감소할 것이며, 2050년에는 70%, 그리고 2080년에는 80% 이상 감소할 것으로 보고되었다.

황금들창코원숭이 pp. 132-33

학명: *Rhinopithecus roxellana*
분포 지역: 간쑤, 후베이, 산시, 쓰촨성 (중국)
멸종 위기 등급: 위기종

최근의 유전학 연구에 의하면, 이미 5세기 전 인간의 거주 지역 확산으로 황금들창코원숭이들이 압박을 받은 것으로 보인다. 비슷한 경우로 눈 깜짝할 사이에 사라져 버린 미얀마들창코원숭이가 있는데, 이들은 2010년 초반 까지만 해도 학계에 전혀 알려져 있지 않았으나 발견된 지 10년이 채 지나지 않은 현재 '위급종'으로 등재되었다. 역설적이게도, 미얀마 선선한 온대 우림의 외딴 지역에서 이들의 사체를 최초로 발견해 그 표본을 제공한 것은 사냥꾼이었다. 2012년에는, 검은 털과 흰 얼굴을 지니고 있고 비를 맞으면 재채기를 하는 습성이 있는 살아있는 들창코원숭이의 모습이 최초로 촬영되었다. 현지인들은 이들을 "뒤집힌 코를 지닌 원숭이"라는 뜻의 "메이 누아"라고 부른다. 미얀마의 국경과 맞닿아 있는 중국에서도 소규모의 들창코원숭이 무리가 발견되었는데, 이로 인해 국경을 공유하는 종을 보호하기 위해서는 양국이 밀접하게 협력해야 한다는 주장이 제기되었다. 현재 황금들창코원숭이의 총 개체 수는 300마리가 채 안되는 것으로 추정되지만 이들은 사냥, 벌목, 댐 건설 등으로 위협받고 있다.

레서판다(레드판다) pp. 134-35

학명: *Ailurus fulgens*
분포 지역: 부탄, 중국, 인도, 미얀마, 네팔
멸종 위기 등급: 위기종

생활 환경에 민감한 레서판다에게 서식지 감소는 심각한 위협이 된다. 이들은 적당한 기울기의 경사면이 있고 밀도가 적절한 혼합림의 숲지붕을 좋아하며, 강우량이 적정하고 수원(水源)에 근접하면서 쉴 수 있는 나무 그루터기와 통나무가 충분한 곳에서 서식한다. 레서판다는 나무늘보와 비슷할 정도로 신진대사 속도가 느리기 때문에 필요한 경우가 아니면 굳이 먼 곳까지 이동해 먹이를 찾지 않는다. 이 모든 요인은 사소한 변화도 레서판다의 생존에 큰 위협이 될 수 있음을 의미한다. 그러나 벌목과 화전 농업, 소작 농업, 도로 건설 등으로 이들의 주요 서식지가 파괴되었고, 단단했던 토양이 느슨해지면서 판다가 미끄러질 위험이 증가했다. 또한 농부들은 대나무, 특히 판다의 주된 먹이인 말링고 종을 베어내고 있다. 한편 이 지역에 인간이 이주하면서 함께 들여온 개로 인해 개홍역이라는 급성전염병이 유입되었는데, 이는 레서판다에게 치명적이다.

레서판다 p. 137

학명: *Ailurus fulgens*
분포 지역: 부탄, 중국, 인도, 미얀마, 네팔
멸종 위기 등급: 위기종

레서판다는 단추처럼 생긴 동그란 눈과 들창코, 그리고 파이어폭스라는 별명의 유래가 된 적갈색 털을 지닌 매력적인 동물이다. 이들은 수십 년 전만 해도 애완동물로 인기를 끌면서 무분별하게 사냥되었지만, 오늘날 (허가 없이는 수출을 금지하는) CITES 부속서 I에 등재되고 서식 국가의 국내법에 따라 보호를 받게 되면서 상황이 훨씬 나아졌다. 레서판다는 전 세계 80개 이상의 동물원에서 사육되는데, 이 중 다수에서는 국제 등록 장부에 사육 개체를 기록한다. 그럼에도 불구하고 현재 이들의 서식 지역에는 빈곤이 만연해 있어 우발적인 포획이 발생하고, 특히 태국과 중국에서는 애완동물로서의 인기가 우려스러울 정도로 상승하고 있다. 간혹 사슴을 노린 사냥꾼의 덫에 걸리는 경우도 있지만 대개는 고기나 가죽을 노리는 이들에 의해 사냥된다. 중국 일부 지역에서는 레서판다의 가죽으로 신혼부부를 위한 행운의 부적을 만들거나, 이들의 신체 일부를 민간요법의 약재로 사용하기도 한다.

레서판다 pp. 138-39

학명: *Ailurus fulgens*
분포 지역: 부탄, 중국, 인도, 미얀마, 네팔
멸종 위기 등급: 위기종

판다는 현지인들이 생계를 의존하고 있는 환경의 건강도를 알 수 있는 지표 역할을 한다. 레서판다를 살리면 다른 모든 것들도 살린다는 말이 있다. 네팔에서는 마을의 자치기구인 판차야트가 지역사회 산림사용자그룹의 네트워크를 활용해 레서판다를 모니터링한다. 또한 미국 평화봉사단 활동을 했던 브라이언 윌리엄스가 설립한 레드판다네트워크에서는, 현지 주민들을 숲 관리자로 지정하고 산림사용자그룹과의 협업을 통해 판다와 인간의 욕구를 조정할 수 있는 최상의 해법을 찾고자 노력한다. 레드판다네트워크에서는 인도와 네팔 사이의 보호지역을 이동할 수 있는 생태 통로를 조성하고자 네팔의 판치타르-일람-타플중을 연결하는 레서판다 보호 숲을 만들기 위한 기금을 모으고 있다. 이 생태 통로는 구름표범과 히말라야곰을 포함해 많은 토착종을 위한 안식처가 될 것이다.

대왕판다 pp. 140-41

학명: *Ailuropoda melanoleuca*
분포 지역: 중국 간쑤, 산시, 쓰촨성
멸종 위기 등급: 취약종

판다는 하루 최대 14시간 동안 대나무를 먹을 정도로 대나무에 대한 의존도가 높다. 대나무는 고지대의 운무림에서 관목숲을 형성하는데, 꽃을 피운 후 나무가 죽고 나면 다시 자라기까지 10~15년이 걸린다. 판다는 지방층을 유지해야 하고 겨울잠도 자지 않기 때문에 대나무가 많은 장소를 찾아다녀야 한다(간혹 생선이나 꽃을 먹는 경우도 있긴 하다). 그러나 오늘날 인간의 개발로 인해 숲이 조각나면서 판다의 먹이 수급과 짝짓기에 문제가 발생하고 있다. 1980년대, 야생에 서식하는 판다의 개체 수가 1200마리 정도로 급감한 가장 큰 원인은 서식지 감소였다. 2004~2014년에는 판다의 서식지가 12% 가까이 증가했고, 판다의 개체 수는 1860마리까지 회복되었다. 그러나 기후 변화로 인해 대나무 숲에 대한 위협 요인이 증가함에 따라, 끊임없이 먹이를 섭취해야 하는 판다는 아직 위기를 벗어나지 못했다.

대왕판다 pp. 142-43

학명: *Ailuropoda melanoleuca*
분포 지역: 중국 간쑤, 산시, 쓰촨성
멸종 위기 등급: 취약종

운무림은 서늘하고 습기가 많다. 하지만 거칠고 숱이 많으며 유분기가 있는 대왕판다의 털은 물기를 쉽게 털어낼 수 있을 뿐 아니라 몸을 따뜻하게 해 준다. 판다는 먹이에서 충분한 에너지를 얻지 못하지만, 움직임을 싫어하는 게으른 성격과 체온을 유지시켜 주는 털 덕분에 신체의 움직임을 최소화해 에너지를 보존할 수 있다(판다가 달리는 모습은 거의 볼 수 없는데, 흥미롭게도 판다의 골격은 다른 곰들에 비해 2배나 더 무겁다). 흰색과 검은색 털을 지닌 판다는 외관상 모두 비슷하게 보이기 때문에 사육사들은 포획된 판다의 코에 있는 작은 표시와 같은 세부적인 특징으로 각 개체를 구별한다. 다양한 표정으로 의사소통하는 다른 곰들과 달리 판다의 시선은 고정되어 있다. 따라서 이들은 몸의 자세나 머리 움직임, 또는 섬세하고 다양한 소리(신음 소리, 약한 중얼거림, 경적 소리, 끼룩거리거나 깽깽거리는 소리, 개 짖는 소리, 으르렁거리는 소리)들을 이용해 "이야기"한다.

대왕판다 pp. 144 – 45

학명: *Ailuropoda melanoleuca*
분포 지역: 중국 간쑤, 산시, 쓰촨성
멸종 위기 등급: 취약종

많은 전문가들이 판다의 멸종 위기 등급이 위기종에서 취약종으로 조정된 것에 대해 우려를 표하고 있다. 이는 단지 판다를 향한 대중의 관심이 줄어드는 것을 염려해서가 아니다. 중국 대왕판다보존연구센터의 장 허민 박사는, 야생에 사는 대왕 판다는 33개의 고립된 집단으로 나뉘어져 있는데 이 중 "하위 18개 집단은 개체 수가 10마리도 되지 않아 유전적으로 심각한 한계를 지니고 있어 붕괴될 위험이 높다"고 주장하며 야생 판다 개체의 유전적 생존 가능성에 대해 염려한다. 2008년 5월, 이 센터의 본부가 있는 쓰촨성에서 일어난 대지진으로 워룽 판다자연보호구역 내 판다연구센터의 연구원 5명이 희생되었다. 당시 지진으로 인해 연구소에서 사육되던 판다 2마리도 목숨을 잃었으며, 보호구역 내 대나무 숲에도 심각한 피해가 발생했다. 사실 자연재해로 판다의 개체 수가 감소하는 것은 언제든 일어날 수 있는 일이다. 하지만 오늘날처럼 멸종 위기를 눈앞에 둔 중대한 순간에는 모든 종류의 손실이 심각한 영향을 미칠 수 있다.

대왕판다 p. 146

학명: *Ailuropoda melanoleuca*
분포 지역: 중국 간쑤, 산시, 쓰촨성
멸종 위기 등급: 취약종

대왕판다는 중국어로 "따시옹마오", 즉 "큰 곰 고양이"라 불리는데, 이는 최근까지 과학계의 논쟁거리였던 "판다는 정확히 어디에 속하는가?"라는 질문을 초래한 모호한 명칭이다. 판다는 이전까지 너구리과에 속한 동물로 알려져 있었다. 하지만 오늘날 이들은 (비록 꽤 멀리 떨어져 있긴 하지만) 곰과로 분류되는데, 이는 판다가 육식성 조상을 두고 있음을 의미한다. 그러나 역설적으로 이들이 야생에서 섭취하는 먹이의 99%는 대나무다. 판다는 곰 치고는 특이하게 앞발에 여섯 번째 발가락인 "가짜 엄지"가 있어 이를 이용해 대나무 줄기를 꽉 움켜쥐고 먹는다. 2015년, 중국 과학자들은 판다의 소화 기관 안에 초식동물에게서 발견되는 미생물 대신 육식동물에게서 보이는 미생물의 존재를 확인했다. 이는 판다가 대나무에서 영양분을 흡수하기에 매우 비효율적인 육식 동물의 소화 기관을 가지고 있음을 의미한다. 이들의 식성이 초식으로 바뀐 것은 불과 200만 년 전으로 보인다.

대왕판다 pp. 148 – 49

학명: *Ailuropoda melanoleuca*
분포 지역: 중국 간쑤, 산시, 쓰촨성
멸종 위기 등급: 취약종

사진 속 판다는 미국 워싱턴의 스미스소니언 국립동물원에 있는 대왕판다다. 단일종을 보존하는 데 들어가는 재정적 부담에 대해 의문을 제기하는 목소리도 있긴 하지만, 중국은 판다를 구하기 위해 최선을 다했다. 중국의 판다 전문가들은 야생에서라면 한 마리는 살아남지 못했을 쌍둥이 판다를 모두 살릴 수 있는 기술을 개발했고, 이는 결국 판다의 유전적 다양성을 지속시키는 데 도움이 되었다. 중국 정부에서는 농부에게 보상금을 지급하고 땅을 확보한 후 농경지를 숲이나 상업적 수목 재배지로 변경해 새로운 판다 보호구역을 지정했고, 2008년 쓰촨성 대지진으로 피해를 입은 워룽자연보호구역에도 대나무숲을 다시 조성했다. 현재 전체 야생 판다의 70%가 약 1만 4000km²에 달하는 보호구역 내에서 살아간다. 미국에 본부를 둔 판다인터내셔널 역시 판다 보호를 위해 적극적인 지원 활동을 펼치고 있다. 1916년, 서양인들이 살아있는 판다를 최초로 목격한 이래로 정확히 한 세기가 지났다. 그동안 이들의 개체 수는 심각하게 줄어들었지만, 마침내 다시 증가하고 있다.

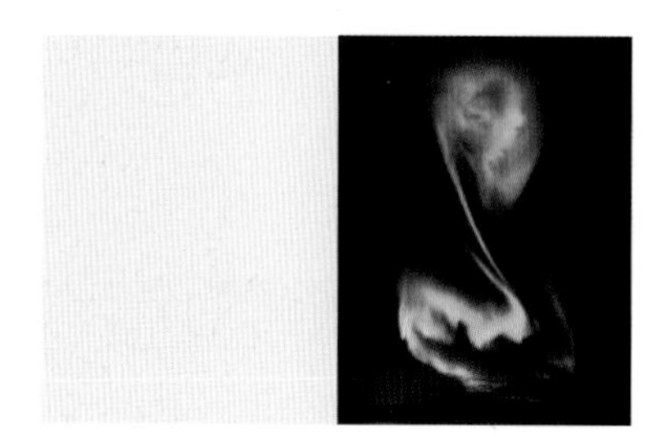

북극광(오로라) p. 151

위치: 와푸스크 국립공원, 캐나다

태양에서 방출된 플라스마 입자가 지구의 자기장을 뚫고 들어와 상층부의 대기와 충돌하면 경이로운 빛을 내며 너울거린다. 극광은 대개 북극권이나 남극권의 바로 안쪽인 극지방에 나타난다. 태양에서 방출되는 입자의 양은 대략 11년을 주기로 반복되는데, 흑점극대기 동안에는 태양의 흑점이 급증하면서 오로라가 나타나는 빈도가 잦아질 뿐만 아니라 중위도 지역에서도 관측이 가능하다. 가장 최근의 흑점극대기는 2001년과 2013년이었고, 다음 차례는 2022~2024년으로 예측된다. 하지만 그 주기가 항상 일정한 것은 아니다. 1645~1715년 사이에는 태양 흑점이 거의 없었는데, 몬더 미니멈(흑점극소기)이라고도 알려져 있는 이 기간은 1300~1850년까지 지속된 "소빙하기"의 정점에 해당하던 때였다. 태양 활동의 변화가 지구 온난화의 원인이 될 수도 있다는 합리적인 증거는 존재하지 않지만, 이는 지구가 자연의 변동에 맞춰 움직이며 때로는 그 주기가 길 수도 있음을 나타낸다.

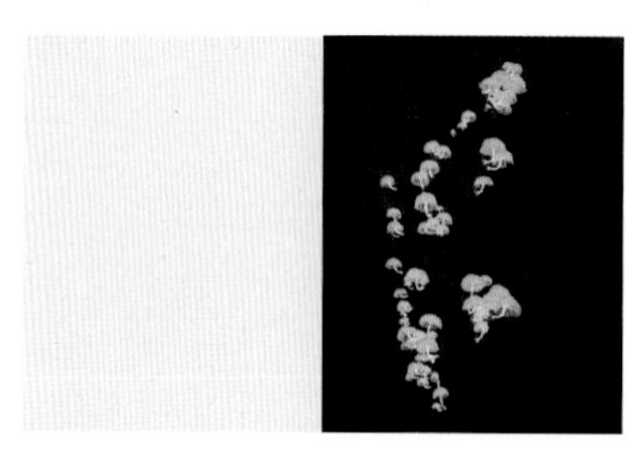

발광 버섯 p. 153

학명: *Mycena silvaelucens*
분포 지역: 보르네오
멸종 위기 등급: 미평가종

빛을 내는 균류는 매우 드물다. 지구상에 존재하는 13만 5000개의 학계에 보고된 종 중에서 생체 발광이 가능한 녀석은 100종에 불과하다. 사진작가의 입장에서도 이름조차 없는 새로운 종을 촬영하는 것은 흔치 않은 일이다. 2년 전, 이 책의 저자인 팀 플래치가 보르네오에서 이 버섯을 촬영한 이후, 샌프란시스코 주립대학교의 데니스 데자르딘과 캘리포니아 주립대학교 이스트 베이의 브라이언 페리는 이 종에 *Mycena silvaelucens*라는 이름을 붙였다. 다른 발광버섯들과 마찬가지로 이들 역시 지속적으로 일정한 빛을 내지만, 당연히 해가 지고 난 후에만 빛을 볼 수 있다. 밤이 되어 습도가 높아지면 포자가 방출되고 이 중 일부가 야행성 곤충 혹은 빛 주위로 모여든 절지동물 위에 내려앉는데, 바로 이 녀석들이 숲의 다른 지역에 포자를 옮겨 새로운 대량 서식지를 만드는 역할을 한다.

반딧불이 pp. 154 – 55

학명: *Family Lampyridae*
분포 지역: 전 세계의 열대 및 온대기후에 해당하는 위도 지역
멸종 위기 등급: 미평가종

반딧불이는 fireflies라는 영문명과는 달리 파리(flies)목이 아닌 딱정벌레목에 속한다. 이들은 배에 있는 효소의 산화작용을 조절해 깜박거리는 빛을 내는데, (종별로 고유한) 발광 패턴을 이용해 이성을 유혹하고, 고약한 맛을 지닌 반짝이는 화학물질을 분비해 잠재적 포식자에게 경고를 보낸다. 포투리스속에 속하는 암컷 반딧불이에게는 빛을 내는 이유가 한 가지 더 있다. 이는 다른 속(포티누스속)의 발광 패턴을 흉내내 수컷을 유인한 후 잡아먹기 위해서다. 사진은 일본 시코쿠섬의 마쓰야마에서 촬영한 것으로, 일본에서는 시원한 여름날 저녁이면 겐지보타루와 애반딧불이(가장 흔한 두 종)가 내는 아름다운 빛의 향연을 구경하는 오랜 전통이 있다. 죽은 전사의 영혼이 반딧불이의 빛이 되어 나타나는 것이라는 전설도 있다. 최근 살충제 사용이 증가해 이들의 먹이인 다슬기의 수가 감소하면서, 여름밤 빛의 향연도 점차 줄어들고 있다.

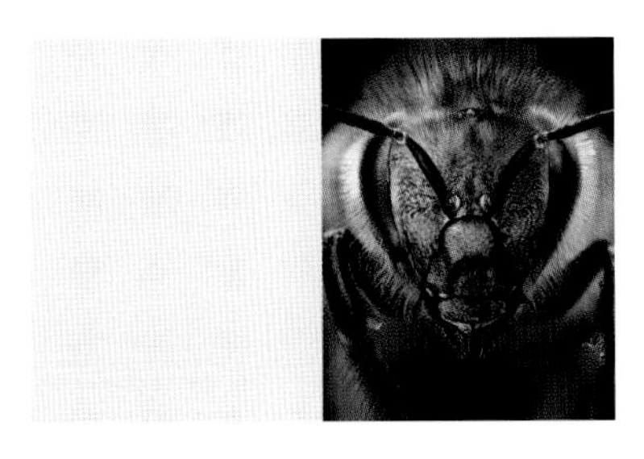

양봉꿀벌(서양꿀벌) p. 157

학명: *Apis mellifera*
분포 지역: 전 세계
멸종 위기 등급: 미평가종

살아있는 벌을 근접 촬영한 사진. 정수리 위에 세 개의 홑눈 중 하나가 보이고, 양쪽 앞발에는 더듬이를 손질하는 데 쓰는 소침이 있다. 다행히도 이 벌에서는 진드기가 보이지 않는다. 아시아에서 관찰된 바로아 진드기가 미국(1987)과 뉴질랜드(2000)에까지 확산되면서, 양봉 및 꿀벌의 농작물 수분은 이제 종말에 가까워진 것으로 여겨졌다. 살충제를 써서 바로아 진드기를 전멸시키는 것은 비용도 많이 들 뿐 아니라 진드기에 화학적 내성이 생기기 때문에 큰 효용이 없다. 하지만 고무적이게도 일부 벌은 바로아 진드기에 저항력을 지니고 있었고, 어떤 벌은 진드기 유충이 기생하는 세포를 찾아내 이를 제거함으로써 진드기의 번식을 막는 행동을 하는 것이 확인되었다. 양봉업자들은 인간의 힘으로 진드기를 전멸시킬 수 없다면, 벌이 그들의 방식으로 진드기를 제거하는 것이라도 돕기 위해 꿀벌 개체군에서 이러한 형질을 지닌 녀석들을 사육하기 시작했다.

쌍살벌(종이말벌) pp. 158–59

학명: 사진 속의 말벌은 쌍살벌아과의 일종으로 보이지만 어느 종인지 정확히 구별되지 않는다.

보르네오 사바의 다눔계곡에 있는 말벌 둥지. 둥지에는 얼룩덜룩한 나무껍질과 구별되지 않도록 자연적으로 형성된 반점 무늬가 있다. 쌍살벌은 전 세계적으로 약 1100종이 존재하며, 사회성이 강한 곤충으로, 식물에서 모은 섬유질을 씹어 걸쭉하게 만든 후 여기에 타액을 섞어 만든 재료로 집을 짓는다. 말벌은 해로운 면도 있지만 생태학적으로 중요한 역할을 하며 인간에게도 많은 것을 제공한다. 이들이 집을 짓는 "종이"는 매우 가볍고 방수 기능이 뛰어나기 때문에 2014년, 한 대학 연구팀에서는 NASA의 무인항공기를 제작하는 데 필요한 재료를 만들기 위해 말벌의 단백질을 역설계하기도 했다. 몇몇 말벌 종들, 특히 다른 무척추동물 숙주의 체내에 알을 낳는 포식 기생 말벌은 농경 해충의 생물학적 방제에도 이용된다. 2015년에는 남아메리카 말벌인 폴리비아 파울리스타의 독에 있는 펩타이드가 항암제로 쓰일 수도 있다는 연구 결과가 발표되었다. 다양한 방법으로 말벌을 이용하는 것이 일종의 착취로 여겨질 수도 있지만, 이는 적어도 어느 한쪽으로 치우치지 않은 상호주의적인 방식이다.

제왕나비(군주나비) p. 160

학명: *Danaus plexippus*
분포 지역: 아메리카 대륙, 호주, 인도네시아, 말레이시아, 모로코, 뉴질랜드, 스페인, 동티모르
멸종 위기 등급: 미평가종

어떤 나비들은 장대한 이동을 감행한다. 예를 들어 작은멋쟁이나비는 열대 아프리카에서 북극 사이의 1만 4500km에 달하는 거리를 비행한다. 그러나 제왕나비의 위엄은 이동하는 모습에서 보이는 매혹적인 광경이 전부가 아니다. 가을이 되면, 아메리카 대륙의 서쪽에 사는 제왕나비는 남쪽인 캘리포니아 혹은 멕시코 북서부의 바하칼리포르니아로, 그리고 동쪽에 사는 제왕나비는 캐나다에서 출발해 멕시코 중부의 미초아칸주에 있는 전나무숲을 향해 거대한 무리를 지어 날아간다. 과학자들이 작은 규모의 이 숲을 찾아낸 것은 1975년이었다. 사실, 동물학자인 프레드 어쿠하트가 제왕나비 연구를 시작하기 전까지 이들의 이동에 대해서는 알려진 바가 없었다. 어쿠하트는 겨울이면 모두 사라지는 제왕나비가 어디에서 겨울을 나는지에 대해 의문을 가졌고, 1938년부터 나비의 날개에 개체를 구분할 수 있는 작은 종이 태그를 붙이기 시작했다. 그의 연구를 돕기 위해 시민 수천 명이 나섰고, 이후 10여 년 동안 각 지역 자원봉사자들이 태그가 붙은 나비를 발견하면 잡아서 그에게 보낸 덕분에, 마침내 어쿠하트는 제왕나비의 이동 경로를 추적할 수 있었다.

제왕나비 pp. 162–63

학명: *Danaus plexippus*
분포 지역: 아메리카 대륙, 호주, 인도네시아, 말레이시아, 모로코, 뉴질랜드, 스페인, 동티모르
멸종 위기 등급: 미평가종

제왕나비들이 멕시코에서 여름을 보낸다는 사실이 알려지면서, 1976년, 세계곤충학회는 제왕나비가 처한 곤경을 해결하는 것을 최우선 과제로 지정했다. 신대륙의 방랑자인 이들 제왕나비는 스페인, 호주, 뉴질랜드에 이르기까지 멀리 퍼져 나갔고, 아직은 멸종 위기에 처해 있지 않다. 그럼에도 불구하고 1983년, IUCN은 무척추동물 적색목록에 새로운 분류 항목을 만들어 이 종을 포함하는 전례 없는 조치를 단행했는데, 이는 제왕나비의 이주를 위협에 처한 현상으로 등재하기 위해서였다. 아메리카 대륙에서 계절에 따라 이동하는 제왕나비의 수는 매해 급격하게 감소하고 있다. 해마다 추수감사절 무렵이면, 저시스 협회에서는 제왕나비의 개체 수 조사를 시행한다. 그 결과 1997~2016년 사이 캘리포니아에서 겨울을 나는 제왕나비의 수는 74% 감소했고, 같은 기간 미초아칸에서는 80~90%가량 감소한 것으로 나타났다. 이러한 추세는 심각한 현 상황을 드러내는 것으로, 이를 조정할 수 있는 해결책이 필요하다.

제왕나비 pp. 164–65

학명: *Danaus plexippus*
분포 지역: 아메리카 대륙, 호주, 인도네시아, 말레이시아, 모로코, 뉴질랜드, 스페인, 동티모르
멸종 위기 등급: 미평가종

제왕나비의 겨울 서식지인 미초아칸에서 숲은 땔감이나 농지와 같은 자원으로 이용되었다. 하지만 1986년, 멕시코 정부는 이곳을 '제왕나비 생물권 보호구역'으로 지정하고는 소액의 보상금만 지급한 채 에히도(농부 공동체)를 지역 밖으로 이주시켰다. 그 결과 숲은 계속해서 불법적으로 이용되었다. 1997년, 이에 대한 해결책으로 '제왕나비 보호구역 재단'이 설립되었다. 재단에서는 에히도와 협력해 숲을 관리하고 그에 대한 정당한 보상을 제공함으로써 서로가 상생할 수 있는 방법을 제시할 것을 약속했다. 또한 세계자연기금에서도 농민들에게 지속적인 수입을 제공할 수 있는 나무를 심을 것을 장려한다. 멕시코의 숲을 보호하는 것은 2008년 환경협력위원회에서 제정한 '북아메리카 제왕나비 보전계획'의 일환으로, 독특한 이주 특성을 지닌 이 종을 보존하기 위해 캐나다, 미국, 멕시코가 공동으로 협력하는 방안이다.

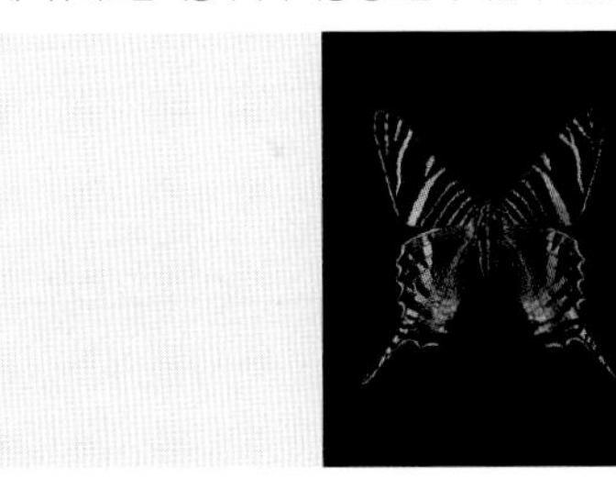

슬론제비나방 p. 167

학명: *Urania sloanus*
분포 지역: 자메이카에 존재했음
멸종 위기 등급: 절멸종

어쩌면 나비라고 생각할 수도 있겠지만, 아일랜드 태생의 저명한 수집가 한스 슬론 경의 이름을 따서 명명된 슬론제비나방은 주행성 나방이다. 슬론 경은 카리브해에서 오랜 기간 체류하며 800여 종의 식물을 기술했고 그의 책 『자메이카 자연사』(1725)에서 슬론제비나방의 모습을 그림으로 남겼다. 이는 공식적으로 슬론제비나방에 대한 과학적 기술이 이루어진 것보다 50년 이상 앞선 것으로, 이 종이 멸종되기 불과 170년 전의 일이다. 얼마나 많은 종이 우리가 그 존재를 알기도 전에 멸종되고 있을까? 최근 유엔환경계획에서는 하루에 최대 200종의 동식물이 멸종되고 있다고 계산했다. 이는 지구에 1000만 종의 생물이 살고 있고(이보다 10배 더 많다 해도 계산은 동일하다), 이중 50~90%가량이 열대 숲에 서식하며, 매년 스리랑카 면적만큼의 열대 숲이 벌목되는 경우에 얻을 수 있는 수치이다.

로드하우대벌레 pp. 168-69

학명: *Dryococelus australis*
분포 지역: 로드하우섬 (호주)
멸종 위기 등급: 위급종

비록 지금은 안전하게 관리되고 있지만, 로드하우대벌레는 한때 거의 멸종될 위기에 처했던 적이 있다. 소수의 로드하우대벌레 무리가 볼스 피라미드(로드하우섬에 있는 거대한 해상바위)의 절벽면에 형성된 관목지(먹이가 되는 차나무의 일종)에서 발견되었을 당시, 관목지의 총 면적은 180m² 정도에 불과할 정도로 좁았다(원래 본섬에 살던 개체들은 나무에 있는 커다란 구멍 속에 숨어 살았지만, 볼스 피라미드에는 나무가 없다). 오늘날에도 이들 관목은 외부에서 도입된 덩굴식물인 나팔꽃의 위협에 노출되어 있다. 한편 볼스 피라미드에서 발견되어 멜버른 동물원으로 옮겨진 번식기의 암컷 '이브'의 건강 상태가 매우 안 좋았는데, 다행히 이브의 건강이 회복되었고 얼마 지나지 않아 알을 낳으면서 포획 개체의 인공 사육이 시작되었다. 현재 전 세계 대벌레 번식 프로그램을 이끌고 있는 빅토리아동물원에서는 위험을 분산하기 위해 3개의 분리된 개체군을 유지하고 있다. 질병과 같은 단일 사건만으로도 군집 전체가 순식간에 사라질 수 있기 때문이다.

로드하우대벌레 p. 171

학명: *Dryococelus australis*
분포 지역: 로드하우섬 (호주)
멸종 위기 등급: 위급종

로드하우대벌레 구조작업은, 회생하고 나면 고릴라나 눈표범만큼이나 중요하게 대접받지만 카리스마가 덜한 종(곤충 등)을 구하기 위해 동물원이 할 수 있는 일이 무엇인지를 잘 보여준다. 섬 내 쥐가 없는 지역에 소수의 대벌레를 방사하기도 했으나, 본격적인 재도입은 쥐가 모두 없어지고 나서야 가능할 것이다. 바로 여기에 문제가 있다. 2009년, 독을 넣은 쥐 사료를 공중에서 살포하려는 계획이 추진되었다. 하지만 이 계획은 섬 주민과 환경을 해칠 수 있다는 두려움에 사로잡힌 지역민들의 강한 저항에 부딪히면서 무산되었다. 섬의 일부 주민들은 "나무 바닷가재(대벌레의 별명)"를 못생기고 귀찮은 존재로 여겨 이들을 섬으로 재도입하는 것을 반대하기도 했다. 그럼에도 불구하고 다른 로드하우대벌레 종을 비롯해 새, 무척추동물 등 몇몇 토착종의 운명은 쥐를 제거하는 데 달려있다. 장기적인 해결책은 포식자에서 벗어나는 것이기 때문이다.

여행비둘기(나그네비둘기) p. 173

학명: *Ectopistes migratorius*
분포 지역: 북아메리카에 서식했었음
멸종 위기 등급: 절멸종

흔히들 한번 멸종된 것은 다시 살릴 수 없다고 말한다. 정말 그럴까? '부활과 복원(R&R)'은 "멸종 위기에 처해 있거나 멸종된 종의 유전자 복원을 통한 생물 다양성 강화"를 목표로 하는 단체이다. 이들의 주장에 의하면 여행비둘기도 언젠가는 다시 살아나 하늘을 날 수 있다. R&R은 크리스퍼(CRSPR) 유전자 편집 기술을 이용한 매머드 배아의 유전자 조작 연구가 거의 완성 단계에 이르렀다고 발표한 하버드대학교 연구팀과 협력 관계에 있다. 이들은 멸종된 여행비둘기의 DNA를 이들과 가장 가까운 친척 관계에 있는 띠무늬꼬리비둘기의 DNA에 이어 붙이는 방식을 연구 중인데, 그러면 이 개체가 여행비둘기 알을 낳게 된다. R&R의 목표는 여행비둘기를 복원해 이들이 북아메리카 숲의 생태 균형을 회복하는 데 도움을 주게 하려는 것이다. 그러나 이 계획은 몇 가지 도전적인 질문을 낳는다. 인간이 자연사의 흐름에 관여하는 것이 옳은 일인가(그 종을 멸종시킨 것이 인간이라 할지라도)? 만약 인간이 10억 마리의 여행비둘기를 복원하는 데 성공한다면, 이는 오늘날의 세계에 어떤 영향을 초래할 것인가?

아메리카송장벌레 p. 175

학명: *Nicrophorus americanus*
분포 지역: 미국
멸종 위기 등급: 위급종

1989년, 미국 로드아일랜드주에서 아메리카송장벌레가 발견되었다. 다행히 이들은 포획된 상태에서도 번식이 용이했기 때문에, 얼마 지나지 않아 매사추세츠주(1990), 낸터킷섬(1994), 오하이오주(1998), 미주리주(2012)에서 재도입이 이루어졌다. 송장벌레를 야생으로 돌려보낼 때는 송장벌레 부부가 쉽게 먹을 수 있도록 땅속에 구멍을 파 작은 동물의 사체를 넣은 후 이를 흙으로 덮어둔다. 알이 부화하면 부모는 입속의 먹이를 토해내 새끼에게 먹인다. 새끼는 번데기 과정을 거쳐 성체가 된다. 송장벌레는 더듬이를 이용해 2~3km 떨어진 곳에 있는 죽은 동물의 냄새를 맡으며, 그곳으로 날아가 자신들만의 독특한 방법으로 먹이를 처리한다. 이들은 사체의 부패 속도를 늦추기 위해 사체 위에 체액을 분비해 방부 처리를 한다. 그리고는 강력한 턱으로 사체의 털을 뜯어내고 뼈를 발라낸 후, 30cm 정도 깊이의 구멍을 파 그 안에 묻어둔다. 이렇게 해 놓으면 몇 년이 지나더라도 먹이의 상태가 보존된다.

홍금강앵무 pp. 176-77

학명: *Ara chloropterus*
분포 지역: 아르헨티나, 볼리비아, 브라질, 콜롬비아, 에콰도르, 프랑스령 기아나, 가이아나, 파나마
멸종 위기 등급: 관심 필요종

멸종 위기에 처한 동식물에 등급을 매겨 이들을 일괄적으로 분류하는 것은 전체를 대변하지 못할 소지가 있다. 일례로 홍금강앵무는 서식 지역 전체에서 관심 필요종으로 분류되지만, 아르헨티나에서는 훨씬 더 위태로운 상황에 처해 있다. 사실 홍금강앵무는 서식지 소실과 과도한 포획으로 인해 지난 두 세기 동안 이 지역에서 모습을 감췄다. 2015년, 이베라 습지, 즉 아르헨티나 북동부의 코리엔테스주에 있는 넓은 습지 보호지역에서 이 종의 첫 번째 야생 재도입이 이루어졌다. 재도입 대상자는 동물원에서 사육되는 개체 중에서 선발되는데, 야생으로 방사되기 전 커다란 새장 형태의 "적응 캠프"에서 일정 기간 머물며 새로운 생활 방식에 적응하는 법을 배운다. 이때 새들에게는 무선 추적장치가 부착되어 생활 모습이 모니터링된다. 이베라 습지는 생물학적으로 풍요로운 지역이 희귀종 보전을 위한 "노아의 방주" 역할을 할 수 있음을 보여주는 훌륭한 예이다. 현재 이곳에서 살고 있거나 이주가 예정된 동물로는 큰개미핥기, 재규어, 늪사슴, 갈기늑대 등이 있다.

군대앵무 p. 179

학명: *Ara militaris*
분포 지역: 멕시코에서 아르헨티나
멸종 위기 등급: 취약종

군대앵무는 생존을 위한 전쟁을 눈앞에 두고 있다. 야생동물보호협회의 2007년 보고서에 의하면, 해마다 멕시코에서만 최대 7만 8500마리의 야생 군대앵무가 애완동물로 판매되고 있고 이 중 4분의 3이 운송 도중 폐사하는 것으로 추정된다. 밀렵꾼들은 대개 "상품"이 훼손되는 것을 막기 위해 새그물을 사용한다. 그러나 일부에서는 둥지에 있는 갓 부화한 새끼를 잡기 위해 나무를 잘라 쓰러뜨리기도 하는데, 이는 개체 수 감소는 물론 나무 구멍이 부족해지는 이중의 문제를 일으킨다. 즉 앵무새 부부가 알을 낳을 구멍이 있는 나무를 찾고서도 자기들의 차례가 되기까지 몇 년 동안 기다려야 하는 경우가 발생하는 것이다. 2008년, 멕시코에서는 앵무새 22종의 수출 금지 법안을 통과시켰고 2015년에는 미국에서 군대앵무와 홍금강앵무를 위기종보호법 대상에 추가했다. 그러나 불법 거래는 여전히 계속되고 있는데, 이 중 상당 부분은 수출용이 아니라 내수용으로 거래된다(적어도 멕시코에서는). 전쟁은 아직 끝나지 않았다.

군대앵무 pp. 180 – 81

학명: *Ara militaris*
분포 지역: 멕시코에서 아르헨티나
멸종 위기 등급: 취약종

오늘날 1만 마리에 약간 못 미치는 군대앵무들이 1000만 km²가 조금 넘는 지역에 흩어져 살아간다. 하지만 아마존강 유역을 따라 형성된 광활한 습지는 콩 농사 때문에 개간되었고, 멕시코에서도 이 종이 살던 곳의 4분이 1가량이 벌목과 농업으로 사라지면서 이들의 서식지는 점점 조각나고 있다. 군대앵무는 혼합림이나 대규모 농장 지대 모두에서 서식이 가능하지만, 옥수수나 올리브 같은 농작물을 즐겨 먹기 때문에 농부들과 좋은 관계를 유지할 수 없다. 둥지를 잃는 것은 생존에 큰 위협이 된다. 예를 들어 멕시코의 푸에르토 바야르타 지역에서 해변에 형성된 열대 숲을 벌목했는데, 이는 군대앵무가 둥지를 틀기 적당한 오래된 나무들이었다. 살 곳을 잃은 앵무새들이 해안 절벽 면에 있는 구멍에 둥지를 틀었지만 이곳 역시 채굴 및 댐 건설로 위협을 받고 있다. 멕시코 내 주요 앵무 서식지 중 보호구역 내에 있는 것은 5%에 불과하다. 이것만으로는 이들의 개체 수를 유지하기에 충분치 않다.

군대앵무 pp. 182 – 83

학명: *Ara militaris*
분포 지역: 멕시코에서 아르헨티나
멸종 위기 등급: 취약종

군대앵무의 보전을 위해 노력하는 단체 중에는 야생동물보호협회와 세계앵무새기금이 있다. 2007년 야생동물보호협회에서는 멕시코에서 이루어지는 앵무새 불법 거래를 비판하는 보고서를 작성했는데, 이는 멕시코와 미국에서 이 새에 대한 보호 법안이 통과되는 데 도움을 주었다. 이들은 군대앵무의 주 서식지인 멕시코 태평양 연안의 할리스코에서 새 둥지가 있는 지역을 감시하고 현지인들과 협력해 지원 프로그램을 운영함으로써, 현지 앵무새의 번식률을 높이고 밀렵을 줄이는 데 큰 역할을 했다. 세계앵무새기금 역시 2002년 이래로 할리스코에서 이 종에 대한 연구를 지속해 오고 있다. 오늘날에는 샌드박스 나무의 어린 열매를 포함해 마코앵무가 좋아하는 열매가 열리는 반(半)낙엽수림 보호구역을 조성하기 위해 지역민들과 협력하고 있다. 이것이 실현된다면, 이들의 바람대로 작지만 생명력이 넘치는 새들의 공간이 만들어질 것이다.

파란목금강앵무 pp. 184 – 85

학명: *Ara glaucogularis*
분포 지역: 볼리비아
멸종 위기 등급: 위급종

사람들이 애완동물로 팔기 위해 숲을 뒤지기 시작하면서 250마리도 안 되는 야생 파란목금강앵무는 유전적으로 생존이 어려워졌다. 그러나 오늘날 살아있는 앵무의 수출이 금지되자 개체 수가 안정화되기 시작했다. 다른 앵무새들과 마찬가지로 파란목금강앵무 역시 오래된 나무의 구멍에 둥지를 틀지만 나무의 상당수가 벌목되었다. 오늘날 대부분의 토지 소유주들은 나무에 둥지 상자를 설치하거나 이들의 먹이가 되는 열매가 열리는 나무를 심는 프로젝트를 지지한다. 현재 가장 큰 규모의 앵무새 무리가 서식하는 곳은 볼리비아 베니 지역에 있는 발바아줄자연보호구역인데, 108km² 규모의 이곳에는 140종 이상의 새들이 서식한다. 둥지 상자 설치 프로그램은 "말을 물가로 끌고 갈 수는 있지만 억지로 물을 먹일 수는 없다"는 속담을 떠올리게 한다. 이는 상자를 설치해 두더라도 그 이용 여부는 새들에게 달려 있다는 말이다. 2014년, 보호구역의 북쪽에 22개의 둥지 상자를 설치한 결과, 이 중 7개는 오리, 1개는 원숭이올빼미의 보금자리가 되었지만 마코앵무는 아직 둥지를 틀지 않았다. 그러나 인내심을 가지고 기다리면 번식 속도가 느린 이 새 역시 둥지를 틀 것으로 기대된다.

사우스필리핀뿔매 pp. 186 – 87

학명: *Nisaetus pinskeri*
분포 지역: 필리핀의 바실란, 빌리란, 보홀, 레이테, 민다나오, 네그로스, 사마, 시키조르섬
멸종 위기 등급: 위기종

사우스필리핀뿔매는 독립된 종으로 인정되자마자 위기종으로 등재되었다. 2014년, 이 새에 대한 유전자 분석이 이루어져 고유의 지위를 얻기 전까지 이들은 마찬가지로 심각한 위협에 직면해 있는 필리핀뿔매로 분류되었다. 중간 크기의 육식조인 뿔매는 필리핀의 여러 섬에 서식하는 고유종이지만, 농업과 벌목으로 인해 저지대 삼림이 빠르게 황폐해지면서 이들의 서식지도 사라지고 있다. 7000여 개에 달하는 필리핀의 섬에 있는 숲은 절반 정도가 소실되었고 보홀섬의 경우 6%만 남아있다. 간혹 총상을 입거나 덫에 걸린 뿔매가 발견되는 경우도 있으나 이들의 습성에 대해서는 알려진 것이 별로 없다. 오늘날 야생에는 1000마리 미만의 사우스필리핀뿔매가 남아 있는 것으로 여겨지는데, 이들은 2개의 주요 하위 집단으로 나뉘어 있다.

사우스필리핀뿔매 p. 189

학명: *Nisaetus pinskeri*
분포 지역: 필리핀의 바실란, 빌리란, 보홀, 레이테, 민다나오, 네그로스, 사마, 시키조르섬
멸종 위기 등급: 위기종

사우스필리핀뿔매는 뿔매속에 속한 10종 중 하나다. 이들은 모두 열대 아시아의 토착종으로, 각 종이 처해 있는 상황은 서식지의 상태 및 면적과 직접적으로 연관된다. 예를 들어 인도 및 스리랑카 전역에서부터 인도네시아와 필리핀에 이르는 지역에서 발견되는 관머리뿔매는 술라웨시뿔매 및 뿔매와 마찬가지로 관심 필요종으로 등재되어 있다. 그러나 자바뿔매의 경우, 인구가 급격히 증가하면서 숲을 망가뜨렸고 조류 시장에서도 판매되고 있어 현재 이들의 서식지에는 600쌍 정도만 남아있는 것으로 여겨진다. 상황이 가장 심각한 것은 인도네시아의 몇몇 섬에 100쌍 미만이 흩어져 살고 있는 플로레스뿔매이다. 플로레스뿔매 역시 사우스필리핀뿔매와 마찬가지로 최근에 독립된 종으로 인정되었다. 그러나 사면초가에 몰린 이 새들에게 이러한 조치는 독이 든 성배처럼 보인다.

사우스필리핀뿔매 pp. 190 – 91

학명: *Nisaetus pinskeri*
분포 지역: 필리핀의 바실란, 빌리란, 보홀, 레이테, 민다나오, 네그로스, 사마, 시키조르섬
멸종 위기 등급: 위기종

다바오에 있는 필리핀수리재단은 그 명칭대로 대형 맹금류를 구하기 위해 설립된 단체이다. 뿔매 역시 재단의 보호를 받는 범주에 속한다. 필리핀수리재단은 사냥꾼으로부터 구조한 성체 뿔매 및 인계받은 새끼를 돌보는 것을 시작으로 사우스필리핀뿔매 및 필리핀뿔매에 대한 포획 사육 프로그램에 착수했다. 그러나 이 새의 야생 보금자리 습성에 대한 지식이 거의 없었던 터라 사육은 느린 속도로 진행되었다. 2012년, 드디어 첫 번째 새끼가 인큐베이터에서 부화하자 사육사들은 바닥에서 손으로 메추라기 고기를 먹여 가며 새끼를 보살폈다. 뿔매는 최대 70cm까지 자라며, 멋진 가로 줄무늬가 있는 깃털과 독특하게 생긴 관모를 지니고 있다. 앞으로의 일은 필리핀 정부 차원에서의 서식지 보호와 (기후 변화가 이 지역에 미치는 영향을 고려한) 국제적 조치에 달려 있다.

필리핀수리 p. 193

학명: *Pithecophaga jefferyi*
분포 지역: 필리핀의 레이테, 루손, 민다나오, 사마섬
멸종 위기 등급: 위급종

필리핀수리는 어떻게 이렇게 크게 진화할 수 있었을까? 그 이유는 이들이 살던 숲속에 큰 포유류 육식동물이 없었기 때문이다. 이들은 먹이를 놓고 다른 동물과 경쟁할 일이 없었기 때문에 먹이 사슬의 최상위 포식자가 되었고, 날개를 펼치면 그 길이가 2m에 달할 정도로 크게 자랐다. 그러나 오늘날 이들의 커다란 몸집은 저주가 되어 돌아왔다. 필리핀의 생물학자 헥터 미란다가 말했듯이, 숲이 사라지자 독수리가 "진화의 막다른 길"에 다다르게 되었기 때문이다. 필리핀의 섬에 사는 이 거대한 종은 매 정도 크기의 맹금류인 호주의 작은수리와 상황이 비슷하다. 작은수리는 오래 전 뉴질랜드에 살고 있었는데 이곳에는 포유동물은 거의 없었던 반면 독수리의 먹이인 모아새(거대한 몸집의 날지 못하는 새)가 많이 있었다. 작은수리는 풍부한 먹이를 섭취하며 빠른 속도로 진화했고, 세계에서 가장 큰 독수리로 알려져 있으며 무게가 최대 15kg에 달하는 하스트독수리가 되었다. 그러나 1400년경 무분별한 사냥으로 모아새가 멸종되면서, 먹이가 없어진 하스트독수리 역시 멸종되고 말았다.

필리핀수리 p. 195

학명: *Pithecophaga jefferyi*
분포 지역: 필리핀의 레이테, 루손, 민다나오, 사마섬
멸종 위기 등급: 위급종

사진에서 보이는 것처럼, 수리는 경계심이 들면 관모를 바싹 세운다. 수리를 구하기 위한 투쟁이 본격적으로 시작된 것은 1965년, 필리핀의 선구적인 환경보전운동가인 레보와 앨바레즈가 세계자연기금에 이 새들이 처한 상황을 알리면서였다. 유명한 항공기 조종사였던 찰스 린드버그도 목소리를 높였고, 미국 평화봉사단의 단원이었던 로버트 케네디 역시 야생 수리 연구에 헌신했을 뿐 아니라, 연구 결과를 출판할 수 있도록 도움을 주었다. 1977년, 케네디의 조사 결과 이 종의 개체 수는 200~400마리에 불과한 것으로 추정되었다. 이 사실은 전 세계에 경각심을 불러일으켰고, 이를 계기로 1978년에는 이들의 이름이 변경되었다(원래 이름은 "원숭이를 먹는 독수리"였는데, 여기에는 오해의 소지가 있다). 1995년, 수리는 필리핀의 국조로 지정되었다. 라모스 대통령은 수리를 일컬어 "삼림 생태계의 질을 나타내는 최고의 생물학적 지표"이자 "필리핀의 야생동물 보전을 위한 깃대종"이라고 칭했다. 이것은 수리를 구하는 것이 숲은 물론이고 믿을 수 없을 정도로 다양한 야생동물을 구하는 일이라는 중요한 사실을 강조한다.

필리핀수리 pp. 196-97

학명: *Pithecophaga jefferyi*
분포 지역: 필리핀의 레이테, 루손, 민다나오, 사마섬
멸종 위기 등급: 위급종

필리핀수리는 번식 속도가 느리고 새끼 중 성체로 자라는 비율 또한 10%가 채 되지 않는다. 따라서 민다나오에 있는 필리핀수리재단에서 운영하는 포획-번식 프로그램은 이들의 개체 수를 늘리는 데 매우 중요하다. 1992년, 파그아사("희망")라는 이름의 수리가 사육 상태에서 최초로 부화에 성공했다. 파그아사는 사육사를 어미로 인식하는 바람에 야생으로 돌아가지 못했지만, 번식 프로그램이 지속되는 데 큰 공헌을 했다. 파그아사가 21살이 되었을 때 첫 번째 새끼 마부하이("환영")가 태어났는데, "야생성" 보존을 위해 사육사와의 직접 접촉이 금지되었다. 재단에서는 2017년까지 28마리의 새끼를 성공적으로 부화시켰다. 그러나 이들의 야생 재도입이 모두 성공적이었던 것은 아니다. 예를 들어, 2008년 야생으로 방사되었던 칵사부아("통합")는 한 달 만에 사냥꾼의 총에 맞아 죽었다. 수리를 좀도둑으로 비하하는 오래된 편견은 쉽게 사라지지 않는다. 따라서 재단에서는 민다나오에 있는 교사들과 함께 수리에 대한 긍정적인 인식을 심으려 노력하고 있다. 사람들의 인식이 바뀐다면 다음 세대에서는 깃대종인 이 새가 귀하게 다루어 질 것이다.

슈빌 p. 199

학명: *Balaeniceps rex*
분포 지역: 남수단에서 잠비아에 이르는 아프리카 동부
멸종 위기 등급: 취약종

키가 1.2m 정도 되는 슈빌은 늪지대의 얕은 곳에서 매복하고 있다가 물고기나 개구리 등 먹이가 나타나면 재빨리 낚아채 삼켜버린다. 닥터 수스의 작품에 등장하는 캐릭터와 비슷하게 생긴 슈빌은 황새와 펠리컨의 중간 정도 되는 고유한 모습 덕분에 살아남을 수 있었다. 2013년에는 아프리카의 7개 국가에 흩어져 서식하는 슈빌을 구하기 위해 이 국가들이 연합해 단일종실행방안을 도입했다. 슈빌에게 가장 위협이 되는 요인은 서식지 소실로, 특히 목초지 재생을 목적으로 한 의도적인 산불은 새끼에게 매우 위협적이다. 슈빌의 국가 간 거래는 극히 제한적인 범위에서만 합법화되어 있다. 하지만 주로 중동 지역에서 개인 간 거래가 일어나는 등 무분별한 불법 포획이 행해지면서 이 종은 멸종될 위험에 처하고 말았다(슈빌은 포획 상태에서는 잘 자라지 못한다). 단일종실행방안에서는 생물종을 보호하기 위해 일반 대중의 지원을 독려하는 것이 중요하다는 사실을 잘 알고 있다. 일례로 슈빌 개체군의 중요한 서식지인 잠비아의 방웨울루에서는, 현지에서 고용한 경비원들의 도움을 받아 새 둥지가 있는 지역을 지킨다.

북부바위뛰기펭귄 pp. 200-201

학명: *Eudyptes moseleyi*
분포 지역: 대서양(고프섬과 트리스탄다쿠냐 제도), 인도양(암스테르담 및 세인트폴섬)
멸종 위기 등급: 위기종

지난 37년간, 불과 3세대 만에 북부바위뛰기펭귄의 수는 50% 이상 감소했다. 펭귄의 수가 감소한 원인은 아직 정확히 밝혀지지 않았지만, 몇 가지 요소가 합쳐진 것으로 보인다. 그러나 2011년, 남대서양에 위치한 트리스탄다쿠냐 제도의 나이팅게일섬 인근을 지나던 화물선이 좌초되어 대량의 기름이 유출된 사건은, 인간의 세력이 지구상의 가장 외딴 지역까지 미치고 있고 이로 인해 재앙과도 같은 사고가 발생할 수 있음을 여실히 드러낸다. 트리스탄 제도의 주민들이 펭귄 구조 작업에 뛰어든 결과, 이들은 3개월에 걸쳐 기름으로 범벅이 된 3718마리의 피나민스(북부바위뛰기펭귄의 현지 이름)를 구조했다. 사람들은 커다란 창고에 펭귄의 거처를 마련하고 수의사의 처방을 받아 포도당이 함유된 먹이를 지급했으며, 탈진한 펭귄에게는 냉장고에서 꺼낸 차가운 물고기를 제공했다. 또한 펭귄의 몸에 비누질을 해 몸에 붙은 기름기를 닦아낸 후 깨끗해진 펭귄을 물을 채운 수영장 안에 넣었다. 하지만 이러한 노력에도 불구하고 구조된 펭귄 중 살아남아 바다로 돌아간 녀석들은 12%에 불과하다.

두루미 p. 203

학명: *Grus japonensis*
분포 지역: 중국, 일본, 한국(북한 및 남한), 몽골 및 러시아 연방
멸종 위기 등급: 위기종

일본 홋카이도 동부에 위치한 습지 생태계인 구시로습원 국립공원의 눈 위에서 두루미들이 춤을 추고 있다. 마루야마 오쿄의 병풍이나 우타가와 히로시게의 목판화에 등장하는 모습 그대로, 두루미는 어떠한 순간에도 우아한 자태를 잃지 않는다. 이들은 짝과 평생을 함께 보내며, 모든 서식 지역에서 행운, 신의, 장수의 상징으로 사랑받는다. 일본에서는 두루미가 천 년 동안 사는 새라고도 알려져 있고(이들의 실제 수명은 40년 정도에 불과하다), 종이학 천 마리를 접으면 두루미에게 행복과 장수를 기원할 수 있다는 이야기도 전해진다. 또한 두루미는 통합을 상징하는데, 이는 아마도 전 세계에 있는 15종의 두루미 중 7종이 한국의 비무장지대에 둥지를 틀고 있기 때문일 것이다. 폭은 4km에 불과하지만 길이가 250km에 이르는 이 아슬아슬한 보호지대에 사는 두루미에게 우아한 외교적 몸놀림은 반드시 필요한 덕목이다.

두루미 pp. 204-5

학명: *Grus japonensis*
분포 지역: 중국, 일본, 한국(북한 및 남한), 몽골 및 러시아 연방
멸종 위기 등급: 위기종

중국 본토에서 새끼를 낳는 두루미는 중국, 시베리아, 몽골, 한국을 잇는 이동 경로 내 습지에 머무르는 철새다. 일반적으로 습지는 개발이 필요한 불모 서식처로 인식되는데, 사실 습지는 보호를 받을 때조차 취약하다. 1992년, 중국 내 두루미의 주요 월동지 중 하나인 비옥한 황하강 유역의 삼각주가 자연보호구역으로 지정되었다. 하지만 최근 이 지역에서 원유 추출량이 증가하자 이곳은 핵심 보호구역에서 제외되었다. 습지 개간 역시 보호구역에 해가 되지만, 이를 회복하기 위한 노력이 항상 성공하지는 않는다. 2000년대 초반, 포획된 두루미들이 큰 무리를 지어 살고 있는 중국 헤이룽장성 찰룽에 심한 가뭄이 들면서 갈대숲에 큰 화재가 발생했다. 당국은 보호구역 안에 물을 퍼 올리며 필사적으로 불을 끄려 노력했지만, 이는 두루미 둥지가 물에 잠기는 결과를 초래하고 말았다.

두루미 pp. 206-7

학명: *Grus japonensis*
분포 지역: 중국, 일본, 한국(북한 및 남한), 몽골 및 러시아 연방
멸종 위기 등급: 위기종

일본 내 독보적인 두루미 서식지로 알려진 구시로의 오타와바시에는 수많은 두루미가 모여든다. 그러나 오늘날 이 종은 야생에 2750마리 정도만 남아있을 정도로 매우 희귀하다. 인간은 오래전부터 두루미를 사육했지만, 이들을 야생으로 재도입하는 것은 현재까지 그리 성공적이지 않다. 우려스럽게도 중국 내에서 포획-사육되고 있는 두루미의 개체 수는 야생 두루미의 희생을 대가로 해서 증가하는 것처럼 보인다. 동물원이나 자연보호구역 내의 두루미 개체 수를 늘리기 위해 야생에서 알과 준성체, 성체를 잡아가기 때문이다. 2008년, 일본에서 개최된 두루미 워크숍에서는 두루미 분포 국가 전역에서 이들의 서식지 보호를 최우선 과제로 삼을 것을 결의했다. 이를 위해서는 보호구역을 지키기 위한 국가적 노력과 국제 협조가 절실하다. 철새는 개별 국가의 국경선 내에만 머무르지 않기 때문이다.

유황앵무 p. 209

학명: *Cacatua sulphurea*
분포 지역: 인도네시아, 동티모르
멸종 위기 등급: 위급종

인도네시아 전역에서 대규모의 삼림 벌채가 행해지면서 유황앵무의 서식지는 큰 피해를 입었다. 과거에 이들은 농작물을 먹는 유해 동물로 여겨져 박해를 받았지만, 오늘날에는 애완동물로서의 수요가 증가하면서 그 수가 급격히 감소하고 있다. 1980~1992년 사이 인도네시아에서는 10만 마리의 앵무를 수출했는데, 이는 2005년 이 종이 상업적 목적의 국가 간 거래를 금지하는 CITES 부속서 I에 등재될 때까지 계속되었다. 오늘날 지리적으로 떨어져 있는 여러 섬에 흩어져 서식하는 유황앵무의 전체 개체 수는 2500~1만 마리로 추정되지만, 다수가 불법 포획되어 내수용으로 거래되고 있다. 그러나 일부 지역에서는 세계앵무새기금, 인도네시아앵무새프로젝트, 인도네시아 앵무새보전단체 등 여러 기관에서 공동으로 추진하는 복구 프로젝트가 지역 공동체의 지원에 힘입어 성과를 거두고 있다. 이 프로젝트는 마을 주민 중에서 삼림 관리인을 선출해 숲을 감시하고 밀렵꾼을 제지하게 하거나, 앵무가 농작물에 가하는 피해를 줄이기 위해 희생용 작물(해바라기 등)을 심는 것을 포함한다.

이집트독수리 pp. 210-11

학명: *Neophron percnopterus*
분포 지역: 서유럽 및 아프리카에서 인도와 네팔에 이르는 지역
멸종 위기 등급: 위기종

덩치가 작은 편에 속하는 이집트독수리의 가느다란 부리는 몸집이 큰 새가 동물의 사체를 먹고 난 후 남은 조각을 집기에 알맞게 생겼다. 이들은 동물의 배설물에서 딱정벌레에 이르기까지 거의 모든 것을 먹을 수 있고, 때로는 먹이를 찾아 마을의 쓰레기장이나 유목민의 캠프에까지 접근한다. 유럽과 아프리카, 인도 아대륙 등지에서 흩어져 서식한다. 일부 개체군은 한 지역에 머물러 살아가는 반면, 스페인에서 네팔에 이르는 북쪽 지역에서 새끼를 낳은 후 남쪽으로 이동해 겨울을 보내는 무리도 있다. 이집트독수리는 이동 과정에서 수많은 위협과 마주한다. 밀렵꾼이나 가축을 키우는 농부들이 독극물이 든 썩은 고기를 놓아두기도 하고, 풍력 발전 시설 및 절연 처리가 제대로 되지 않은 전선과 충돌할 위험도 있다. 또한 식용 고기나 알, 새끼, 신체 부위를 노린 사냥 위험에도 노출되어 있다. 지난 50~60년 동안 유럽 내 개체 수는 80%가량 감소했는데, 이는 인도에서보다 훨씬 더 가파른 하락세다.

아프리카흰등독수리 pp. 212-13

학명: *Gyps africanus*
분포 지역: 아프리카 사하라 사막 이남
멸종 위기 등급: 위급종

아프리카흰등독수리 한 마리가 낮게 깔린 하늘을 등진 채 마사이 마라를 조용히 바라보고 있다. 이들은 아프리카에서 가장 널리 퍼져 있는 독수리 종이지만, 이들의 개체 수는 아프리카 전역에서 급격하게 감소하고 있다. 독수리는 탄저병이나 부르셀라병 등 치명적인 질병을 일으키는 병원균을 무력화할 만큼 강력한 위산을 가지도록 진화했지만, 이들의 신진대사는 독성 물질을 처리하지 못한다. 농부들은 사자나 하이에나 등 가축을 잡아먹는 육식동물을 죽이기 위해 스트리크닌(중추신경계에 작용해 근육 경련을 일으켜 사망에 이르게 하는 물질)이나 농약을 묻힌 동물의 사체를 놓아두는데, 독수리가 이것을 먹으면 체내에 독성이 흡수된다. 더욱 교묘한 방법은 가축용 진통제를 이용하는 것이다. 예를 들어 다이클로페낙은 가축에게 무해하지만 독수리의 몸속에 들어갈 경우 치명적인 신장 장애를 일으킨다. 다이클로페낙은 2006년 사용이 금지되기 전까지 아프리카와 아시아, 유럽 전역에서 쓰였는데, 이는 인도에 서식하는 독수리의 99%가 희생된 주요 원인으로 지목된다. 밀렵된 동물의 사체에 박혀 있는 납 탄약 역시 독극물 중독의 또 다른 원인이다.

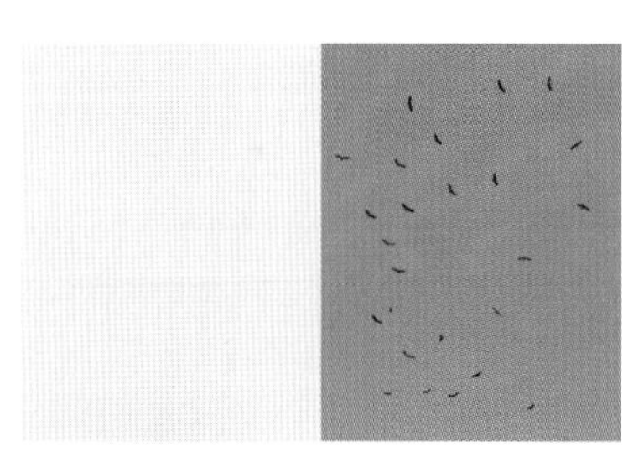

아프리카흰등독수리 p. 215

학명: *Gyps africanus*
분포 지역: 아프리카 사하라 사막 이남
멸종 위기 등급: 위급종

상승기류를 타고 하늘 높이 날아오른 독수리는 먹이를 찾아 수백 마일 이상 비행한다. 죽은 동물 위에서 빙빙 도는 이들의 습관은 원래의 의도와 달리 밀렵꾼과 치명적인 충돌을 일으키는데, 이러한 모습은 멀리서도 눈에 잘 띄기 때문에 산림관리인에게 그 아래쪽에 밀렵꾼이 있을 가능성을 알려주기 때문이다. 바로 이것이 밀렵꾼들이 독극물을 이용해 독수리에게 보복하는 이유다. 다 자란 독수리들이 한꺼번에 죽는다는 것은 스스로 먹이를 잡을 수 없는 새끼마저 굶주려 죽는 것을 의미한다. 독수리는 큰 고양잇과 동물이나 코끼리처럼 드러나는 매력을 가진 동물이 아니기 때문에, 환경보전론자들은 최근에야 이들의 절박한 상황에 대해 알게 되었다. 2015년, 버드라이프 인터내셔널과 세계자연보전연맹은 아프리카 독수리 6종에 대해, 4종(모자쓴독수리, 루펠독수리, 아프리카흰등독수리, 흰머리독수리)은 위급종으로, 2종(케이프독수리, 주름민목독수리)은 위기종으로 위기 상태를 격상시켰다. 독수리의 개체 수가 감소하는 것은 다른 시체 청소 동물(쥐, 야생들개)들이 증가하는 것을 의미하며, 그 결과 광견병과 같은 질병이 증가하고 있다.

모자쓴독수리(두건독수리) pp. 216-17

학명: *Necrosyrtes monachus*
분포 지역: 아프리카 사하라 사막 이남
멸종 위기 등급: 위급종

이집트독수리와 마찬가지로, 비교적 크기가 작은 종인 모자쓴독수리 역시 멸종될 위험이 매우 크다. 이들은 머리와 목에 깃털이 없는데, 이는 피투성이의 먹이를 먹기 위해 실용적으로 진화했기 때문이다. 이 종 역시 최근 3세대에 걸쳐 대규모의 개체 수 감소를 겪었다. 지역에 따라 다르기는 하지만 이들은 유사한 위협에 시달리고 있는데, 예를 들어 아프리카 동부에서는 독극물에 중독된 가축이 문제가 되는 반면, 서아프리카나 중앙아프리카에서는 민간요법 약재로 이용하기 위해 독수리의 신체 일부가 활발히 거래된다. 독수리의 지방과 뇌, 머리, 깃털 등이 설사나 류마티스질환을 치료하고, 성장기 어린이의 지능을 발달시키며, 도박에서 행운을 가져다주는 목적으로 이용되기 때문이다. 세네갈 일부 지역에서는 이 종을 토템과 연관지어 문화적으로 보호하고 있지만, 이들이 선호하는 보금자리가 축소되면서 개체 수는 지속적으로 감소하고 있다.

아프리카흰등독수리 pp. 218-19

학명: *Gyps africanus*
분포 지역: 아프리카 사하라 사막 이남
멸종 위기 등급: 위급종

독수리가 사체를 먹어 치우는 과정은 놀라울 정도로 효율적이다. 독수리 한 무리는 한 시간이면 죽은 소를 뼈가 드러날 때까지 먹어 치울 수 있다. 따라서 원주민 마을에서는 '깃털 달린 장의사'에게 죽은 가축의 처리를 의뢰하기 위해 사체를 마을 밖에 내다 놓는 오래된 관습이 있었다(수천 년간, 티베트인 및 인도 파시족도 이와 유사하게 언덕 위에 시신을 놓고 "풍장"을 거행하곤 했다. 비록 오늘날에는 사체를 처리해 줄 독수리가 거의 없지만). 한편 유럽에서는 엄격한 도축처리법안이 통과되면서 독수리의 식량원이 감소했으나, 최근에는 새들을 위해 이 법을 완화하려는 움직임이 일어나고 있다. 인도, 네팔, 캄보디아, 스페인 및 남아프리카 지역에서는 "독수리 식당"이라는 개념이 성공적으로 자리 잡았다. 독수리 식당이란, 독수리 무리가 마음껏 먹을 수 있도록 소나 돼지 등 승인받은 동물 사체를 유기하는 폐기물 매립지를 말한다. 이를 통해 지역 주민들은 관광 수입을 얻고 독수리는 안전한 식량원을 보장받는다.

아프리카흰등독수리 pp. 220-21

학명: *Gyps africanus*
분포 지역: 아프리카 사하라 사막 이남
멸종 위기 등급: 위급종

입가에 피를 잔뜩 묻힌 채 썩은 동물의 사체를 게걸스럽게 뜯어먹는 이 새의 이미지를 개선하려면 엄청난 실력을 갖춘 홍보 담당자가 필요하다. "독수리"라는 단어에는 "상어", "돼지", "풀밭에 숨어있는 뱀"과 같이 다소 부정적인 의미가 숨어있다. 다행히도, 생태계에 도움이 되는 이들의 역할을 회복하는 것이 환경은 물론이고 경제적 이치에도 맞다는 인식이 널리 인정받게 되었다. 오늘날 대부분의 정부에서는 자국에 서식하는 토종 독수리를 보호하기 위해 지원을 아끼지 않는다. 비록 스페인(유럽에 사는 독수리의 95%가 스페인에서 서식한다)과 이탈리아에서는 가축용 디클로페낙의 판매가 허용되어 있지만, 이들 나라에서도 해당 약품의 판매금지를 요구하는 캠페인이 확산되고 있다. 한편, 독수리를 돕기 위한 비정부기구도 다수 존재하는데, 예를 들면 유럽종에 초점을 맞추고 있는 독수리보전재단과 아프리카 남부의 벌프로 등이 있다. 이들 단체에서는 악명에 시달리는 이 웅장한 새들에게 두 번째 기회를 주기 위해 공개적 지지와 교육, 연구, 포획-사육에 열의를 다하고 있다.

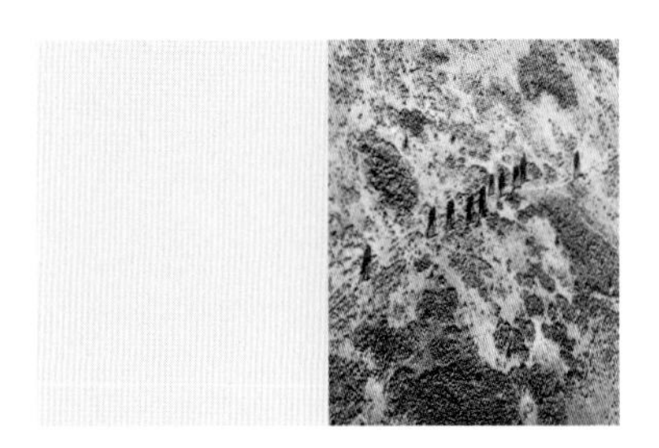

아프리카코끼리 p. 223

학명: *Loxodonta africana*
분포 지역: 사하라 사막 이남
멸종 위기 등급: 취약종

자연주의자인 조나단 킹던은 "비, 태양, 불, 인간과 더불어 아프리카의 생태계를 형성한 힘 중의 하나는 코끼리다"라고 말했다. 아프리카코끼리는 나무를 짓이기거나 나무 둥치의 껍질을 벗겨낼 수 있고, 가까운 쪽으로 먹이를 가져오기 위해 나무를 쓰러뜨릴 수 있을 정도로 힘이 세다. 또한 흙을 밀어내 풀이 자랄 수 있게 하고, 배설물을 통해 씨앗을 흩뿌린다. 이들은 계절에 따라 이동하며 생활하는데, 때로 이 여정은 수백 km에 달한다. 성체 한 마리는 하루에 약 300kg의 먹이를 먹고 200L 이상의 물을 마신다. 오늘날 사하라 사막 이남 지역이 인간의 관심을 끌게 되면서 이 지역의 거의 4분의 3이 보호의 손길에서 벗어났다(일례로 차보는 몸바사-나이로비 철도가 건설되면서 두 지역으로 분리되었다). 그 결과 기존에 먹이를 섭취하던 장소에 접근할 수 없게 된 코끼리들이 근처 농작물에 피해를 입히게 되자 코끼리를 총으로 사살하는 일도 발생하고 있다. 12억에 달하는 아프리카의 인구는 이번 세기 말이면 40억 명이 넘을 것으로 보인다. 이제 코끼리는 최후의 결전을 눈앞에 두고 있다.

아프리카코끼리 pp. 224-25

학명: *Loxodonta africana*
분포 지역: 사하라 사막 이남
멸종 위기 등급: 취약종

차보국립공원에는 9마리 정도의 "자이언트코끼리(상아 한쪽의 무게가 45kg 이상인 이들은 빅 터스커라고도 불린다 - 옮긴이)"가 있다. 아프리카코끼리의 유전적 변종인 이들의 상아는 먼지로 뒤덮인 붉은 대지에 끌릴 정도로 매우 길다. 이번 프로젝트에서는 녀석들의 모습을 촬영하지 않았는데, 사실 이들의 소재는 의도적으로 대중에게 공개되지 않는다. 2012년, 케냐 야생동물 보호국을 지원하기 위해 현장 기반의 비정부기구인 차보 트러스트가 설립되었다. 차보 트러스트의 핵심 목표 중 하나는 자이언트코끼리를 보호하는 것이다. 따라서 이 단체는 자이언트코끼리를 추적 관찰하고 연구, 보호하는 것은 물론이고, 인간과 야생동물 상호 간에 유익한 결과를 도출하기 위해 지역 사회와 긴밀하게 협력한다. 차보 보호구역의 면적은 스위스만큼이나 넓어서, 인접 국가인 탄자니아까지 이동하는 코끼리들의 움직임을 파악하려면 2인승 단발 항공기 없이는 불가능하다. 이 책에 실린 항공사진 역시 차보 트러스트의 최고 경영자인 리처드 몰러가 항공기를 타고 코끼리를 촬영할 수 있게 해 준 덕분에 얻을 수 있었다.

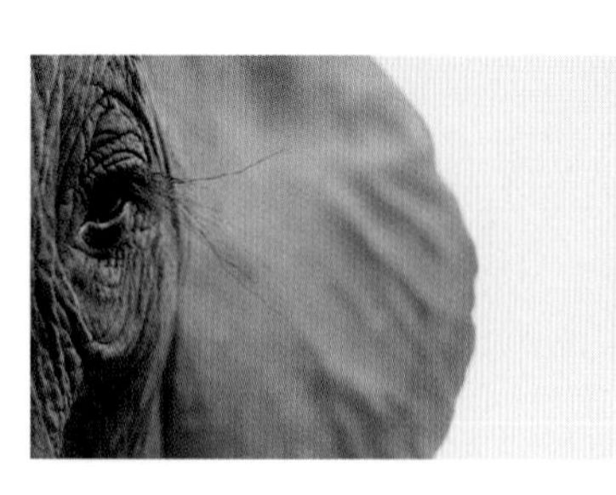

아프리카코끼리 pp. 226-27

학명: *Loxodonta africana*
분포 지역: 아프리카 사하라 사막 이남
멸종 위기 등급: 취약종

1990년 코끼리 상아의 국제 교역이 전면 금지될 정도로 재앙에 가까운 코끼리 밀렵이 15년 동안이나 계속된 가장 큰 이유는 일본인들의 수요 때문이었다. 거래 금지 조치는 한동안 상당한 효과가 있었다. 그러나 1997년, 보츠와나, 나미비아, 짐바브웨 정부는 이를 부속서 II로 하향 조정하기 위한 소송을 진행해 승소했다. 이로 인해 그해에만 약 50톤의 상아가 일본으로 수출되었고, 시장에 상아가 많아지면 밀렵이 억제될 것이라는 희망 속에 2002년과 2008년에는 훨씬 더 많은 양이 합법적으로 판매되었다. 게다가 중국과 태국의 경제 호황에 힘입어 수요가 증가하자 5년 뒤인 2012년에는 교역량이 3배로 늘어났다. 그러나 대중을 상대로 한 교육이 마침내 효과를 발휘하고 있다. 2016년, 중국에서는 코끼리 상아의 판매를 금지했다. 이 조치가 지하 불법 거래를 활성화하는 대신 동물(코끼리, 하마, 일각고래 등)에게 상아를 그대로 남겨두어야 한다는 메시지를 전할 수 있기를 바란다.

치타 pp. 228 – 29

학명: *Acinonyx jubatus*
분포 지역: 아프리카 20개 국가 및 이란
멸종 위기 등급: 취약종

엄청나게 빠른 속도에서 넓은 지역을 돌아다니는 습성에 이르기까지, 치타는 자신의 좁은 생태적 입지에 맞게 특화되었다. 치타는 보통 넓은 서식 영역 안에서 전속력으로 먹이를 추격한다(이들은 서식 지역이 넓으며 주로 낮에 사냥하는데, 이는 새끼 치타를 노리는 사자나 하이에나 등 상대적으로 좁은 지역에서 움직이는 위험한 야행성 포식자로부터 스스로를 지키기 위한 시공간적 적응 방법이다). 그러나 급변하는 현대 아프리카의 풍경은 생존을 위한 치타의 모든 노력을 무력화했고 오늘날 이들은 거의 멸종될 위기에 처해 있다. 또 다른 위협 요인으로 제한된 유전자 풀을 들 수 있는데, 이는 약 1만~1만 2000년 전 발생한 포유류 멸종 사건에서 기인한 것으로 보인다. 오늘날 모든 치타는 유전자가 거의 동일해 본질적으로 쌍둥이만큼 가까운 관계다(개체 수가 회복된다고 해도 마찬가지일 것이다). 이는 질병이 발생할 경우 위험할 정도로 저항력이 낮음을 의미한다. 치타의 보존에서 유전자 관리는 매우 큰 비중을 차지한다.

치타 p. 230

학명: *Acinonyx jubatus*
분포 지역: 아프리카 20개 국가 및 이란
멸종 위기 등급: 취약종

인간과 치타의 충돌은 심각한 위협이 된다. 간혹 치타가 농장의 가축을 잡아먹는 일도 있긴 하지만, 이들은 주로 낮 동안에만 사냥하는 동물임에도 불구하고 밤 사이 다른 동물들의 사냥에 대한 부당한 비난을 받곤 한다. 치타를 문제 지역 밖으로 이주시키면 상황이 나아질 수도 있을 것이다. 그러나 이 방법은 비용이 많이 들 뿐만 아니라 그 효과도 제한적이다. 보츠와나에서 진행된 최근의 연구에 의하면 서식지가 옮겨진 치타 중 1년 후 살아남은 비율은 18%에 불과했다. 새로운 해결 방안을 모색하는 단체 중에는 나미비아에 있는 치타보전기금을 들 수 있는데, 이곳에서는 농민들에게 치타가 나타나면 맞서 싸우는 대신 짖도록 훈련시킨 전문 경비견을 제공함으로써 가축을 보호한다. 케냐야생동물보호협회에서도 '마라 치타 프로젝트'를 도입했다. 이 프로젝트는 연구 기반의 접근 방식을 통해 현지의 치타 개체 수를 추적 관찰하고, 생태학적 연구를 진행하며, 지역사회를 중심으로 한 보존 방법을 강화해 인간과 치타 모두가 공존할 수 있는 길을 모색한다.

사자 pp. 232 – 33

학명: *Panthera leo*
분포 지역: 사하라 사막 이남의 아프리카, 인도 기르숲
멸종 위기 등급: 취약종

사진 속 사자의 이름은 '펠릭스'. 〈에반 올마이티〉나 〈우리는 동물원을 샀다〉와 같은 할리우드 영화에 출연한 조연급 배우이다. 오늘날에도 커다란 고양잇과 동물을 포획 사육해 오락의 대상으로 이용하는 경우가 있긴 하지만, 이는 고대 로마의 사례와는 매우 다르다(훨씬 문명화되었다). 당시 로마에서는 범죄자나 기독교도, 검투사들이 사자와 혈투를 벌였고, 이로 인해 셀 수 없이 많은 야생동물이 죽임을 당했다. 로마인들이 수천 마리의 사자를 흡수해 가는 바람에 야생에 있는 사자의 수가 급감했을 정도였다. 오늘날에는 사냥감 및 서식지 감소, 가축을 기르는 농가와의 충돌로 인해 사자가 더욱 빠른 속도로 사라지고 있다. 지역에 따라 차이가 있기는 하지만 1990년대 초반 이래로 사자의 개체 수는 45% 가까이 감소하였다. 보호 자금이 적절하게 투입되고 있는 남아프리카공화국에서는 사자의 수가 안정적으로 유지되고 있으나, 부룬디, 콩고, 가봉, 감비아, 시에라 리온, 그리고 사하라 사막 서부에 있는 빈곤한 국가에서는 이미 멸종되었다.

벵골호랑이 pp. 234 – 35

학명: *Panthera tigris*
분포 지역: 방글라데시, 부탄, 중국, 인도, 인도네시아, 말레이시아, 미얀마, 네팔, 러시아 및 태국. 그 외 라오스, 북한, 베트남에서도 서식하는 것으로 추정된다(전체 호랑이에 해당).
멸종 위기 등급: 위기종

오늘날 '칸자(사진)'와 같은 벵골호랑이는 2500마리가 남아 있는데, 이는 전 세계 야생 호랑이 수의 3분의 2에 해당한다. 벵골호랑이가 살아남은 것은 호랑이 사냥 금지 조치 직후, 인도의 총리였던 인디라 간디가 1973년에 발족한 호랑이 프로젝트 덕분이다. 오늘날 인도에는 50개의 호랑이 보호구역(총 면적 5만 km^2)이 존재하지만 벵골호랑이는 여전히 위기에 놓여 있다. 이들은 넓은 생활 영역과 충분한 먹이를 필요로 하는 최상위 포식자로, 적어도 일주일에 한 번은 멧돼지나 사슴과 같은 대형 포유동물을 사냥해야 한다. 그러나 급속한 경제 개발로 숲이 빠르게 사라지면서, 1997년과 2006년의 조사 결과 호랑이의 서식지가 41%나 감소한 것으로 드러났다. 한편 '서바이벌 인터내셔널'에서는, 호랑이 보호구역을 조성하기 위해 마을 전체가 이주하는 것은 지역 토착민들의 권리를 간과한 정책이라 주장한다. 예전부터 그래 왔듯이 호랑이 숲 관리에 현지인들이 참여하는 것이 가장 바람직할 것이다.

벵골호랑이 pp. 236 – 37

학명: *Panthera tigris*
분포 지역: 방글라데시, 부탄, 중국, 인도, 인도네시아, 말레이시아, 미얀마, 네팔, 러시아 및 태국. 그 외 라오스, 북한, 베트남에서도 서식하는 것으로 추정된다(전체 호랑이에 해당).
멸종 위기 등급: 위기종

호랑이 물신 숭배는 오래전부터 뿌리 깊다. 패트릭 뉴먼의 저서 『호랑이 인간의 추적』에는 오랜 옛날, 사람들이 용기를 얻기 위해 호랑이의 간을 먹고, 악귀를 물리치고자 호랑이 수염으로 반지를 만들며, 심지어 '호랑이의 원기를 빨아들이려고' 갓 죽인 호랑이 위에 아기를 올려놓던 모습이 소개되어 있다. 당시에는 호랑이 쇄골이 행운의 부적으로 여겨졌고, 병든 가축에게 호랑이 기름을 바르기도 했다. 오늘날에도 호랑이의 신체 부위는 여전히 인기가 많다. 1985년 무렵, 아종인 남중국호랑이가 거의 사라지자 밀렵꾼들은 벵골호랑이에게 시선을 돌렸다. 그 결과 1993년 8월 한달 동안에만 인도 델리의 경찰이 호랑이 뼈 400kg을 압수하기도 했다. 같은 해 중국에서는 호랑이 뼈 유통을 금지했으나 이는 표면적인 조치에 불과하다. 겉으로 드러나는 거래는 위축된 반면 암시장은 여전히 지속되고 있고, 현재에도 아시아 일부 지역에서는 호랑이를 사육해 '상품'을 생산하고 있기 때문이다.

이베리아스라소니 pp. 238 – 39

학명: *Lynx pardinus*
분포 지역: 포르투갈, 스페인
멸종 위기 등급: 위기종

과거 '위급종'으로 분류되었을 뿐만 아니라, 전 세계에서 가장 생존을 위협받던 고양잇과 동물이 멸종 직전의 상태에서 회복되고 있다. 지난 수십 년 동안 (가축을 보호하기 위한 농부의) 사냥과 (모피를 얻기 위한) 포획, 그리고 (전염병으로 인해) 주 먹이인 토끼의 수가 재앙에 가까울 정도로 급감하면서, 이베리아스라소니의 수는 가파르게 감소했다. 오늘날에는 산업화된 농업 및 댐과 도로 건설(자동차는 이들에게 치명적인 위협 요인이다)로 인해 서식지가 사라진 것이 주된 위협 요인으로 지목되고 있다. 2002년 무렵만 해도, 스페인의 시에라모레나(스페인 중남부) 동쪽 지역과 코토 도냐나 국립공원(남서부 해안)에 남아있던 스라소니는 100마리도 채 되지 않았다. 그 해 스페인 당국은 유럽 연합으로부터 자금을 지원받아 LIFE+Iberlince를 출범시켰는데, 이는 스라소니의 개체 수를 안정화하고 새로운 개체군을 발견하기 위한 중요한 이니셔티브였다. 이후 포획 사육되던 140마리 이상의 스라소니가 스페인과 포르투갈의 새로운 3개 지역으로 방사되었다. 가장 최근인 2016년 실시된 조사에 의하면 이들의 수는 400마리를 넘긴 것으로 드러났다.

이베리아스라소니 p. 241

학명: *Lynx pardinus*
분포 지역: 포르투갈, 스페인
멸종 위기 등급: 위기종

짧은 꼬리와 얼룩 무늬, 턱수염, 그리고 촘촘한 털을 지닌 이베리아스라소니는 코르크 마개가 있는 와인병을 따게 만드는 그럴싸한 변명 거리임에 틀림없다. 과거 스페인과 포르투갈에 있던 코르크참나무숲은, 고양잇과 동물 및 이들의 먹이인 토끼의 쉼터이자 (또 다른 토끼 포식자인 스페인흰죽지수리와 같은) 새들의 안식처였다. 그러나 최근 와인병 마개가 플라스틱으로 바뀌면서 다른 고소득 작물을 키우는 사람들이 늘어났고, 그 과정에서 이들의 중요한 서식지가 사라지고 있다. 과거 코르크참나무숲은 탄소를 흡수했고 꿀벌에게 영양을 공급했으며, 농부들은 숲속 빈터에서 염소를 방목했다. 그리고 코르크는 수익성이 높은 수출 품목이었다. 게다가 대형 먹잇감을 잡아먹기에는 덩치가 작은 스라소니는 토끼의 개체 수를 조절하는 역할도 맡았다. 코르크의 새로운 활용 분야를 찾고 판매 시장을 개척하는 것이 모두를 위한 시나리오인 이유다.

눈표범 pp. 242–43

학명: *Panthera uncia*
분포 지역: 아프가니스탄, 부탄, 중국, 인도, 카자흐스탄, 키르기스스탄, 몽골, 네팔, 파키스탄, 러시아 연방, 타지키스탄, 우즈베키스탄
멸종 위기 등급: 위기종

세계의 지붕이라 불리는 히말라야산맥의 춥고 건조한 고원지대와 중앙아시아 지역은 눈표범의 주된 먹잇감인 티베트푸른양이나 시베리아아이벡스와 같은 강인한 산악동물이 사는 곳이다. 그러나 가축화된 양과 염소가 이 고지대를 잠식하면서, 눈표범은 밤이 되면 울타리를 넘어 들어가 수십 마리의 가축을 잡아먹고 있다. 야생동물 무역 감시 네트워크인 트래픽의 2016년 보고서에 의하면, 2008년 이래로 매주 평균 4마리의 눈표범이 희생되었다. 이 중 절반 이상은 얼마 되지 않는 수입원을 잃은 사실에 분노한 목축업자들의 보복이지만, 20% 남짓은 밀렵(모피 및 아시아 민간요법 약재로 쓰이는 신체 부위를 노린 불법 거래), 그리고 나머지 20%는 다른 동물을 잡기 위해 놓은 덫에 걸리기 때문이었다. 오늘날 남아 있는 눈표범의 수는 4000~7000마리 정도이다.

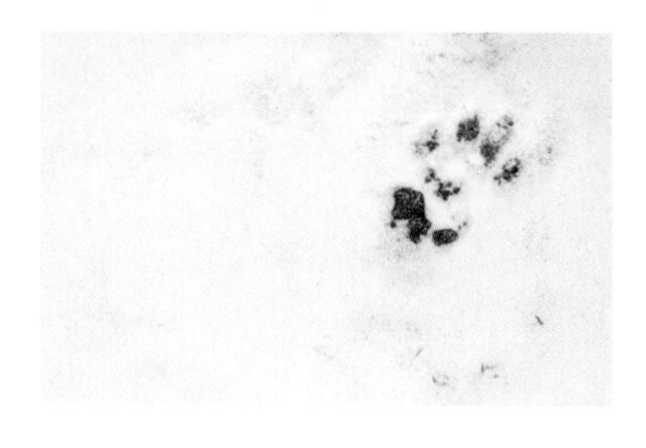

눈표범 pp. 244–45

학명: *Panthera uncia*
분포 지역: 아프가니스탄, 부탄, 중국, 인도, 카자흐스탄, 키르기스스탄, 몽골, 네팔, 파키스탄, 러시아 연방, 타지키스탄, 우즈베키스탄
멸종 위기 등급: 위기종

인간과 눈표범의 충돌이 증가하자, 트래픽에서는 눈표범에 의해 희생된 가축에 대해 정부에서 목축업자에게 적절한 보험 및 보상을 제공할 것을 주장한다. 또한 눈표범트러스트 및 눈표범보전재단과 같은 비정부기구에서도 목축업자들과 협력해 울타리를 개조하고, 지역사회 전체가 참여할 수 있는 수준별 교육과정 및 자연 동호회 활동을 지원하고 있다. 마침내 환경 보호를 위한 움직임도 시작되었다. 일례로 몽골의 고비사막 남쪽에 있는 토스트산에서는, 2008년 이래로 눈표범보전재단과 몽골과학아카데미에서 눈표범에게 무선추적장치를 부착하고 동굴에서 수유 중인 어미 표범을 관찰하는 등 획기적인 연구를 진행 중이다. 2016년 몽골 정부는 눈표범을 보호하기 위해 토스트산을 사냥과 광업, 건설을 금지하는 자연보호구역으로 변경해야 한다는 제안을 수용했다.

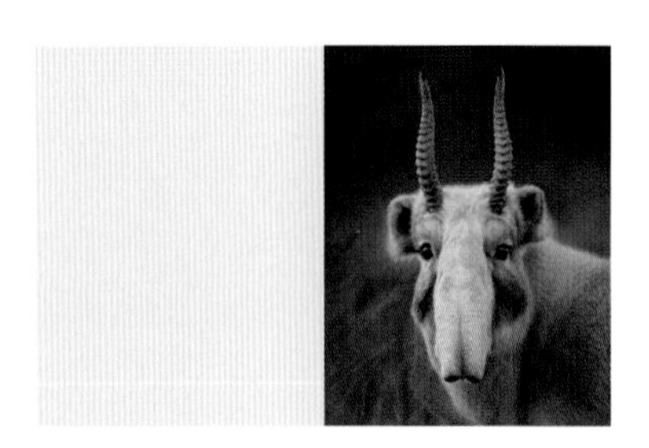

사이가영양 p. 247

학명: *Saiga tatarica*
분포 지역: 카자흐스탄, 몽골, 러시아 연방, 투르크메니스탄, 우즈베키스탄
멸종 위기 등급: 위급종

선사시대 이래로 사람들은 고기와 뿔을 얻기 위해 사이가영양을 사냥했지만, 이들은 야생에서 번식력이 왕성해 놀라울 정도로 빠르게 그 수가 회복되었다. 20세기 초반에는 사이가영양의 개체 수가 1000마리도 채 안 되었다. 하지만 유럽과 소비에트 중앙아시아의 전폭적인 보호 조치 결과 20세기 중반이 되자 이들은 약 200만 마리로 증가했다. 그러나 밀렵으로 인해 개체 수가 또다시 급감했지만, 정부 및 비정부기구로 조직된 연합체가 나선 덕분에 수십만 마리 수준으로 회복되었다. 2015년 5월, 사이가영양의 집단 폐사를 몰고 온 질병이 발생했다. 이 질병의 원인으로 밝혀진 파스퇴렐라균은 원래 치명적인 균이 아니다. 과학자들은 이 박테리아가 이토록 치명적으로 변한 이유를 아직도 정확히 설명하지 못하지만 기후 변화가 사이가영양의 면역 체계를 약화했다는 가설이 유력하다. 2016년 12월, 새로운 전염병이 발생해 또다시 수천 마리의 사이가영양이 떼죽음을 당하자 환경보전론자들은 경계를 늦추지 않으면서도 독특한 외모의 사랑스러운 이 포유류가 다시 한번 번성하리라 기대하고 있다.

프르제발스키말 pp. 248–49

학명: *Equus ferus przewalskii*
분포 지역: 중국, 몽골
멸종 위기 등급: 위기종

가축화된 말과 구별되는 프르제발스키말 아종의 세 가지 특징은 짧고 뻣뻣한 갈기와 꼬리 위쪽의 보호털, 그리고 등에 있는 어두운 줄무늬다. 프르제발스키말의 조상과 가축화된 말의 조상은 서로 다르다. 이 둘은 3만 8000년에서 11만 7000년 전 사이의 어느 시기에 유전적으로 분화되었는데, 이들은 염색체 수가 다름에도 불구하고 이종교배가 가능하고 이들 사이에서 태어난 새끼도 생존 가능하다. 현존하는 모든 프르제발스키말은 야생에서 포획한 프르제발스키말 10여 마리와 가축화된 말 4마리로부터 이어진 후손이다. 개체군 병목현상(개체 수가 급격히 감소한 이후 적은 수의 개체로부터 개체군이 다시 형성되면서 유전적 다양성이 감소하는 현상 – 옮긴이)으로 인해 수년에 걸쳐 프르제발스키말 아종이 원래 가지고 있던 유전자의 거의 3분의 2가 소실되었다. 이들은 국제 혈통서 등재를 준수한 덕분에 유전적으로 생존 가능한 상태가 되었으나, 이들의 미래는, 과거와 마찬가지로 남아있는 수에 좌우될 것이다.

긴칼뿔오릭스 (흰오릭스) pp. 250–51

학명: *Oryx dammah*
분포 지역: 차드 (야생)
멸종 위기 등급: 2000년 이래 야생절멸종(IUCN의 가장 최근 평가는 2008년에 시행되었다)

긴칼뿔오릭스가 야생으로 되돌아간 것은 가장 성공적으로 평가받는 재도입 프로젝트 중 하나다. 이들은 2000년에 야생절멸종으로 분류되었지만, 오늘날 차드공화국 중부에 위치한 와디라임–와디아킴 보호구역에는 다시 한번 오릭스가 돌아다니고 있다. 이곳은 최후의 오릭스 무리가 사냥된 1990년대 무렵까지 이들이 살아가던 마지막 서식지였다. 오릭스의 야생 재도입을 위해 10년을 주기로 총 4차례의 프로젝트가 진행되었는데, 이 프로젝트에는 런던동물학회, 차드 정부, 아부다비 환경청, 사하라 보전기금, 그리고 200개가 넘는 포획–사육 센터에서 수천 명이 참여했다. 2016년 3월, 아부다비의 '세계 무리'에서 21마리의 오릭스가 와디 보호구역으로 이송된 후 같은 해 8월에 야생으로 방사되었다. 2017년 1월에는 14마리의 오릭스가 두 번째 야생 재도입에 성공했다. 이들의 궁극적인 목표는 스코틀랜드 면적 정도 되는 보호구역 내에 약 500마리의 오릭스 집단이 자립적으로 생존할 수 있게 하는 것이다.

긴칼뿔오릭스 p. 252

학명: *Oryx dammah*
분포 지역: 차드 (야생)
멸종 위기 등급: 2000년 이후 야생절멸종(IUCN의 가장 최근 평가는 2008년에 시행되었다)

사진 속 긴칼뿔오릭스는 아부다비의 서쪽에 있는 시르바니야스섬에 있는 녀석이다. 아랍에미리트 전역에는 오릭스의 유전적 다양성을 보존하기 위해 세계 각지에서 들여온 3000여 마리의 오릭스가 사육되고 있는데, 이들은 '세계 무리'라고 불린다(최근 시르바니야스에서는 세계 무리에 오릭스 70마리를 기증했다). 오릭스는 사육되는 개체의 수가 매우 많은데, 이들은 대부분 1960년대에 차드에서 포획해 온 40~50마리의 후손으로 여겨진다. 포획된 상태에서 장기간 사육이 동물의 야생성을 없앨 수 있다는 우려에도 불구하고 오릭스의 재도입은 성공적인 것으로 확인되었다. 아이러니하게도 재도입이 성공할 수 있었던 이유 중 하나는 와디 보호구역에서 오릭스의 자연 천적인 사자와 치타가 국지적으로 멸종되었기 때문이다. 오릭스의 귀환을 반갑게 맞아 준 차드 현지인들의 호의 또한 중요한 성공 요인으로 손꼽힌다. 조만간 와디 보호구역은 다마가젤, 나사뿔영양, 타조 등 다른 깃대종 동물들의 서식지가 될 수도 있을 것이다.

아라비아오릭스 pp. 254-55

학명: *Oryx leucoryx*
분포 지역: 이스라엘, 오만, 사우디아라비아
멸종 위기 등급: 취약종

자연에서 아라비아오릭스의 야생 재도입은 손꼽히는 성공 사례로 분류된다. 이 영양은 야생에서 사라졌지만 10년 뒤 재도입되었고, IUCN 적색목록의 야생절멸종에서 취약종으로 승격된 최초의 종이 되었다. 아라비아오릭스는 긴칼뿔오릭스 및 젬스복과 사촌지간으로, 한때 이집트, 이스라엘, 중동 지역 및 아라비아반도 전역에서 서식했다. 하지만 고기와 가죽, 멋진 뿔을 노린 인간의 사냥으로 인해 개체 수가 감소했고 1972년에는 마지막 야생 아라비아오릭스가 총에 맞아 죽었다. 다행스러운 것은 1962년 포나앤플로라 인터내셔널에서 시작한 포획-사육 프로그램인 '오퍼레이션 오릭스'가 이미 운영되고 있었다는 사실이다. 1982년부터, 미국 및 유럽의 몇몇 동물원에서 사육되던 오릭스들은 원래 서식하던 곳에 위치한 보호구역으로 방사되었다. 오늘날 야생에는 약 1000마리의 아라비아오릭스가 있으며, 전 세계적으로 6000~7000마리 정도가 사육되고 있다.

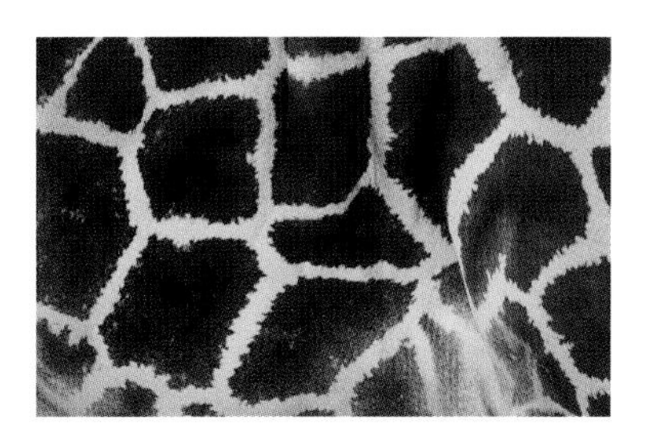

그물무늬기린 pp. 256-57

학명: *Giraffa camelopardalis reticulata*
분포 지역: 케냐, 에티오피아, 소말리아
멸종 위기 등급: 취약종

모든 기린은 각기 다른 독특한 피부를 지니고 있다. 기린의 피부는 검정에 가까운 짙은 색부터 흐릿한 색에 이르기까지 다양한 색을 띠며, 무늬 역시 일정하지 않고 매우 다양하다. 기린의 피부는 아종에 따라서도 다른데, 이는 가늘고 빳빳한 흰색 선이 갈색 부분의 윤곽을 구분 짓는 동아프리카의 그물무늬기린에서 극명히 드러난다. 오늘날 기린은 개방된 삼림지대에서 살아가지만, 이들의 조상은 얼룩얼룩한 피부 덕분에 몸을 위장하기 쉬운 빽빽한 풀숲에 살았을 것으로 여겨진다. 위장은 연약한 새끼들에게 특히 중요했다(일부 지역에서는 생후 첫해에 죽는 새끼의 비율이 75%에 달한다). 그러나 기린의 무늬에는 잘 알려지지 않은 또 다른 기능도 있다. 모든 갈색 무늬의 아래쪽에는 혈관과 분비선으로 이루어진 복잡한 네트워크가 있는데, 이것은 기린이 땀으로 수분을 과도하게 배출하지 않고도 체내의 열을 발산하고 식힐 수 있는 "열 배출구"의 역할을 한다. 기린의 무늬는 뜨겁고 건조한 환경에서 살아가기 위한 적응 방식인 것이다.

그물무늬기린 p. 259

학명: *Giraffa camelopardalis reticulata*
분포 지역: 에티오피아, 케냐, 소말리아
멸종 위기 등급: 취약종

아프리카 전역에서 기린 개체군은 다수의 소규모 독립된 무리를 이루며, 9개 아종으로 분류된다. 이 중 몇몇 아종은 그 수가 안정적이거나 증가하고 있지만, 그물무늬기린의 경우 1990년대 4만 7000마리 정도에서 오늘날에는 5분의 1로 감소해 약 8600마리만 남아있다. 기린의 개체 수 감소에 대처하기 위해 2016년 9월, IUCN은 지역 내 모든 국가와 관련 단체에 기린과 그 친척인 오카피를 위한 전 아프리카 차원의 보전 전략과 실행 계획을 마련할 것을 촉구했다. 사진은 아부다비 근처의 페르시아만에 위치한 보호구역인 시르바니야스섬에 있는 소말리아기린(또는 그물무늬기린)으로, 이곳에서 운영하는 번식 프로그램은 기린의 개체 수 유지에 중요한 역할을 한다. 한편 3개 아종이 서식하고 있는 케냐에서는 밀렵(기린의 뼈와 뇌는 HIV 치료제로 쓰인다)을 근절하고, 지역 사회의 의식을 고취하며, 이들의 서식지를 보호하는 등 여러 조치를 강구하고 있다.

오카피 pp. 260-61

학명: *Okapia johnstoni*
분포 지역: 콩고 민주 공화국
멸종 위기 등급: 위기종

자연을 위해 위험을 무릅쓰는 것은 용기가 필요한 일이다. 2012년, 오카피야생동물보호구역의 연구 센터에 잔인한 공격이 있은 이후, 센터의 설립자이자 경영진인 존 루카스는 무장 세력을 조직했다. 현재 이곳에서는 무장한 경비원들이 보호구역을 순찰하고, 오카피가 희생되는 주원인인 코끼리 밀렵용 덫을 제거하고 있다. 그러나 상황은 그리 간단하지 않다. 다수의 현지인들은 숲의 너무 많은 부분이 보호구역으로 지정되어 있어 생계에 도움이 되지 않는다고 불평하며 반군의 명분을 지지한다. 한 피그미족 대변인이 표현한 바와 같이 이들은 "거대한 비정부기구와 보호구역 관리자들이 사람보다 동물에게 더 많은 특권을 주고 있다"고 느끼는 것이다. 그럼에도 불구하고 1992년에 설립된 이 보호구역은 오카피의 유일한 서식지이자 표범, 숲버팔로, 그리고 침팬지를 포함한 13종의 영장류의 보금자리이다.

북부흰코뿔소 pp. 262-63

학명: *Ceratotherium simum cottoni*
분포 지역: 이전에는 중앙아프리카공화국, 콩고, 남수단, 우간다 등에 살았음
멸종 위기 등급: 위급종

인간이 접근하기 힘든 광활한 보호구역을 '보전'하는 것에 대한 과거의 인식은 오늘날과는 매우 다른 세계를 기반으로 한다. 한 세기 전, 전 세계 인구는 현재의 4분의 1에 불과했지만 동물은 그보다 훨씬 더 많았다. 따라서 당시에 생각했던 보전이란 자급적으로 유지되고 있는 이 자연을 인간 세계로부터 떨어뜨려 놓는 것을 의미할 뿐이었다. 그러나 오늘날 우리는 많은 동물이 인간의 도움에 의존하지 않고서는 개체 수를 유지할 수 없는 한계에 이르도록 만들고 말았다. 일례로 북부흰코뿔소는 전 세계에 3마리만 생존해 있는데, 그중 2마리는 출산이 불가능한 암컷이고 1마리는 이미 노쇠해 정자 수가 적어진 수컷이다. 이들이 "야생에서 자유롭게" 지낸다면 이번 세대에서 멸종하고 말 것이다.

북부흰코뿔소 pp. 264-65

학명: *Ceratotherium simum cottoni*
분포 지역: 이전에는 중앙아프리카공화국, 콩고, 남수단, 우간다 등에 살았음
멸종 위기 등급: 위급종

암시장에서 코뿔소의 뿔이 금보다 비싸게 거래되면서 남부 아프리카에서 코뿔소 밀렵이 증가하자, 그 원인 중 하나로 범죄 조직의 개입이 지목되고 있다. 조직의 네트워크는 유럽에까지 뻗어 있어 2017년 3월에는 밀렵꾼들이 프랑스의 투아리동물원에 잠입해 남부흰코뿔소 '빈스'를 사살하고 뿔을 잘라갔다. 그러자 체코의 드부로 크랄로브 동물원에서는 유사한 사건이 재발할 것을 우려해 동물원에서 사육하는 코뿔소 18마리의 뿔을 잘라냈다. 같은 해 3월 말, 남아프리카공화국 정부는 수년 동안의 법정 다툼 끝에 자국 내 코뿔소 뿔 거래를 합법화했다. 사실 이 법안은 거래를 합법화함으로써 암시장에서의 불법 거래를 줄이려는 목적이었으나, 환경보전론자들은 이러한 완화 조치가 이미 높아져 있는 코뿔소 뿔의 수요를 더욱 증가시킬 것이라고 주장한다. 2016년 한 해 동안에만 남아프리카공화국에서 1000마리의 코뿔소가 밀렵꾼의 손에 희생되었다는 사실을 고려할 때, 이들의 주장도 일리가 있는 것으로 보인다.

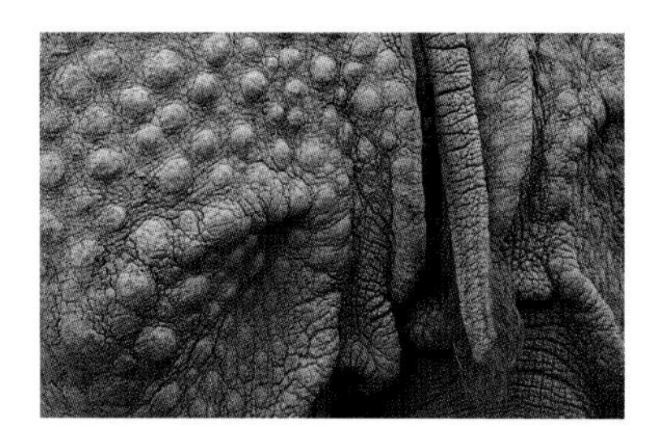

인도코뿔소 pp. 266-67

학명: *Rhinoceros unicornis*
분포 지역: 인도, 네팔
멸종 위기 등급: 취약종

인도코뿔소의 우툴두툴한 엉덩이 가죽을 보면, 1515년 5월 포르투갈의 마누엘 1세에게 선물로 보내진 이 동물을 기념하기 위해 알브레히트 뒤러가 제작한 유명한 목판화 '코뿔소'가 떠오른다. 살아있는 코뿔소를 처음 본 유럽인들은 큰 충격에 휩싸였다. 사실 뒤러는 코뿔소를 직접 보지 못했지만 그 생김새를 소문으로 전해 듣고는, 코뿔소는 "얼룩덜룩한 거북과 같은 색"에 "코에는 돌을 갈아 만든 것 같은 강하고 날카로운 뿔"이 있다고 자신 있게 말했다. 20세기 초 무렵, 인도코뿔소는 사상 최저 수준인 200마리 미만으로 존재했으나 한 세기 동안 인도와 네팔에서 엄격하게 보호한 덕분에 그 수가 회복되었다. 그러나 위험은 여전히 존재한다. 예컨대 인도코뿔소 전체 개체 수의 70%가 살고 있는 카지랑카국립공원에 밀렵이 증가하고 있다. 또한 이 지역에서 만약 질병이 발생한다면 끔찍한 결과가 초래될 것이다. 다행히 인도코뿔소의 개체 수는 증가하고 있으며 이들에 대한 희망도 커지고 있다.

검은 코뿔소 pp. 268-69

학명: *Diceros bicornis*
분포 지역: 아프리카 동부 및 남부 (앙골라, 케냐, 모잠비크, 나미비아, 남아프리카공화국, 탄자니아, 짐바브웨)
멸종 위기 등급: 위급종

미국 자연사박물관의 아프리카 포유동물 전시관인 애클리 홀에는 웅장한 디오라마(실제 모습과 매우 흡사하게 만든 입체 모형 – 옮긴이)가 전시되어 있다. 미국의 박제사이자 전시관 이름의 기원이 된 칼 애클리(1864-1926)는 원래 생물학자이자 자연보호론자였다. 그는 아프리카의 첫 국립공원인 콩고민주공화국 비룽가국립공원의 설립을 도왔고, 지금도 그의 박제술은 교육용으로 이용되고 있다. 그러나 검은코뿔소는 애클리가 보호할 수 없는 독특한 유전자 풀에 속해 있었고, 영국 식민주의자들이 취미로 사냥을 시작하면서 이들은 케냐의 평원에서 사라져 버렸다. 오늘날 대형 사냥감을 잡는 것이 멸종 위기에 놓인 포유동물을 사육하는 데 필요한 경제적 보상이 될 수 있다고 주장하는 사람들도 있다. 그러나 이는 잘못된 판단으로, 모든 경제활동은 건강한 생태계를 기반으로 이루어진다는 사실에 대한 무지이자 동물을 향한 연민이 갖는 힘을 과소평가한 것이다.

백상아리 p. 270

학명: *Carcharodon carcharias*
분포 지역: 지구 전역의 바다, 주로 온대성 해안
멸종 위기 등급: 취약종

백상아리의 지느러미가 수면을 가른다. 사실 상어와 가오리는 쉽게 눈에 띄지 않는다. IUCN의 적색목록에 등재된 1000여 종 이상의 동식물종 중 거의 절반이 "정보부족종"으로 분류되어 있지만, 현재까지 알려진 사실로 볼 때 이 중 4분의 1가량은 멸종 위기에 처해 있는 것으로 여겨진다. 상어의 경우, 연안 해역에서의 부수 어획(다른 물고기를 잡는 과정에서 의도치 않게 잡히는 경우 – 옮긴이)도 큰 위협 요인이지만 더욱 문제가 되는 것은 고기, 지느러미, 턱(기념품용), 아가미, 간유, 가죽 등을 얻기 위한 남획이다. 한편 가오리는 어획량은 많은 반면 보호받지 못하고 있어서 멸종에 취약하다. 멸종 위기에 처한 종들이 특히 많이 잡히는 "위험 지역"으로 인도-태평양(특히 태국만)과 홍해, 지중해 등을 들 수 있다. 상어나 가오리 수의 감소는 먹이 사슬에 간접적인 영향을 끼칠 수 있다. 일례로 카리브암초상어의 남획으로 인해 이들의 주요 먹이인 농어가 급증하자, 비늘돔(중요한 산호초 청소부) 등 농어의 먹이가 되는 개체의 수가 감소했고, 그 결과 산호초가 퇴화하였다.

백상아리 p. 273

학명: *Carcharodon carcharias*
분포 지역: 지구 전역의 바다, 주로 온대성 해안
멸종 위기 등급: 취약종

백상아리의 공격으로 인한 인명 피해가 이어지자, 2014년 1~4월, 서호주에서는 백상아리, 뱀상어, 황소상어 등 상어를 도태시키는 작업을 시행했다. 주 정부에서는 상어가 출몰하는 해안을 따라 드럼 라인(긴 줄에 미끼를 끼운 갈고리를 부착한 장치)을 설치했는데, 그 결과 3개월 동안 172마리의 상어가 덫에 걸려들었다. 호주 전역에서는 윤리적 관점에서 이에 반대하는 조사 결과를 근거로 대규모 시위가 발생했고, 같은 해 9월 결국 주 정부는 미국 환경보호국의 권고에 따라 상어 도태작업을 재개하려던 계획을 취소했다. 과학자들이 '역사적'이면서 '주목할 만한' '과학의 승리'라고 평가하는 이 결정은 상어에 대한 인간의 태도가 변화했음을 보여준다. 백상아리 전문가인 앤드루 폭스는 다음과 같이 말한다. "인간과 상어의 상호 작용에서 핵심이 되는 사실은 어떤 종이 더 중요한지의 문제가 아니에요. 문제는 인간이 망쳐 놓은 해양 환경을 바로잡는 데 있어 훌륭한 역할을 하는 이 생명체와의 충돌을 피하기 위해 우리가 어떤 생활 방식을 선택해야 하는지에 관한 것입니다."

고래상어 pp. 274-75

학명: *Rhincodon typus*
분포 지역: 지구 전역의 열대 및 온대성 해양
멸종 위기 등급: 위기종

현존하는 어류 중 가장 덩치가 큰 고래상어는, 먹이(주로 플랑크톤과 작은 물고기)를 찾아 하루에 20~30km를 이동하고, 2000m 가까이 잠수가 가능한 바다의 방랑자이다. 이들은 '상어는 치명적인 포식자'라는 고정관념을 거부한다. 고래상어는 여과 섭식(물속에 있는 작은 먹이를 체내의 여과기관으로 걸러서 먹는 방식 – 옮긴이)을 하며 인간을 공격하지 않기 때문에, 킨타나루(멕시코), 몰디브, 닝갈루 리프(서호주) 등 이들이 커다랗게 무리를 지어 나타나는 해역에서 생태 관광의 주인공이 되었다. 그러나 지난 75년 동안 전 세계의 고래상어(4분의 1은 대서양에, 나머지 4분의 3은 인도 태평양에서 서식한다) 개체 수는 50% 가까이 줄어들었다. 이 종은 국내법 및 국제법에 따라 광범위하게 보호되고 있지만 주로 아시아에서 고기, 기름, 지느러미 등의 수요 때문에 여전히 불법으로 포획된다. 부수 어획 및 선박과의 충돌 역시 이들을 위협하는 요인이며, 특히 관광 보트로 인한 스트레스도 새로운 문제로 떠오르고 있다.

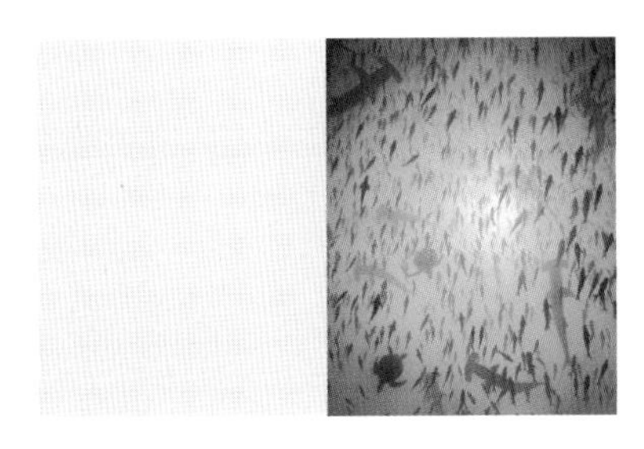

홍살귀상어 p. 277

학명: *Sphyrna lewini*
분포 지역: 지구 전역의 열대 및 온대 해역
멸종 위기 등급: 위기종

2014년, 미국의 야생동물보호단체인 와일드어스가디언스와 프렌즈오브애니멀스의 청원 덕분에, 홍살귀상어는 미국 위기종보호법에 의해 보호를 받게 된 최초의 상어종이 되었다. 그러나 대서양과 태평양의 미대륙 연안, 특히 새끼들이 모여드는 얕은 해역에서는 여전히 대규모 밀렵이 이루어지고 있다. 한때 잠수부들은 갈라파고스나 코코스 제도의 해안에서 수백 마리의 귀상어 무리를 보며 감탄하곤 했지만 이는 더 이상 볼 수 없는 광경이다. 홍살귀상어는 부수 어획으로 인해 새끼가 잡히기도 하고 지느러미 때문에 해마다 수백만 마리가 희생되는 것으로 추정된다. 이제 이들의 낮은 번식률로는 개체 수를 유지할 수 없는 상황에 도달하고 말았다.

(사진) 갈라파고스 제도의 바다. 무리를 이룬 홍살귀상어 사이에서 바다거북이 평화롭게 헤엄치고 있다. 멸종 위기에 처해 있는 이 희귀한 거북은 불법으로 설치된 그물에 걸리기 쉽다.

갯민숭달팽이(나새류) p. 279

학명: *Nudibranchia (복족강)*
분포 지역: 전 세계의 바다
멸종 위기 등급: 미평가종

갯민숭달팽이, 즉 "벌거벗은 아가미"라는 명칭은 이 해양 연체동물이 물에서 산소를 얻는 방식을 설명한다. 이들은 호흡기 역할을 하는 "프릴(돌기)"을 지니고 있는데, 세러터라 불리는 프릴에는 먹이로부터 획득한 자포가 있어 스스로를 방어할 수 있다. 희귀한 연체동물은 그것이 지닌 가치에 비해 거의 관심을 받지 못한다. 1500년 이래로 멸종되어 문서로만 남아있는 수백 가지 동물종 중 연체동물은 3분의 2 이상을 차지한다. 이 중에는 멸종되었다는 사실조차 거의 알려지지 않은 파르툴라달팽이도 60종 이상 포함되어 있는데, 이들은 모두 생태계에서 영양분을 재순환시키는 역할을 담당하고 있다. 오늘날 이미 멸종되었거나 멸종될 위험에 처해 있는 연체동물은 대부분 비(非)해양생물이다. 예를 들어 오래전 북아메리카에는 1000여 종 이상의 민물 달팽이와 담치가 서식했지만 이 중 10분의 1은 멸종된 것으로 추정되며, 3분의 1 이상은 이들의 서식지에 인간의 손길이 미치면서 심각한 멸종 위협에 놓이고 말았다. 인간이 이들의 서식지 보호 조치를 강화하지 않는다면 이들 연체동물은 위기 상황에서 벗어나지 못할 것이다.

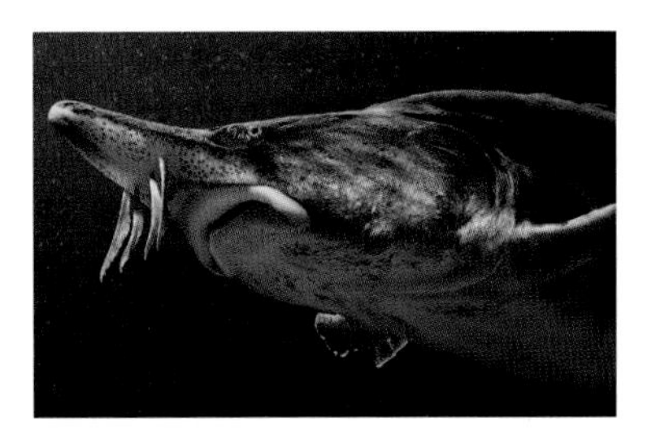

벨루가 철갑상어 pp. 280 – 81

학명: *Huso huso*
분포 지역: 흑해, 카스피해 및 인근 강 유역
멸종 위기 등급: 위급종

먼 옛날에는, 겨울이 되면 5m가 넘는 거대한 철갑상어(일부는 100살이 넘는 녀석들도 있다)가 먹이를 빨아들이기 위해 유라시아의 깊은 바닷속까지 미끄러지듯 내려갔다. 이들은 봄이 되면 강으로 거슬러 올라가 알을 낳고, 부화한 새끼는 다시 바다로 돌아가 완전히 성숙할 때까지 10~20년가량 머무른다. 그러나 오늘날 이 거대한 철갑상어는 자취를 감추고 말았다. 성장 속도가 느리고 민물에서 산란하는 이 어류에게 일어난 일을 파악하는 것은 어렵지 않다. 볼가강, 돈강, 테레크강, 술락강 등 카스피해 인근의 강 유역에 댐이 건설되자 철갑상어의 산란 장소가 파괴되었고, 캐비어(철갑상어의 알로, kg당 최고 2000만 원에 거래된다), 상어 고기, 가죽 및 기타 신체 부위를 노린 불법 어획은 지금도 지속되고 있다. 철갑상어를 보존하기 위해 각종 보호 법안을 마련하고 포획–사육 프로그램도 강화되고 있긴 하지만, 야생에서의 개체 수가 급감하면서 이들은 멸종에 가까워지고 있다.

라팔마 펍피시 p. 283

학명: *Cyprinodon longidorsalis*
분포 지역: 예전에는 멕시코에서 서식했음
멸종 위기 등급: 야생절멸종

이름도 없고, 잘 알려지지도 않은 생물이 멸종하는 것은 매우 흔하게 일어나는 일이다. 무리를 이루어 생활하는 뉴월드 펍피시는 10cm가 채 안 될 정도로 크기가 작으며, 서식지도 변경 지역(보통 고립된 사막 지역의 웅덩이 한 곳)으로만 제한되어 있어 사람들의 눈에 잘 띄지 않는다. 진화의 측면에서 볼 때 펍피시는 다윈의 핀치새만큼이나 매력적이다. 이들은 높은 염분을 견디거나, 단단한 껍질을 가진 갑각류와 연체동물을 잡아먹는 등 다양한 생태적 지위 안에서 살아갈 수 있도록 빠르게 퍼져 나갔다. 캘리포니아의 데스 밸리 지역 및 그 주변 지역에는 다수의 펍피시 종이 서식하는데, 이들은 지금보다 습했던 시대에 이곳으로 이주해 왔지만 기후가 건조해지자 종별로 고립된 것으로 보인다. 이 중에는 멸종을 눈앞에 두고 있을 만큼 희귀한 데빌스 홀 펍피시도 있다. 길이가 약 2cm정도 되는 데빌스 홀 펍피시는, 같은 명칭의 석회 동굴(데빌스 홀 동굴) 안에 있는 지열 웅덩이에 살고 있다. 오늘날 이들의 수는 200마리 이하에 불과하지만, 아직은 멸종되지 않았다.

파르툴라달팽이 p. 285

학명: *Partula spp.*
분포 지역: 열대 태평양의 타히티 및 인근 섬들
멸종 위기 등급: 절멸종에서 관심대상종까지 다양함

1769년, 태평양을 항해하던 제임스 쿡 선장 일행이 수집한 경이로운 생물 중에는 후에 "파르툴라달팽이(콩달팽이라고도 불렸다)"라는 이름을 갖게 된 작은 달팽이도 있었다. 폴리네시아의 원주민들은 오래전부터 달팽이 껍질로 목걸이를 만들곤 했지만, 이들은 파르툴라속에 속하는 달팽이종 중에서 최초로 서구 과학계에 알려진 것이었다. 파르툴라달팽이는 수년에 걸쳐 면밀하게 연구되었고 종의 분화 이론을 설명하는 데 이용되었다. 2016년 2월 21일, 영국 에딘버러동물원에서 사육되던 최후의 파르툴라달팽이가 죽었다. 이것은 파르툴라달팽이 종의 첫 멸종사건이 아니었다. 1970년대에도 프랑스령 폴리네시아군도에 서식하던 50종 이상의 파르툴라달팽이가 외래종 달팽이를 퇴치하기 위해 생물학적 "방제" 용도로 들여온 중앙아메리카의 늑대달팽이에 의해 멸종된 사건이 있었다. 그러나 2016년 후반, 동물원 및 폴리네시아의 환경보전 운동가들은 인공 번식시킨 10종의 파르툴라달팽이와 1개의 아종을 타히티, 무레아, 라이아테아섬에 풀어 놓았다. 이는 1994년 이후 세 번째로 시행된 방류 작업이었다. 사진은 당시 방류된 세 종의 파르툴라달팽이이다.

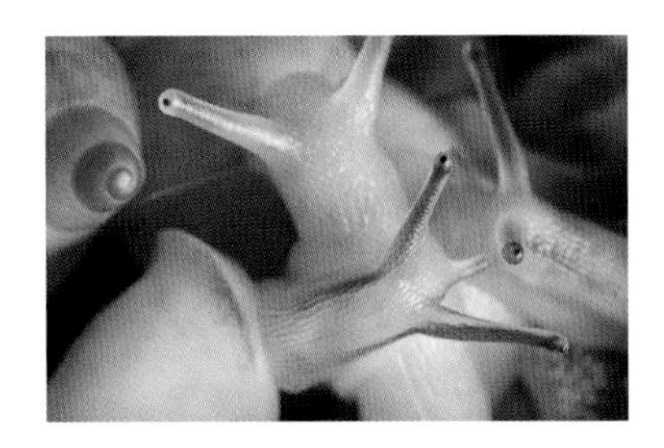

파르툴라달팽이 pp. 286 – 87

학명: *Partula spp.*
분포 지역: 열대 태평양의 타히티 및 인근 섬들
멸종 위기 등급: 절멸종에서 관심대상종까지 다양함

대양의 섬에 새로운 종을 도입하는 것은 외래 병원균 혹은 도입된 외래종이 취약한 지역 생태계를 파괴할 수 있다는 위험을 고려할 때 쉽지 않은 일이다. 그런 면에서 글로벌 파르툴라종 관리 프로젝트는 전 세계 동물원 커뮤니티와 프랑스령 폴리네시아군도 정부, 그리고 세계자연보전연맹의 전문가들이 30여 년에 걸친 협업을 통해 진행한 엄청난 규모의 프로젝트였다. 새로운 종을 도입하기 위해서는 검역 기간을 거쳐야 했다. 연구진은 모든 달팽이를 구분할 수 있도록 페인트로 점을 찍은 후 지정된 구역, 혹은 관목이나 나무 사이에 풀어놓았다. 야생 생물학자인 트레버 쿠트 박사는 이들이 새로운 환경에 잘 적응했고, "그들의 조상이 하던 행동으로 돌아갔다"라고 기록했다. 만약 파르툴라달팽이가 또 다른 외래 도입종 포식자인 뉴기니납작거머리에게 잡아 먹힐 위험에도 불구하고 오래도록 살아 남는다면, 이들은 호랑이나 판다처럼 겉으로 드러나는 매력은 없지만 토착 생태계에서 중요한 역할을 담당하는 무척추동물을 비롯한 작은 생명체들을 위한 성공적인 투쟁을 이끈 것이다.

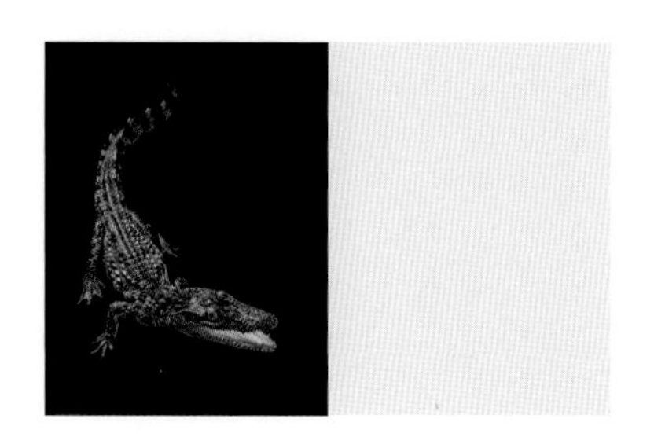

샴악어 p. 288

학명: *Crocodylus siamensis*
분포 지역: 캄보디아, 인도네시아, 라오스, 태국
멸종 위기 등급: 위급종

2016년 12월, 동물 애호 단체인 PETA(동물의 윤리적 처우를 지지하는 사람들)에서 베트남을 상대로 동물복지법 위반에 대한 소송을 제기했다. 동시에 PETA는 베트남에 있는 2500여 곳의 악어 농장에서 자행되는 실태를 폭로하는 보고서도 발행했다. 현재 베트남은 매년 3만 마리 정도의 악어가죽을 유명 명품 제조업체에 수출하고 있고, 내수용으로도 비슷한 양의 악어가죽을 생산한다(보통 커다란 핸드백 하나를 만들려면 악어 4마리의 가죽이 필요하다). 어떤 농장에서는 가죽을 벗기기 쉽게 하려고 악취가 풍기는 얕은 물웅덩이에 악어를 1년 이상 가두어 놓기도 하고, 도살장으로 끌고 가기 전 전기충격을 가해 악어를 제압하기도 한다. 도살장에서는 악어의 머리에 깊숙이 칼집을 낸 다음, 척추 안으로 강철봉을 찔러 넣어 악어를 마비시킨 후 살아있는 상태에서 가죽을 벗겨내는데, 악어가 죽기까지는 최대 5시간이 소요된다.

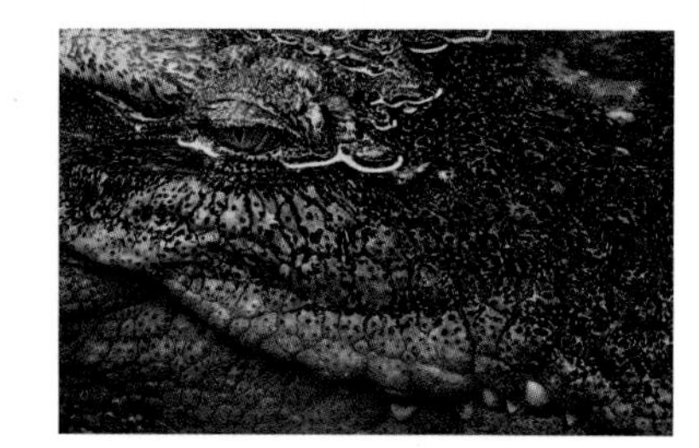

샴악어 pp. 290 - 91

학명: *Crocodylus siamensis*
분포 지역: 캄보디아, 인도네시아, 라오스, 태국
멸종 위기 등급: 위급종

샴악어의 삶은 완전히 곤두박질쳤다. 이들은 과거 동남아시아의 광활한 지역에서 서식하던 종이었지만, 오늘날에는 약 100만 마리의 샴악어가 비참한 환경의 농장에서 사육되고 있고, 야생에서도 몇몇 하천에 흩어져 겨우 목숨을 부지하고 있다. 그러나 반가운 소식도 있다. 전 세계 악어 서식 국가에 있는 환경보전단체들과 협력 관계를 맺고 있는 샴악어대책위원회에 의하면, 캄보디아, 라오스, 베트남, 태국에서는 농장에서 구조된 악어에게 DNA 검사를 시행해 순종으로 확인된 악어를 야생 서식지로 재도입하는 프로젝트가 준비 혹은 시행 중이다. 프로젝트의 성공을 위해 가장 중요한 것은 습지 서식지를 복구, 보호하고 생태 관광 수입을 증대하는 것이 악어와 인간 모두에게 이익이 된다는 사실을 현지인들에게 이해시키는 것이다. 이와 동시에 IUCN에서는 악어 전문가 그룹을 농장에 파견해, "적어도 잔인하지 않은 방식으로" 악어를 사육하고 판매할 것을 조언하였다.

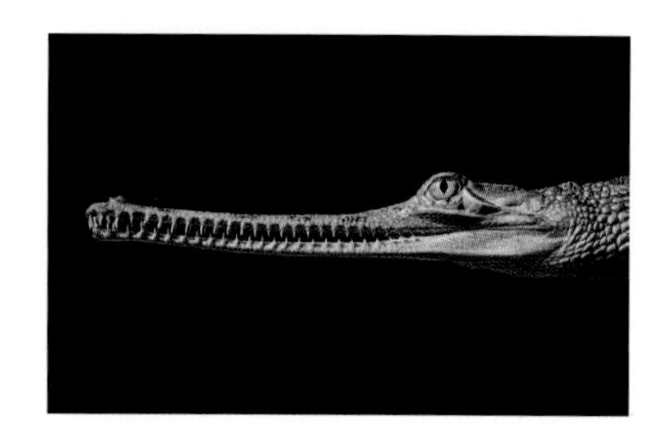

인도 가비알 pp. 292 - 93

학명: *Gavialis gangeticus*
분포 지역: 인도, 네팔; 방글라데시, 부탄, 파키스탄에도 서식 가능
멸종 위기 등급: 위급종

마카라(고대 인도 신화에 등장하는 거대한 괴물 물고기)를 연상시키는 이 동물은 2016년 6월, 원래의 서식지가 아닌 곳(플로리다의 사육 시설)에서 부화한 최초의 인도 가비알이다. 인도 가비알은 생후 6개월 무렵에는 성인의 팔 길이 정도 되지만 최대 6m까지 자란다. 트레이드 마크인 가늘고 긴 코를 지닌 커다란 몸집의 이 악어는 과거에 파키스탄 동부의 인더스강에서 미얀마의 이라와디강에 이르기까지, 인도 전역에 있는 큰 강 유역에서 발견되었다. 그러나 오랜 기간 가죽, 고기, 알, 신체 일부를 노린 사냥에 시달리고 어부에게도 혹사당했을 뿐만 아니라, 관개시설과 각종 공사, 그리고 자신들의 서식지를 침범한 인간과 가축으로 인해 최근 들어 이들은 새로운 위협에 직면하게 되었다. 1940년대 무렵에는 5000~1만 마리의 인도 가비알이 있었던 것으로 여겨진다. 그러나 1970년대 중반 이래 시행된 다양한 보전 노력에도 불구하고 오늘날 남아 있는 개체 수는 수백 마리에 불과하며, 대부분 인도 북부에 위치한 두 곳의 대형 야생동물 보호구역에 서식한다.

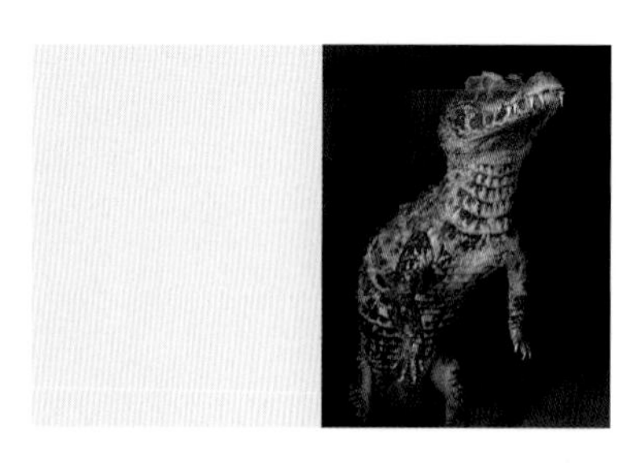

매끈이카이만 p. 295

학명: *Paleosuchus trigonatus*
분포 지역: 볼리비아, 브라질, 콜롬비아, 에콰도르, 프랑스령 기아나, 가이아나, 페루, 수리남, 베네수엘라
멸종 위기 등급: 관심대상종

영국 옥스퍼드셔주의 악어 동물원에 있는 매끈이카이만 '트리거'가 휴식을 취하고 있는 모습은 이곳을 방문하는 수많은 관람객의 셀카에 단골로 등장한다. 남아메리카 및 중앙아메리카에서 서식하는 매끈이카이만은 가까운 친척 관계에 있는 난쟁이카이만과 서식지 대부분을 공유한다. 카이만은 낮 동안에는 강둑의 움푹 패인 곳에서 휴식을 취하고 밤이 되면 먹이를 사냥하거나 짝짓기를 한다. 암컷은 흰개미의 흙더미집이나 오래된 수목 근처에 둥지를 만들어 알을 낳는데, 이는 식물이 분해되면서 나오는 온기가 알의 부화를 앞당기기 때문이다. 악어 동물원에서 교육을 담당하고 있는 콜린 스티븐슨은 트리거의 인기가 "악어 보전을 유도"하는 효과가 있다고 말한다. 카이만은 배와 등에 있는 뼈판 덕분에 악어가죽을 노리는 사냥꾼들로부터 살아남았으나, (금 채굴 및 벌목으로 인한) 서식지 파괴와 고기를 얻기 위한 사냥 때문에 위험에 노출되어 있다.

쿠바악어 pp. 296 - 97

학명: *Crocodylus rhombifer*
분포 지역: 쿠바
멸종 위기 등급: 위급종

쿠바악어는 한때 쿠바 및 그 주변 지역까지 넓게 퍼져 있었지만 오늘날에는 살아있는 악어 중 가장 좁은 지역에서 서식한다. 이들은 쿠바 본섬의 자파타 습지에 사는 군집과 후벤투드섬 연안에 서식하는 군집으로 구분되는데, 지난 세기 자파타 늪의 상당 부분이 농작물 재배지로 매립되면서 악어의 영역은 습지 서쪽의 좁은 지역으로 제한되고 말았다. 거주 공간이 좁아진 쿠바악어는 오염 물질, 불안정한 지하 수면, 외래종 침입 및 기타 환경적인 변화에 매우 취약해졌다. 또한 이들과 서식지를 공유하는 아메리카악어와의 교배로 인해 유전적 순수성이 파괴된 새끼도 태어났다. 이들에 대한 사육 번식 프로그램이 수십 년 전부터 운영되고 있는데, 다행히도 쿠바악어는 사육 방식에 잘 적응했다. 그러나 이들은 다리를 세우고 걷거나 물속에 있다가 폭발적으로 뛰어오르는 등 운동 능력이 매우 뛰어난 동물이다. "호전적"이라고 묘사되는 쿠바악어의 기질상 사육사에게 각별한 주의가 요구된다.

바다이구아나 p. 299

학명: *Amblyrhynchus cristatus*
분포 지역: 갈라파고스 제도
멸종 위기 등급: 취약종

다윈은 바다이구아나를 "어둠 속의 악마라 부를 만큼 혐오스럽다"라고 혹평했지만, 이 동물에게 매력을 느끼기도 했다. 바다이구아나는 지금으로부터 최대 1050만 년 전 갈라파고스 제도의 육지 이구아나에서 분화한 것으로 알려져 있는데, 이는 현존하는 섬의 나이보다도 오래된 일이다(이것은 역설적으로 현재에도 진행 중인 화산 활동을 설명할 수 있는 증거이기도 하다). 이들은 전 세계에서 유일한 해양성 도마뱀으로, 파도가 치는 해안에서 휴식을 취하고 먹이를 먹지만 바다에서 수백 미터 안쪽으로 들어온 육지에 보금자리를 만든다. 영국 BBC 방송에서 새끼 이구아나가 포식자인 뱀을 피해 바위 사이에서 허우적거리며 필사적으로 달아나는 모습을 포착한 장면에서 볼 수 있듯이, 부화한 새끼는 부모의 도움 없이 스스로 살아간다. 그러나 이들은 섬에 도입된 새로운 동물(쥐, 길고양이, 개 등)에게는 매우 취약하다. 관광산업 역시 관리할 필요가 있다. 예를 들어 2012년, 찰스다윈재단에서는 지방자치단체와 협력해 갈라파고스 국립공원을 해변 관광지에 노출된 바다이구아나의 산란지역 주변까지 확장했다.

바다이구아나 pp. 300-301

학명: *Amblyrhynchus cristatus*
분포 지역: 갈라파고스 제도
멸종 위기 등급: 취약종

대양의 가장자리는 바다이구아나의 서열이 명확하게 드러나는 지역이다. 이곳에서는 덩치가 큰 녀석들만 넓은 바위에 머물며 큰 해조류가 있는 깊은 바닷속까지 내려갈 수 있을 정도로 충분한 햇빛을 받는다. 이구아나는 먹이에 있는 소금기를 처리하기 위해 재채기를 해서 염분 결정을 배출한다. 엘니뇨 현상으로 먹이가 부족해지면서 갈라파고스 제도에 서식하는 바다이구아나의 개체 수는 수년마다 절반으로 줄어들고 있다. 엘니뇨에서 살아남은 녀석들은 생존을 위해 자신의 뼈 안에 있던 영양분을 흡수하기 때문에 몸이 가늘어질 뿐만 아니라, 몸길이 역시 최대 20% 정도 줄어든다. 먹이가 풍부해지면 몸길이는 다시 회복된다. 바다이구아나는 엘니뇨를 삶의 일부로 받아들이고 여기에 적응했지만, 다른 변화 요인에는 잘 대처하지 못한다. 2001년에는 유조선 좌초 사고로 기름이 유출되면서 갈라파고스 산타페섬에 서식하는 이구아나의 60% 이상이 희생되었지만 이들의 개체 수는 다시 회복되었다. 하지만 이들이 기후 변화에 어떻게 대처할 것인지는 여전히 미지수다.

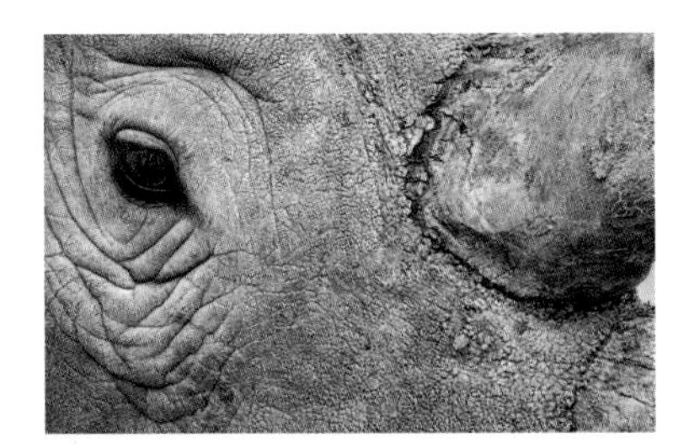

남부흰코뿔소 뒷면지

학명: *Ceratotherium simum simum*
분포 지역: 아프리카 남부
멸종 위기 등급: 취약종

얼마 전, 영국에 있는 코츠월드야생동물공원에서 아빠가 된 지 얼마 되지 않은 남부흰코뿔소 '몬티'가 공원 직원에게 위협을 가한 일이 발생했다. 20세기 초반 무렵, 남부흰코뿔소는 불과 20마리밖에 남지 않을 정도로 개체 수가 줄어든 적이 있었지만 이들은 북부흰코뿔소에 비하면 훨씬 운이 좋은 편이다. 남부흰코뿔소는 환경보전론자들의 피나는 노력 덕분에 야생에서의 개체 수가 2만 마리 이상으로 회복되었고, 약 750마리가 사육되고 있다. 그러나 코뿔소를 보호하는 데 드는 비용이 급격히 증가하면서 이들의 개체 수는 다시 감소했다. 코뿔소는 비교적 차분하고, 낯선 존재에 대한 경계가 덜하며, 무리를 이루어 생활하기 때문에 밀렵꾼에게는 쉬운 표적이다. 이들을 보노라면 미국의 동물학자인 어니스트 워커가 자신의 기념비적인 저작 『세계의 포유동물』에 쓴 헌사를 떠올리지 않을 수 없다. "또 다른 포유동물인 인간의 번영과 행복을 위해 너무도 많은 기여를 했지만 그 대가로 받은 것이라고는 비난과 학대, 그리고 멸종이 거의 전부인, 크고 작은 모든 포유동물에게 이 책을 바친다."

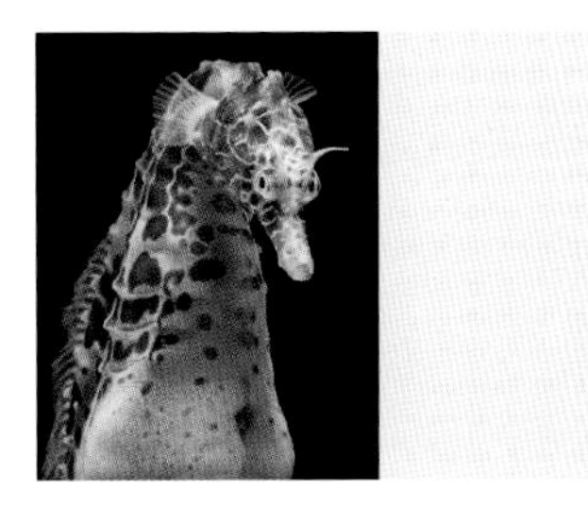

빅벨리해마 p. 302

학명: *Hippocampus abdominalis*
분포 지역: 호주, 뉴질랜드
멸종 위기 등급: 정보부족종

씨호스트러스트의 보고에 의하면, 해마다 약 100만 마리 정도의 해마가 애완동물로 거래된다. 하지만 이들은 포획 상태에서는 수 주 이상 살지 못한다. 골동품으로 거래되는 해마의 수 역시 이와 비슷한데, 햇빛에 건조된 해마 사체가 기념품으로 판매되는 것이다. 아시아의 민간요법 약재로 연간 1억 5000만 마리의 해마가 소비된다는 사실이 알려지면서, 사람들은 해마 "농장"을 운영하는 것이 수익성이 있다는 사실을 알게 되었다. 2006년, 뉴질랜드에서는 한 해마 농장의 주요 투자자가 사업에서 손을 떼는 바람에 농장은 문을 닫고, 남아있던 해마들은 안락사할 운명에 처한 적이 있었다. 다행히도 이들을 구해낸 것은 영국 플리모스의 국립해양수족관이었는데, 수족관에서는 빅벨리해마(사진)를 포함해 남아있던 해마를 일부 인수했다. 모든 해마 종은 제한적으로만 국가간 거래를 허용하는 CITE 부속서 II에 등재되어 있다. 그러나 전문가들은 이 조치만으로는 해마의 멸종을 막기에 역부족이라고 주장한다.

대왕판다 pp. 306-7

학명: *Ailuropoda melanoleuca*
분포 지역: 간수, 샨시, 쓰촨성 (중국)
멸종 위기 등급: 취약종

판다 복장을 하고 있는 사람(사진)은 대왕판다의 흉내를 내려는 것이 아니다. 이 복장의 진짜 목적은 야생으로 도입되는 새끼 판다가 인간과 직접 접촉하는 것을 차단하고, 판다가 중국 쓰촨성 워룽 자연보호구역의 사육사를 어미로 느끼는 "각인" 현상을 방지하기 위해서이다. 사진 속 새끼 판다는 야생으로 돌아가기 위한 일련의 과정 중 첫 번째 단계에 있다. 이들은 어미와 함께 "훈련 캠프"에 머물며 새로운 환경에 적응하고, 체중과 건강 상태를 정기적으로 관리받는다. 보호구역 사육사들의 복장 정책은 야생으로 돌려보내진 새끼 대왕판다가 야생 판다에게 공격당해 죽는 비극이 발생한 2006년 이후에 도입되었다. 야생으로 재도입된 새끼 판다는 곳곳에 숨겨둔 카메라를 이용해 세심하게 추적 관찰된다. 이 책의 저자인 팀 역시 사진 촬영을 위해 판다 복장을 했다.

참고문헌 및 더 읽을거리

IUCN 적색목록

세계자연보전연맹(IUCN)에서 발간하는 IUCN 적색목록(The IUCN Red List of Threatened Species)에는 다양한 동식물종에 대한 전 세계적 보전상태가 이해하기 쉽게 정리되어 있다. 적색목록은 멸종 위기에 처한 종을 알리고 이들을 보전할 것을 촉구하는 역할을 한다. 적색목록의 분류 항목은 다음과 같이 간단히 정리할 수 있다(좀 더 자세한 내용은 www.iucnredlist.org을 참고할 것).

절멸종 Extinct (EX): 해당 종의 마지막 개체가 소멸하였다는 사실에 의심의 여지가 전혀 없는 경우

야생절멸종 Extinct in the Wild (EW): 재배되거나 포획되거나, 원래의 서식지가 아닌 장소에 도입된 상태에서만 생존한 종

위급종 Critically Endangered (CR): 야생에서 극도로 심각한 멸종 위험에 놓인 종

위기종 Endangered (EN): 야생에서 멸종될 위험이 매우 큰 종

취약종 Vulnerable (VU): 야생에서 멸종될 위험이 큰 종

준위협종 Near Threatened (NT): 현재로서는 위급종, 위기종, 혹은 취약종에 포함될 만큼은 아니지만, 머지않은 미래에 위기에 처할 가능성이 큰 종

관심대상종 Least Concern (LC): 기준에 따라 평가를 받았으나 현재로서는 위급종, 위기종, 취약종, 준위협종 등에 해당하지 않는 종

정보부족종 Data Deficient (DD): 멸종 위험을 평가할 수 있는 자료가 부족한 종

미평가종 Not Evaluated (NE): IUCN 적색목록의 기준에 맞는 평가 작업을 거치지 않은 종

이 책에 있는 특정 종의 분류는 IUCN Red List of Threatened Species의 2016-v3에서 인용하였다.

그 외 참고할 만한 사이트

Arkive: www.arkive.org
EDGE of Existence: www.edgeofexistence.org/species
Protected Planet: www.protectedplanet.net

참고 자료

아라비아오릭스 Arabian oryx
Hunter, M., et al. "Case Study: The Arabian Oryx." In *Fundamentals of Conservation Biology*, p. 324. Chichester, UK: John Wiley and Sons Ltd, 2006.

액솔로틀 Axolotl
Lewis, T. "Missing Parts? Salamander Regeneration Secret Revealed." May 20, 2013: www.livescience.com/34513-how-salamanders-regenerate-lost-limbs.html

파란목금강앵무 Blue-throated macaw
Asociación Armonia. "Barba Azul Nature Reserve Program: Protecting the Beni Savanna of Bolivia." January 27, 2017: armoniabolivia.org/protecting-the-beni-savanna-of-bolivia

치타 Cheetah
Boast, L. K., et al. "Translocation of Problem Predators: Is It an Effective Way to Mitigate Conflict Between Farmers and Cheetahs *(Acinonyx jubatus)* in Botswana?" *Oryx* 50, no. 3 (July 2016): 537–44.

Weise, F. J., et al. "Cheetahs (*Acinonyx jubatus*) Running the Gauntlet: An Evaluation of Translocations into Free-Range Environments in Namibia." October 22, 2015: doi: 10.7717/peerj.1346

양봉꿀벌 European honey bee
Tirado, R., et al. "Bees in Decline: A Review of Factors That Put Pollinators and Agriculture in Europe at Risk." Greenpeace Research Laboratories Technical Report (Review). Exeter: University of Exeter, 2013.

대왕판다 Giant panda
Binbin, V. L., et al. "China's Endemic Vertebrates Sheltering Under the Protective Umbrella of the Giant Panda." *Conservation Biology* 30, no. 2 (2015): 329–39.

Platt, J. R. "Giant Panda Conservation Also Helps Other Unique Species in China." September 16, 2015: blogs.scientificamerican.com/extinction-countdown/giant-panda-conservation

백상아리 Great white shark
Sandin, S. A., et al. "Baselines and Degradation of Coral Reefs in the Northern Line Islands." *PLOS One* 3, no. 2 (2008): 1–11.

Whitcraft, S., et al. "Evidence of Declines in Shark Fin Demand, China." San Francisco, CA: WildAid, 2014.

홍금강앵무 Green-winged macaw
Argentinas, A. "The Return of a Giant: Green-Winged Macaw Back in Argentina." November 2, 2015: www.birdlife.org/americas/news/return-giant-green-winged-macaw-back-argentina

Cantú-Guzmán, J. C., et al. "The Illegal Parrot Trade in Mexico: A Comprehensive Assessment." Bosques de las Lomas, Mexico: Defenders of Wildlife, 2007.

군대앵무 Military macaw
Renton, K. "In Search of Military Macaws in Mexico." *PsittaScene* 16, no. 4 (2004): 12–14.

제왕나비 Monarch butterfly
Center for Biological Diversity. "Saving the Monarch Butterfly." August 2016: www.biologicaldiversity.org/species/invertebrates/monarch_butterfly/

갯민숭달팽이(나새류) Nudibranch
Endangered Species International, Inc.
"Amazing Nudibranchs." September 2016: www.endangeredspeciesinternational.org/news_sept16.html

파르툴라달팽이 *Partula* snail
Coote, T., et al. "Experimental Release of Endemic *Partula* Species, Extinct in the Wild, Into a Protected Area of Natural Habitat on Moorea." *Pacific Science* 58, no. 3 (2004), 429–34.

여행비둘기 Passenger pigeon
American Museum of Natural History. "Passenger Pigeons: Gone Today but Once Abundant." February 18, 2014: www.amnh.org/explore/news-blogs/from-the-collections-posts/passenger-pigeons-gone-today-but-once-abundant

필리핀수리 Philippine eagle
Donald, P., et al. *Facing Extinction: The World's Rarest Birds and the Race to Save Them*. 2nd ed. London: Bloomsbury Publishing PLC, 2013.

Walters, M. *Endangered Birds: A Survey of Planet Earth's Changing Ecosystems*. Sydney, Australia: New Holland Publishers, 2011.

프르제발스키말 Przewalski's horse
Sokolov, V. E., et al. "Introduction of Przewalski Horses into the Wild." In "The Przewalski Horse and Restoration to its Natural Habitat in Mongolia." FAO Animal Production and Health Paper 61. Rome, Italy: Food and Agriculture Organization of the United Nations, 1985.

사이가영양 Saiga
Coghlan, A. "Mystery Disease Claims Half World Population of Saiga Antelopes." Updated June 9, 2015: www.newscientist.com/article/dn27598-mystery-disease-claims-half-world-population-of-saiga-antelopes

긴칼뿔오릭스 Scimitar-horned oryx
The Zoological Society of London. "How to Bring a Species Back from Extinction." February 24, 2017: www.zsl.org/blogs/conservation/how-to-bring-a-species-back-from-extinction

The Zoological Society of London. "Scimitar-horned Oryx Returns to Sahara." February 14, 2017: www.zsl.org/conservation/news/scimitar-horned-oryx-returns-to-sahara

해마 Seahorse
International Union for Conservation of Nature. "IUCN Behind Major Advance for Seahorse Conservation." September 28, 2016: www.iucn.org/news/iucn-behind-major-advance-seahorse-conservation

샴악어 Siamese crocodile
McKerrow, L. "Lessons Learned from 15 Years of Siamese Crocodile Research and Conservation in Cambodia." February 4, 2016: www.fauna-flora.org/news/lessons-learned-from-15-years-of-siamese-crocodile-research-and-conservation-in-cambodia

눈표범 Snow leopard
Coghlan, A. "Hundreds of Endangered Wild Snow Leopards are Killed Each Year." October 21, 2016: www.newscientist.com/article/2109894-hundreds-of-endangered-wild-snow-leopards-are-killed-each-year

사우스필리핀뿔매 South Philippine hawk eagle
Platt, J. R. "Threatened Philippine Hawk-Eagle Bred in Captivity for First Time." April 18, 2012: blogs.scientificamerican.com/extinction-countdown/threatened-philippine-hawk-eagle-bred-in-captivity-for-first-time

호랑이 Tiger
Platt, J. R. "Wild Tiger Populations are Increasing for the First Time in a Century." April 10, 2016: blogs.scientificamerican.com/extinction-countdown/tiger-populations-increasing

Tilson, R., et al. (eds.). *Tigers of the World: The Science, Politics and Conservation of* Panthera tigris. 2nd ed. Norwich, USA: William Andrew Publishing, 2010.

독수리 Vulture
Karnik, M. "India Has a Grand Plan to Bring Back its Vultures." June 8, 2016: qz.com/700998/india-has-a-grand-plan-to-bring-back-its-vultures

Press Information Bureau, Government of India. "Asia's First 'Gyps Vulture Reintroduction Programme' Launched." June 3, 2016: pib.nic.in/newsite/PrintRelease.aspx?relid=145965

더 읽을거리

인간과 자연 세계의 상호작용이 갖는 중요성에 대해 더 많은 것을 알고 싶다면 다음의 자료가 도움이 될 것이다.

Balmford, A., et al. "Trends in the State of Nature and their Implications for Human Well-Being." *Ecology Letters* 8 (2005): 1218–34.

Berman, M. G., et al. "The Cognitive Benefits of Interacting with Nature." *Psychological Science* 19, no. 12 (2008): 1207–11.

Daw, T., et al. "Applying the Ecosystem Services Concept to Poverty Alleviation: The Need to Disaggregate Human Well-being." *Environmental Conservation* 38, no. 4 (2011): 370–79.

Forest Research. "Benefits of Green Infrastructure." Report prepared for Forest Research, Farnham, UK, 2010.

Gladwell, V. F., et al. "The Great Outdoors: How a Green Exercise Environment Can Benefit All." *Extreme Physiology & Medicine* 2, no. 3 (2013): 1–7.

Hartig, T., et al. "Health Benefits of Nature Experience: Psychological, Social and Cultural Processes." In *Forest, Trees and Human Health* by K. Nilsson, et al., 128–67. Dordrecht, Netherlands: Springer Science Business and Media, 2010.

Kalof, L., et al. "The Meaning of Animal Portraiture in a Museum Setting: Implications for Conservation." *Organization & Environment* 24, no. 2 (2011): 150–74.

Maller, C., Townsend, M., Pryor, A., et al. "Healthy Nature Healthy People: 'Contact with Nature' as an Upstream Health Promotion Intervention for Populations." *Health Promotion International* 21, no. 1 (2005): 45–54.

Maller, C., Townsend, M., St Leger, L., et al. "Healthy Parks, Healthy People: The Health Benefits of Contact with Nature in a Park Context." *The George Wright Forum* 26, no. 2 (2009): 51–83.

Milner-Gulland, E. J., et al. "Accounting for The Impact of Conservation on Human Well-being." *Conservation Biology* 28, no. 5 (2014): 1160–66.

National Trust. "Natural Childhood." Report prepared by S. Moss. Swindon, UK: National Trust, 2014.

The Natural Learning Initiative. "Benefits of Connecting Children with Nature: Why Naturalize Outdoor Learning Environments." Report prepared for The Natural Learning Initiative. Raleigh, NC: North Carolina State University, 2012.

Sandifer, P. A., et al. "Exploring Connections Among Nature, Biodiversity, Ecosystem Services, and Human Health and Well-being: Opportunities to Enhance Health and Biodiversity Conservation." *Ecosystem Services* 12 (2015): 1–15.

Townsend, M., et al. "Healthy Parks Healthy People: The State of the Evidence 2015." Report prepared for Parks Victoria. Melbourne, Australia: State Government of Victoria, 2015.

감사의 말

숙련된 기술과 비범함을 지닌 많은 분들의 재능과 경험이 없었다면, 이 정도 규모의 프로젝트를 진행하는 것은 불가능했을 것이다. 지면 관계상 모든 분의 이름을 일일이 나열할 수는 없지만, 이 책이 나오기까지 많은 도움을 준 개인 및 기관에 마음 깊은 곳에서부터 우러나오는 감사를 전한다.

특히 가봉에서 고릴라를 쫓아다니느라 강을 오르내리던 나를 일주일 이상 참아내야 했던 아스피날재단의 알렉산드로 아랄디, 프로젝트의 제일 처음부터 함께 한 듀렐야생동물보호단체의 앤드류 테리, 프로젝트의 그 많은 일정을 조율했을 뿐 아니라 사이가영양을 촬영할 때는 극한 환경인 것을 알면서도 나와 동행해 준 모스크바의 직원 이고르 보흐카레브, 자신의 시간을 기꺼이 내주고 충고를 아끼지 않은 런던동물학회의 폴 피어스-켈리, 프로젝트 기간 내내 안내와 조언을 아끼지 않은 클레어 캐롤란, Abrams 출판사의 에릭 힘멜, 그리고 이 책의 원 발행인 PQ 블랙웰, 제프 블랙웰, 루스 홉데이, 린 맥그리거, 데이나 스탠리와 디자이너 카메론 깁에게 특별한 감사의 인사를 보낸다.

지난 몇 년 동안, 나는 훌륭한 환경보전론자, 현장에서 시간을 내어 준 사람들, 그리고 자신의 연구 결과물을 공개하고 조언을 아끼지 않은 많은 이들과 함께 일하는 행운을 누렸다. 특히 다음의 기관과 사람들을 빼놓을 수 없다. 바레딘 동굴; 매튜 보넷과 아모스 커리지 (아스피날재단); 수잔 브레든 (판다인터내셔널); 마크 부쉘 (브리스틀동물원); 캐논 유럽; 닥터 바네사 챔피언; 션 청; 제이미 크렉스 (호니만박물관); 제이미 크레이그 (코츠월드야생동물공원); 로드리고 쿤하 세라 (국립 이베리아스라소니 사육 센터); 닥터 데니스 데자르뎅 (샌프란시스코 주립대학교); 히로코 엔세키; 매튜 피셔 교수 (임페리얼 칼리지 보건대학원); 숀 포겟 (악어 동물원); 에롤 풀러 (멸종 전문가); 아스트라칸 지역의 자연 관리 및 환경보호 사무소에서 설립한 야생동물 보호구역 "스텝노이"; 앤드류 R. 그레이 (맨체스터박물관 내 동물사육장); 장 허민 (워룽 자연보호구역 및 중국대왕판다보호연구센터); 토니 허칭스; 제이슨 이바네즈 (필리핀수리재단); 폴 이브즈; 두산 젤릭 박사 (크로아티아 생물다양성 연구소 및 크로아티아 양서파충류학회); 폴 리스터 (유럽자연신탁); 아비드 마흐무드와 빌랄 카비르(시르바니야스섬); 밥 메르츠 (세인트루이스동물원); 저스틴 필러 (천산갑 보전기구); E. J. 밀너-굴란드 교수 (옥스퍼드대학교); 리처드 몰러 (차보 트러스트); 케이 노미야마 (에히메대학교 내 해양환경연구센터); 마사토 오노와 나오유키 오기노; 닥터 브라이언 A. 페리 (캘리포니아 주립대학교 이스트 베이); 한나 리브스 (꿀벌 전문가); 그레고리 심프킨스 (두바이 사막 보존지구); 톰 스벤손; 닥터 사무엘 터비; 바렛 왓슨; 에드워드 휘틀리 (휘틀리 자연기금); 도미닉 워멜과 리처드 E. 루이스 (듀렐야생동물보호단체); 시 지농 (와일드차이나필름); 브라이언 짐머만 (런던동물학회 수족관). 아래는 이 프로젝트를 위해 도움을 준 여러 기관의 위치와 웹사이트를 알파벳 순으로 나열했으니 참고하기 바란다.

최고로 훌륭한 나의 촬영팀에게도 감사를 전한다. 프로듀서 조안나 니클라스와 안나 로버츠, 연구원 에이미 피츠모리스와 나페사 에스메일, 조수 라디 콘스탄시노프와 헨리 잭슨, 그리고 헌신적인 스튜디오 팀 멤버인 아멜리아 카츠, 브리오니 다니엘스, 그리고 이 프로젝트가 실행되기까지 시간적으로 도움을 아끼지 않은 소피 레우스케에게 특히 감사하게 생각한다.

또한 촬영한 사진 하나하나에 생명의 언어를 불어넣어 주고, 멸종 위기에 처한 동물들의 이야기를 너무나도 간결하게 들려준 훌륭한 작가 샘 웰스에게도 특별한 감사의 말을 대신한다. 섬네일 이미지에 멋진 설명을 붙여준 매트 터너와 사려 깊은 내용의 프롤로그와 에필로그와 작성해 준 조나단 베일리에게도 감사를 보낸다.

관련기관

American Museum of Natural History—New York, USA
www.amnh.org

The Aspinall Foundation—England
www.aspinallfoundation.org

Bristol Zoo Gardens—Bristol, England
www.bristolzoo.org.uk

Center of Oceanography and Marine Biology Moskvarium
—Moscow, Russian Federation
www.moskvarium.ru

Centro Nacional de Reprodução de Lince Ibérico (Iberian Lynx National Breeding Centre)—Bartolomeu de Messines, Portugal
www.lynxexsitu.es

Chengdu Research Base of Giant Panda Breeding—Sichuan, PRC
www.panda.org.cn

China Conservation and Research Center for the Giant Pandas (CCRCGP)—Sichuan, PRC
en.chinapanda.org.cn

Colchester Zoo—Colchester, England
www.colchester-zoo.com

Cotswold Wildlife Park and Gardens—Burford, England
www.cotswoldwildlifepark.co.uk

Croatian Institute for Biodiversity—Zagreb, Croatia
www.hibr.hr

Crocodiles of the World—Brize Norton, England
www.crocodilesoftheworld.co.uk

Dubai Desert Conservation Reserve—Dubai, UAE
www.ddcr.org/en

Durrell Wildlife Conservation Trust—Jersey, Channel Islands
www.durrell.org/wildlife

Eckert James River Bat Cave Preserve (The Nature Conservancy)—Mason, Texas, USA
www.nature.org/ourinitiatives/regions/northamerica/unitedstates/texas/placesweprotect/eckert-james-river-bat-cave-preserve.xml

Georgia Aquarium—Atlanta, Georgia, USA
www.georgiaaquarium.org

Heron Island Research Station, The University of Queensland
—Heron Island, Queensland, Australia
www.uq.edu.au/heron-island-research-station

Horniman Museum and Gardens—London, England
www.horniman.ac.uk

Hustai National Park—Ulaanbaatar, Mongolia
www.hustai.mn

The International Centre for Birds of Prey—Newent, England
www.icbp.org

Manu National Park—Peru
www.visitmanu.com/en

Monarch Butterfly Biosphere Reserve—Mexico
mariposamonarca.semarnat.gob.mx

The National Marine Aquarium—Plymouth, England
www.national-aquarium.co.uk

The Natural History Museum—London, England
www.nhm.ac.uk

Nordens Ark—Hunnebostrand, Sweden
en.nordensark.se

Ol Pejeta Conservancy—Nanyuki, Kenya
www.olpejetaconservancy.org

Osaka Aquarium, Kaiyukan—Osaka City, Japan
www.kaiyukan.com/language/eng

Pandas International—Littleton, Colorado, USA
www.pandasinternational.org

Pangolin Conservation—USA
www.pangolinconservation.org

Philippine Eagle Center—Davao City, Philippines
www.philippineeagle.org/center

Philippine Eagle Foundation—Davao City, Philippines
www.philippineeaglefoundation.org

Polar Bears International—Bozeman, Montana, USA
www.polarbearsinternational.org

St. Augustine Alligator Farm Zoological Park—St. Augustine, Florida, USA
www.alligatorfarm.com

Saint Louis Zoo—St. Louis, Missouri, USA
www.stlzoo.org

Sir Bani Yas—Desert Islands, Abu Dhabi, UAE

Smithsonian's National Zoo and Conservation Biology Institute
—Washington, D.C., USA
www.nationalzoo.si.edu

Tampa's Lowry Park Zoo—Tampa, Florida, USA
www.lowryparkzoo.org

The Tsavo Trust working in partnership with KWS (Kenya Wildlife Service)—Tsavo National Park, Kenya
www.tsavotrust.org

Twycross Zoo, The World Primate Centre—Atherstone, England
www.twycrosszoo.org

The Vivarium, Manchester Museum, The University of Manchester—Manchester, England
www.museum.manchester.ac.uk/collection/vivarium

White Oak Conservation—Yulee, Florida, USA
www.whiteoakwildlife.org

The Whitley Fund for Nature (WFN)—London, England
www.whitleyaward.org

Wild China Film—Beijing, PRC
www.wildchina.cn

Zagreb Zoo—Zagreb, Croatia
www.zoo.hr

Zoological Society of London (ZSL)—London, England
www.zsl.org

ZSL London Zoo Aquarium—London, England
www.zsl.org/zsl-london-zoo/exhibits/aquarium

ZSL Whipsnade Zoo—Dunstable, England
www.zsl.org/zsl-whipsnade-zoo

사라져 가는 존재들

초판 1쇄 발행 2022년 5월 20일
초판 2쇄 발행 2022년 10월 20일

지은이 팀 플랙, 조나단 베일리, 샘 웰스
옮긴이 장정문
감수 조홍섭
편집 류은영
펴낸이 김성현
펴낸곳 소우주출판사
등록 2016년 12월 27일 제 563-2016-000092호
주소 경기도 용인시 기흥구 보정로 30
전화 010-2508-1532
이메일 sowoojoopub@naver.com

ISBN 979-11-89895-04-4 (03470)

값 30,000원